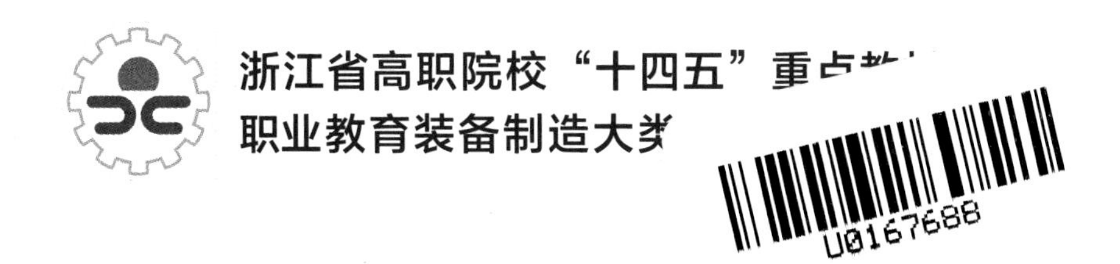

多轴加工技术

主　编　马宇峰　刘学航
副主编　邵树锋　王嫒嫒　高　倩
参　编　王林超　周春然　李俊烨　王锦华
　　　　马高源　叶海见　张　宇
主　审　胡晓东

机 械 工 业 出 版 社

本书主要分为三大模块，模块一主要介绍了多轴机床的结构与特点以及与多轴加工相关的基础知识。模块二主要通过典型的四轴加工项目，介绍了四轴加工中心的加工方法，由浅入深地介绍了包含基座、凸轮轴、叶片三类零件的加工；模块三主要通过典型的五轴加工项目，介绍了五轴加工中心的加工方法，包含底座、拔模件、叶轮三类零件的加工。三大模块中心的每个项目又设置了六个活动，分别为“确立目标”“领取任务”“任务实施”“知识点提示”“任务评价”“课后拓展”，通过这些活动可以配合分组教学，灵活地在课堂中开展情景化教学，将企业的零件生产过程“移”到课堂中来。

本书还加入了素养目标、知识点提示、二维码视频、评价表等内容，以适应现代化、立体化及线上线下相结合的教学需求。本书内容全面，涵盖 UG NX 和 VERICUT 仿真工业软件，以及程序后处理。

本书可作为职业教育装备制造大类相关专业，如数控技术、模具设计与制造、数字化设计与制造技术、机械制造及自动化、机电一体化技术等专业的教材，也可作为中、高级工程技术人员的数控培训教材和参考用书。

图书在版编目（CIP）数据

多轴加工技术/马宇峰，刘学航主编. —北京：机械工业出版社，2023.6

浙江省高职院校“十四五”重点教材 职业教育装备制造大类专业创新教材

ISBN 978-7-111-73042-2

Ⅰ.①多… Ⅱ.①马… ②刘… Ⅲ.①数控机床-加工-高等职业教育-教材 Ⅳ.①TG659

中国国家版本馆 CIP 数据核字（2023）第 069809 号

机械工业出版社（北京市百万庄大街 22 号 邮政编码 100037）
策划编辑：汪光灿　　　　责任编辑：汪光灿　赵文婕
责任校对：潘　蕊　葛晓慧　　封面设计：张　静
责任印制：任维东
唐山三艺印务有限公司印刷
2023 年 7 月第 1 版第 1 次印刷
184mm×260mm · 14.25 印张 · 351 千字
标准书号：ISBN 978-7-111-73042-2
定价：45.00 元

电话服务　　　　　　　　　网络服务
客服电话：010-88361066　　机　工　官　网：www.cmpbook.com
　　　　　010-88379833　　机　工　官　博：weibo.com/cmp1952
　　　　　010-68326294　　金　　书　　网：www.golden-book.com
封底无防伪标均为盗版　　机工教育服务网：www.cmpedu.com

前　言

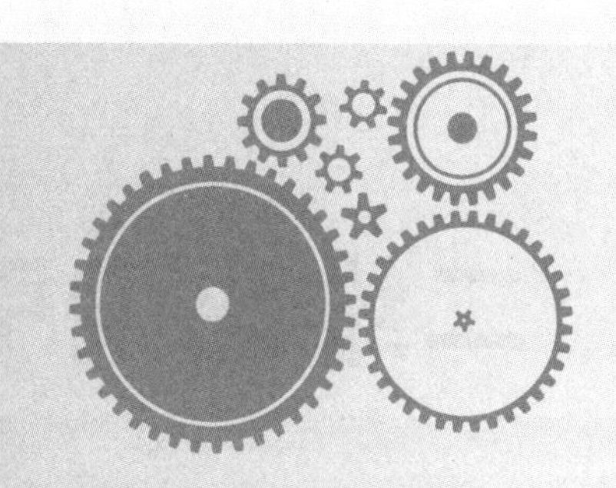

随着工业化进程的加快，高端装备制造业迅速兴起，多轴加工技术的应用前景十分广泛，本书以“工学结合”“项目引领”为理念，内容紧贴生产实际，在理论知识够用的前提下，构建以工作过程为具体导向的教学内容，包括“确立目标”“领取任务”“任务实施”“知识点提示”“任务评价”“课后拓展”等内容，可激发学生的学习兴趣，提高课堂教学质量，最终达到掌握多轴加工技术的目的。全书涉及 UG NX 和 VERICUT 两个工业软件，以及程序后处理，通用性强。

本书具有以下特色：

1）项目化教学模块。在项目的选取上，结合了企业案例与技能竞赛的经验，搭配情景化教学方式，分工分步引导学生学习，并强调学生在教学中的主观能动作用，提高学生的学习兴趣，增强教师与学生的互动。

2）二维码视频。学生可使用智能设备通过扫描书中二维码观看操作视频，以提高学习效率。

3）素质教育。本书以党的二十大精神为指导，全面推动党的二十大精神进教材、进课堂、进头脑，全面贯彻党的教育方针，落实立德树人根本任务，突出职业教育的类型特点，融入了“爱国主义精神、工匠精神、职业道德”等正确的价值观，将个人价值与国家发展、民族复兴紧密相连。

4）虚拟仿真。通过仿真软件模拟加工过程，将加工过程中可能遇到的问题，以虚拟的方式展示出来。

5）案例图样化。对接企业的真实需求，培养学生的识图能力，间接强化学生的 UG NX 综合应用能力。

6）配套丰富。本书配套习题库、教学课件、操作视频等内容，帮助学生提高学习效率。

本书由马宇峰、刘学航任主编，邵树锋、王媛媛、高倩任副主编，王林超、周春然、李俊烨、王锦华、马高源、叶海见、张宇参与编写，具体分工如下：模块一由王媛媛、刘学航编写，模块二项目一由马宇峰、邵树锋编写，模块二项目二由叶海见、张宇编写，模块二项目三由王林超、周春然编写，模块三项目一由刘学航、李俊烨编写、模块三项目二由马宇峰、王锦华编写，模块三项目三由高倩、马高源编写。本书由胡晓东主审。在编写过程中，编者还得到了其他相关老师、技术人员的大力支持，他们对本书提出了宝贵意见和建议，在此一并表示衷心感谢。

由于编者水平有限，书中疏漏与不当之处在所难免，敬请读者批评指正。

编　者

二维码索引

（续）

名称	图形	页码	名称	图形	页码
视频 2-17 加工环境准备		58	视频 2-27 加工环境准备		92
视频 2-18 创建粗加工工序		60	视频 2-28 创建粗加工程序		93
视频 2-19 创建半精加工工序		63	视频 2-29 创建半精加工程序		99
视频 2-20 创建精加工工序		67	视频 2-30 创建精加工程序		102
视频 2-21 创建圆柱 1		79	视频 3-01 创建底座主体		113
视频 2-22 创建圆柱 2		80	视频 3-02 创建长方形凹槽		114
视频 2-23 创建圆柱 3		81	视频 3-03 创建长方形凸台		114
视频 2-24 创建叶片		82	视频 3-04 创建 U 形槽		116
视频 2-25 边倒圆		88	视频 3-05 创建 ϕ10mm 孔		116
视频 2-26 添加辅助线、面、体		90	视频 3-06 创建 ϕ12mm 孔		118

（续）

名称	图形	页码	名称	图形	页码
视频 3-07 添加辅助线、面、体		121	视频 3-17 创建表面斜度		153
视频 3-08 加工环境准备		123	视频 3-18 创建回转体		155
视频 3-09 创建粗加工工序		126	视频 3-19 创建毛坯		158
视频 3-10 创建底面精加工工序		132	视频 3-20 加工环境准备		159
视频 3-11 创建侧面精加工工序		134	视频 3-21 创建粗、半精加工程序		161
视频 3-12 创建孔加工工序		137	视频 3-22 创建精加工程序		169
视频 3-13 创建主体		147	视频 3-23 创建拔模件管道粗、精加工程序		171
视频 3-14 创建 70mm×40mm 内轮廓		150	视频 3-24 创建叶轮主体		183
视频 3-15 创建 60mm×30mm 内轮廓		151	视频 3-25 创建叶片辅助面		185
视频 3-16 创建梯形圆台		152	视频 3-26 投影曲线		186

（续）

目　录

模块一

多轴加工基础

项目 认识多轴加工

活动一　确立目标

【知识目标】

1. 了解多轴加工技术的背景。
2. 了解数控铣床的结构特点。
3. 熟悉机床刀具基本型号。

【能力目标】

1. 了解常见机床类型。
2. 认识常见机床数控系统。
3. 熟悉常见多轴加工刀具系统。

【素养目标】

1. 培养爱国情怀。
2. 培养尊重知识、尊重科学技术的态度。

五轴联动数控机床是高技术含量、高精密度、专门用于加工复杂曲面的机床，是解决叶轮、叶片、船用螺旋桨、重型发电机转子、汽轮机转子、大型柴油机曲轴等加工的唯一手段，对一个国家的航空、航天、军事、科研、精密器械、高精医疗设备等领域有着举足轻重的影响力。

活动二 领取任务

请查阅表1-1，了解任务详情。

表1-1 “多轴加工概述”任务书

序号	内容		
1	工作任务：学习本课程相关机床种类及其系统		
	(1)了解多轴加工机床的种类	(2)了解多轴加工机床的数控系统	
	工作任务：熟悉相关辅助工具和夹具		
	(1)熟悉多轴加工刀具系统	(2)熟悉机床常用夹具类型	
2	工作要求		
	(1)能区分多轴加工机床类型 (2)了解不同的数控系统 (3)熟悉不同种类的刀具 (4)熟悉相关常用夹具		
3	验收标准	符合	不符合
	(1)铣床种类识别是否超过三类		
	(2)数控系统种类识别是否超过三类		
	(3)刀具种类识别是否超过三类		
	(4)夹具种类识别是否超过三类		

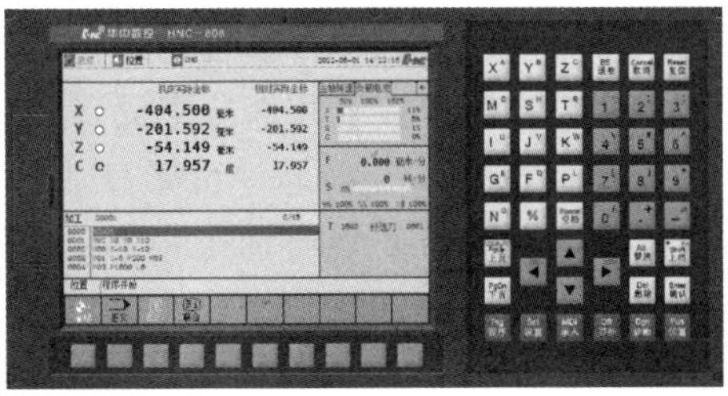

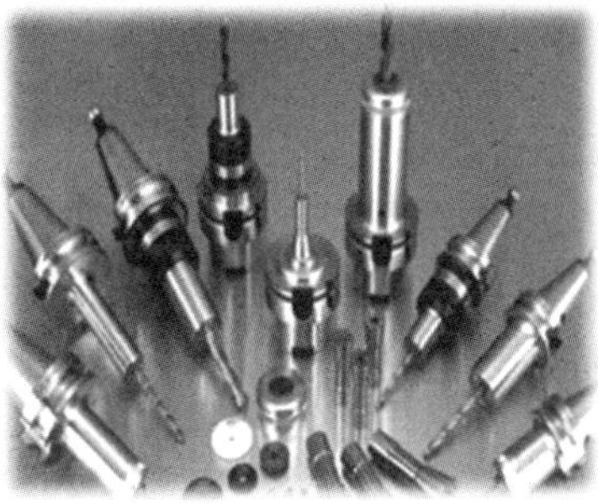

活动三 任务实施

流程 1 了解常用机床类型

1. 加工中心的结构

加工中心（Machining Center，MC）是由机械设备与数控系统组成的用于加工复杂形状工件的高效率自动化机床，一般用于铣削加工。其备有刀库，具有自动换刀功能，一次装夹工件后，可以连续对工件自动进行钻孔、扩孔、铰孔、镗孔、攻螺纹、铣削等多工序加工。

加工中心主要由以下几部分组成（图 1-1）：

（1）基础部件　基础部件由床身、立柱和工作台等组成。它们主要承受加工中心的静载荷和在加工过程中产生的切削负载，因此必须具有足够的刚度。

（2）主轴部件　主轴部件由主轴箱、主轴电动机、主轴和主轴轴承等组成。主轴的起动、停止和变速等动作由数控系统控制，并通过安装在主轴上的刀具参与切削运动。它是切削加工的功率输出部件。

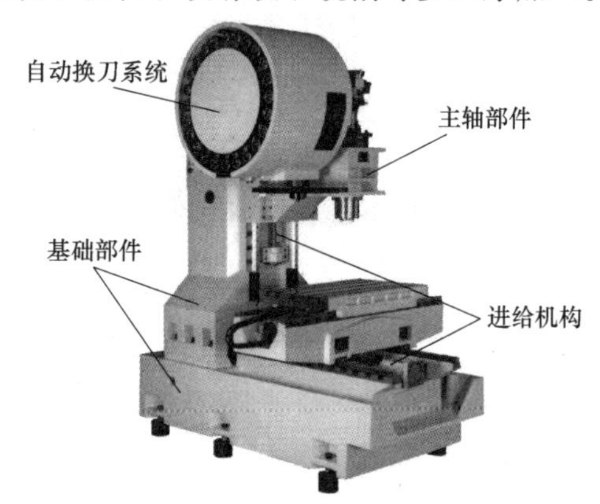

图 1-1　加工中心组成

（3）进给机构　进给机构由进给伺服电动机、机械传动装置和位移测量元件等组成。它驱动工作台等移动部件形成进给运动。

（4）数控系统　由数控装置、可编程控制器、伺服驱动装置以及操作面板等组成，如图 1-2 所示，它控制加工中心完成所有的动作。

（5）自动换刀系统　自动换刀系统（Aautomatic Tool Changer，ATC）由刀库、机械手等组成。当加工中心在加工过程中需要更换刀具时，数控系统发出指令，由机械手将刀具从刀库内取出并装入主轴孔中，如图 1-3 所示。

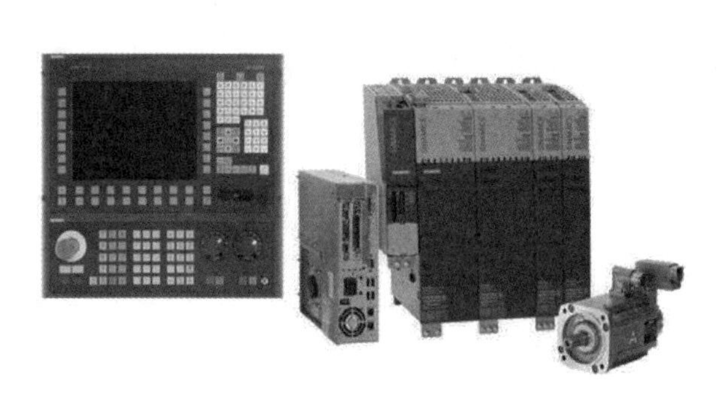
图 1-2　数控系统

图 1-3　自动换刀系统

（6）辅助装置　辅助装置包括润滑、冷却、排屑、防护、液压、气动和检测等装置。

2. 机床类型

按机床的运动坐标轴数和联动坐标轴数的不同，可将机床分为三轴二联动、三轴三联

动、四轴三联动、五轴四联动、六轴五联动等机床。“三轴”“四轴”“五轴”等是指机床具有的运动坐标数；“二联动”“三联动”“四联动”等是指控制系统可以同时控制运动的坐标数，从而实现刀具相对工件的位置和速度控制。联动轴数越多，数控机床的功能越齐全，就可以加工越复杂的曲面轮廓，加工精度和效率也越高，但系统控制和程序编制也越复杂，只能使用自动编程系统进行编制。多轴加工一般是指使用三轴以上的机床实现零件加工。常见的多轴铣削加工机床见表 1-2。

表 1-2 常见的多轴铣削加工机床

名称	示图	相关知识	
三轴机床		用途	用于平面轮廓或简单曲面的加工
		加工对象	
四轴机床		用途	用于具有回转面轮廓、四轴螺旋面、四轴叶片等相关特征零件的加工
		加工对象	
五轴机床		用途	可以加工三轴、四轴机床能加工的零件，且额外具备加工带有斜面轮廓、复杂曲面等高难度零件的功能
		加工对象	

流程 2　认识常见机床数控系统

1. 数控系统概述

数控系统是数字控制系统（Numerical Control System）的简称，根据计算机存储器中存储的控制程序，执行部分或全部数值控制功能，并配有接口电路和伺服驱动装置的专用计算机系统。数控系统利用数字、文字和符号组成的数字指令来实现一台或多台机械设备动作控制，它所控制的通常是位置、角度和速度等机械量和开关量。

数控系统及相关的自动化产品主要是作为数控机床的配套产品。数控机床是以数控系统为代表的新技术对传统机械制造产业的渗透而形成的机电一体化产品，大大提高了零件加工的精度和生产率。

2. 常见的铣削数控系统

常见的铣削数控系统见表 1-3。

表 1-3　常见的铣削数控系统

名称	示　图	相 关 知 识
华中 （中国）	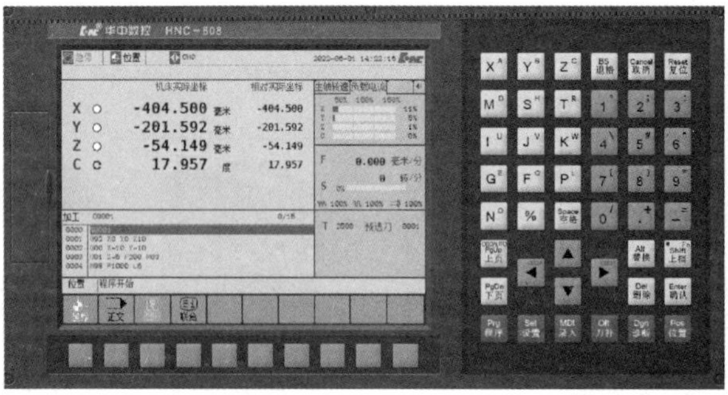	具有自主版权的华中 I 型数控系统荣获了国家科学技术进步二等奖和国家教委科学技术进步一等奖，其中五轴联动数控产品打破国外技术封锁，成为我国军工企业选用的首台全国产化高档数控设备。系统采用双 IPC 单元的上下位机结构，具有高速精加工控制、五轴联动控制、多轴多通道控制、双轴同步控制及误差补偿等数控系统功能，可提高生产率
SIEMENS （德国）	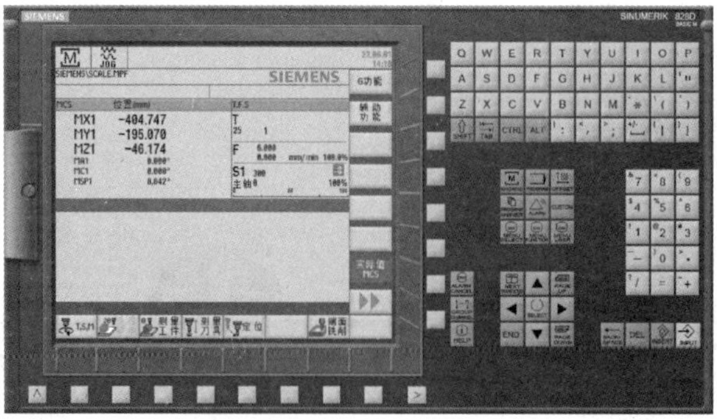	西门子数控系统可以方便地使用 DIN 编程技术和 ISO 代码进行编程，具有可编程序控制器、人机操作界面、输入/输出单元一体化设计的系统结构，以及各种循环和轮廓编程帮助技术

（续）

名称	示　图	相关知识
HAAS（美国）		HAAS 数控系统是一种基于工业计算机控制的数控系统，它采用三个 32 位中央处理器系统，主频为 40MHz，具有 512K 的 20ns 高速缓冲存储器，标准设计中程序执行速度高达每秒 1000 个程序段，与目前最快速的 PC 为基础的系统相比，具有更强的立式加工中心稳定性和抗干扰能力及更快的数据处理能力，G 代码几乎与其他加工中心一样

流程 3　熟悉多轴加工刀具系统

1. 加工中心的刀柄类型

刀具系统是工艺系统的重要组成部分，由刀柄和刀具两部分组成，如图 1-4 所示。刀柄是实现五轴加工的核心零部件之一，合理地选用刀柄不仅可以提高加工精度，还可以有效降低工艺难度。根据机床的主轴锥孔不同，通常将刀柄分为通用刀柄（锥度为 7 : 24，主要面向普通加工）和高速刀柄（短锥刀柄，锥度为 1 : 10 或 1 : 20，面向高速加工）两大类。

图 1-4　部分常见五轴刀具系统

（1）通用刀柄　锥度刀柄是普通应用于机床领域的主轴接口形式，主轴通过刀柄尾部的拉钉将刀柄拉紧，具有容易拆卸、无自锁等特点。其通常有五种标准和规格，即 NT（主要在传统机床上使用，一般不用于数控机床，此处不赘述）、DIN 69871、ISO 7388/1、MAS BT、ANSI/ASME。目前，国内使用最多的是 DIN 69871 型（JT）和 MAS BT 型，具体介绍如下。

1）DIN 69871（德国标准，简称 JT 或 SK、DIN、DAT 或 DV）如图 1-5 所示。DIN 69871 型刀柄分为 DIN 69871 A/AD 型和 DIN 69871 B 型两种，前者是中心内冷，后者是法兰盘内冷，其他尺寸相同。

2）MAS BT（日本标准，简称 BT）如图 1-6 所示。BT 型的安装尺寸与 DIN69871 型、ISO 7388/1 型及 ANSI 型完全不同，不能混用。BT 型刀柄的对称性结构使它比其他三种刀柄的高速稳定性要好。

还有一种 BBT 型刀柄（图 1-7），刀柄的标准锥度也为 7 : 24。与 BT 型刀柄的区别在于约束面数目不同，BBT 型是高精度刀柄，锥度和端面双重约束定位，在主轴轴线方向有两个定位面，双面接触夹持。BBT 型刀柄可用在 BT 型的主轴上，但达不到较好的加工效果和较高的加工精度，一般不建议混用。

3）ISO 7388/1（国际标准，简称 IV 或 IT）如图 1-8 所示。其刀柄安装尺寸与 DIN 69871 型没有区别，可将 ISO 7388/1 型刀柄安装在 DIN 69871 型机床上，但若将 DIN 69871 型刀柄安装在 ISO 7388/1 型机床上，则有可能会发生干涉。ISO 7388/1 型刀柄可以安装在 DIN 69871 型、ISO7388/1 型和 ANSIASME 型机床上，因此 ISO 7388/1 型刀柄的通用性较强。

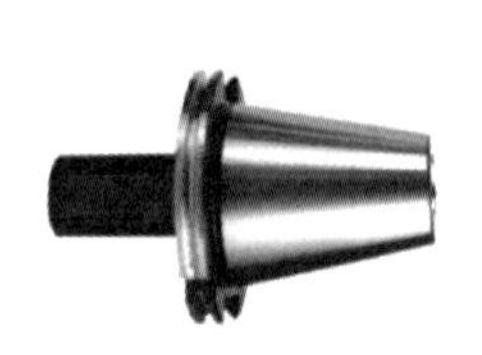

图 1-5　JT 或 SK 型刀柄

图 1-6　BT 型刀柄

图 1-7　BBT 型刀柄

图 1-8　IT 型刀柄

4）ANSI/ASME（美国标准，简称 CAT）如图 1-9 所示。CAT 型刀柄的安装尺寸与 DIN 69871 型和 ISO 7388/1 型类似，但由于少一个楔缺口，所以 ANSI B5.50 型刀柄不能安装在 DIN 69871 型和 IS07388/1 型机床上，但 DIN69871 型和 IS07388/1 型刀柄可以安装在 ANSIB5.50 型机床上。

图 1-9　CAT 型刀柄

（2）高速刀柄　由于 7∶24 的通用刀柄是靠刀柄的 7∶24 锥面与机床主轴孔的 7∶24 锥面接触定位连接的，在高速加工、连接刚性和重合精度三方面有局限性，因此在五轴加工机床刀具系统中，尤其是高速加工中出现了 HSK、KM、NC5、CAPTO 等多种型号的刀柄。

1）DIN 69873（德国标准，简称 HSK）如图 1-10 所示。HSK 型刀柄是一种典型双面夹紧刀柄，其锥度为 1∶10 或 1∶20，其中 HSK 刀柄一般是 1/10，严格地说是 1/9.98 的锥度。HSK 型高速刀柄靠刀柄的弹性变形实现夹紧，不但刀柄的 1∶10 锥面与机床主轴孔的 1∶10 锥面接触，而且使刀柄的法兰盘面与主轴面也紧密接触。这种双面接触系统在高速加工、连接刚性和重合精度上均优于锥度为 7∶24 的通用刀柄。

图 1-10　HSK 型刀柄

2）KM 型刀柄如图 1-11 所示。KM 型刀柄的结构与 HSK 型刀柄相似，也采用了空心短锥结构，锥度为 1∶10，且采用锥面和端面同时定位、夹紧的工作方式。两者的主要区别在于使用的夹紧机构不同，KM 刀具系统的夹紧力更大，刚度更高，但在 KM 型刀柄锥面上开有两个对称的圆弧凹槽（夹紧时应用），损失了刀柄的强度，因此需要非常大的夹紧力才能正常工作。

3）NC5 型刀柄如图 1-12 所示。NC5 型刀柄采用空心短锥结构，锥度为 1∶10，同样采用锥面和端面同时定位夹紧的工作方式。由于转矩由刀柄前端圆柱上的键槽传递，所以轴向尺寸比 HSK 型刀柄短。刀柄通过中间锥套的轴向移动保证锥面和端面同时可靠接触，由于中间锥套的误差补偿能力较强，所以刀柄对主轴和刀柄本身的制造精度的要求不是很高。此外，刀柄可采用增压夹紧机构，能够满足重切削的要求。该刀柄的主要缺点

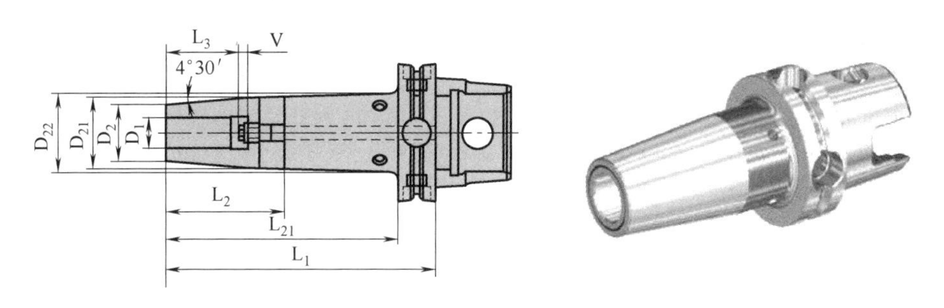

图 1-11　KM 型刀柄

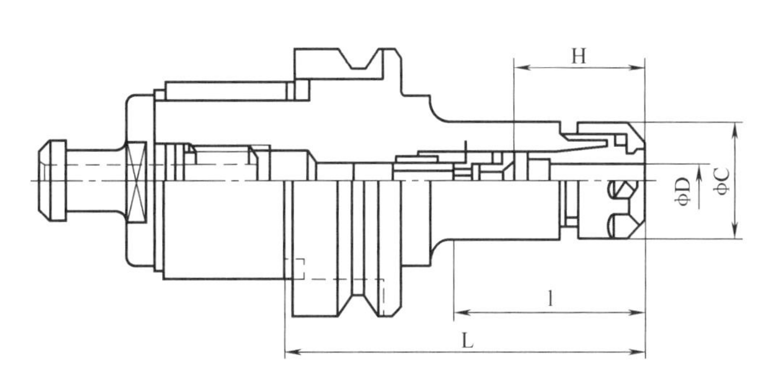

图 1-12　NC5 型刀柄

是定位精度和刚度较低。

4）CAPTO 型刀柄如图 1-13 所示。CAPTO 型刀柄是三棱弧圆锥，锥度为 1∶20 的空心短锥结构，采用锥面与端面同时接触定位。三棱弧圆锥结构可实现两个方向都无滑动的转矩传递，无须传动键，避免了传动键和键槽引起的动平衡问题。三棱弧圆锥的表面积较大，可使刀柄表面压力降低、不易变形、磨损小，因而精度保持性好，但三棱弧圆锥孔加工困难，制造成本高，与现有刀柄不兼容，配合时会自锁。

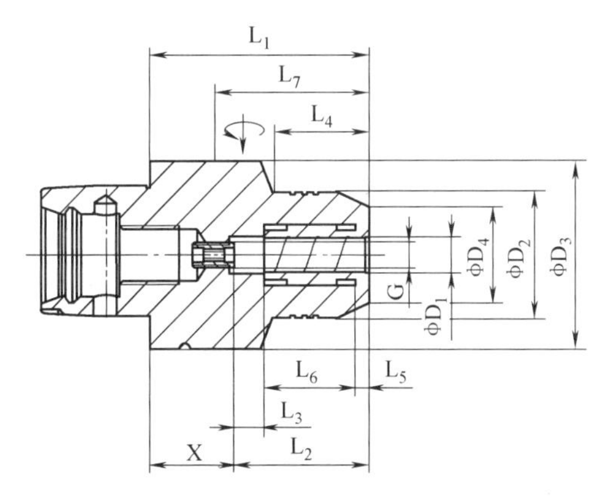

图 1-13　CAPTO 型刀柄

2. 加工中心刀具类型

多轴加工刀具能有效克服刀具在传统三轴环境下的不足，见表 1-4。多种常用刀具大都能在多轴加工条件下使用，在此介绍几种多轴加工的常用刀具。

表 1-4　加工中心刀具对比

序号	三 轴 加 工	五 轴 加 工
1	刀具过长引发刀具振动	五轴空间摆动,缩短刀具装夹长度,刚性更好
2	表面质量差	高刚性保证振动减少,表面质量更好
3	多次装夹频繁换刀,加工效率下降	大多数情况下一次装夹,加工效率更高
4	刀具数量增加,成本过高	充分利用空间偏摆,所需刀具数量相对减少
5	重复对刀造成累计误差等问题	对刀次数更少,加工误差相对减少

(1) 面铣刀　面铣刀是数控加工领域经常使用的刀具类型，根据切削刃结构的不同，可分为整体式和镶嵌式两种，如图 1-14 所示。它的外缘及底面均有铣齿，用以构成切削刃，可以用来一次铣削零件的垂直面及底面，适用性非常广，用于平面加工和铣削侧壁、沟槽、轮廓等。其缺点是在 3D 曲面加工时不太适用，尤其是在尖点处容易崩刃，影响刀具寿命。

a) 整体式与镶嵌式面铣刀　　b) 面铣刀加工

图 1-14　面铣刀

(2) 球头立铣刀　球头立铣刀是底部切削刃为球形的立铣刀。球头立铣刀分为整体式和镶嵌式两种类型，如图 1-15 所示。球头立铣刀目前在模具加工中使用相当频繁，模具加工也是最常使用五轴机床的领域，尤其是 3D 曲面模具型腔加工更为普遍。相比于面铣刀或键槽铣刀，球头立铣刀没有底部尖点的切削刃，而是带有 R 角，因此加工中尤其是粗加工不易崩刃，可延长刀具寿命。其缺点是无论转速多快，中心点总是静止的，当该部分与工件接触时不是铣削，而是在磨削，这也是我们经常看到球头立铣刀尖端特别容易磨损的原因，导致越是相对平坦的区域，用它加工出来的表面越粗糙。

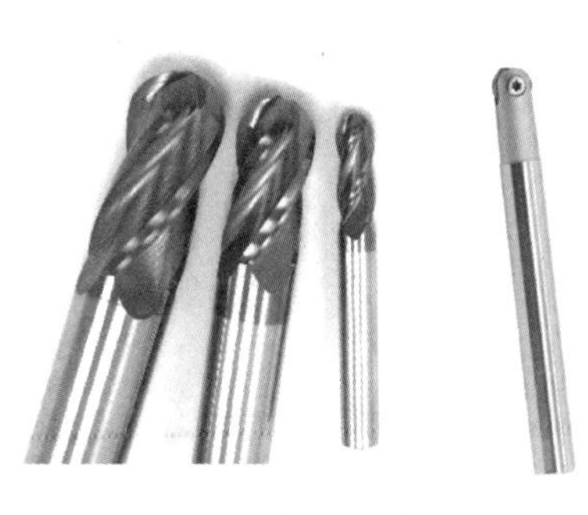
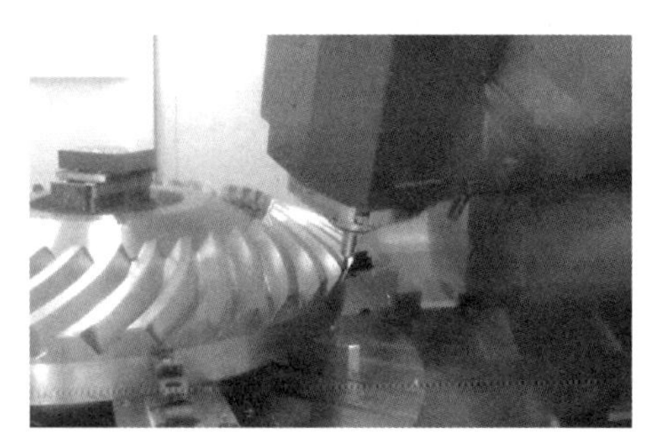

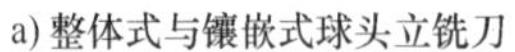
a) 整体式与镶嵌式球头立铣刀　　b) 球头刀加工工件切齿

图 1-15　球头立铣刀

（3）圆鼻铣刀　如图 1-16 所示，圆鼻铣刀又称“牛鼻子刀”或“圆角立铣刀”，它综合了面铣刀和球头立铣刀的优点，不仅在边缘使用小 R 角，而且保留底面切削刃的切削功能，相当于面铣刀加小于刀具半径的 R 角。由于刀具底部没有尖点，所以其强度比面铣刀好，不易崩刃，刀具寿命也更长，常用于粗加工，也可用于曲面精加工。由于刀具底部是平的，所以切削平缓的曲面时可选择更大的刀间距。与球头立铣刀相比，圆鼻铣刀在不同切削位置时速度的变化不大，因此加工出来的工件表面质量更好。圆鼻铣刀的缺点是在需要平面清角的时候，由于没有尖角，无法完成清角作业；对于曲率变化过大的区域，圆鼻铣刀的 R 角过小，而球头立铣刀的效率更高，更为适用。

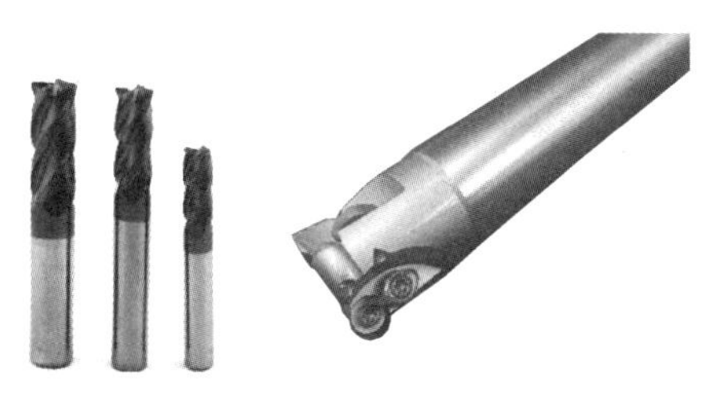

a) 整体式与镶嵌式圆鼻铣刀

b) 圆鼻铣刀加工模具型腔

图 1-16　圆鼻铣刀

（4）锥度铣刀　锥度铣刀是指刀具轮廓带有一定锥度的立铣刀，刀头分为球头和平底两种，如图 1-17a 所示。通过应用不同规格的锥度球头立铣刀，可以去除狭小空间及根部的残余材料，尤其是在模具加工时，由于锥度球头立铣刀本身的锥度，不仅可以适用于侧壁锥度的成形，还可以进行型腔根部的清角。相比球头立铣刀和圆鼻铣刀，五轴精加工叶轮时的清根，锥度铣刀更为适用，如图 1-17b 所示，可以尽可能压缩非机械加工的时间，如后续的打磨等。其缺点是由于锥度铣刀的直径不断变化，其切削刃的容屑槽深度也在不断变化，刀具的刚性上下不一致，不太适合需要大去除量的粗加工阶段。

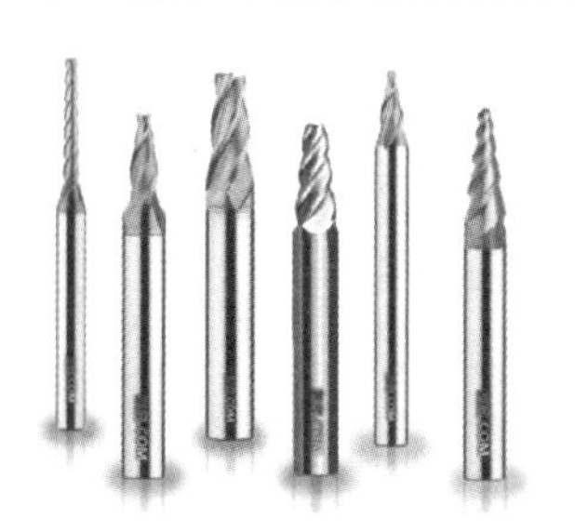

a) 球头锥度铣刀及平底锥度铣刀

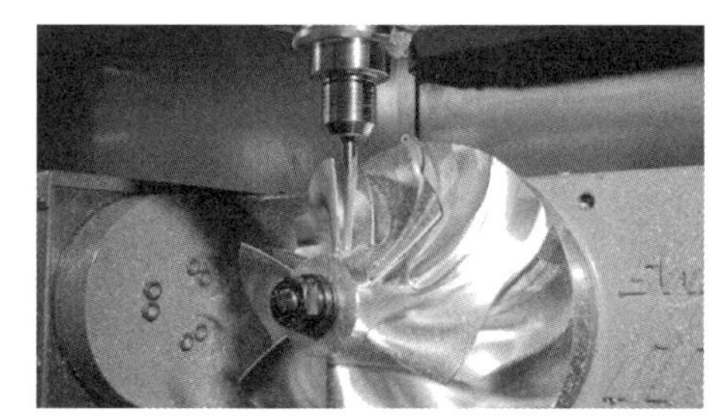

b) 锥度铣刀加工模具型腔

图 1-17　锥度铣刀

流程 4　熟悉多轴加工夹具系统

夹具是指机械制造过程中用来固定加工对象，使之占有正确的位置，以接受施工或检测的装置，又称卡具（qiǎ jù）。从广义上说，在工艺过程中的任何工序，用来迅速、方便、安全地安装工件的装置，都可称为夹具。加工中心常用工装夹具见表 1-5。

表 1-5　加工中心常用工装夹具

名　称	示　图	用　途
精密机用平口钳		用于中小尺寸和形状规则的工件装夹
组合压板		用于体积较大的工件装夹
自定心卡盘		用于回转体类零件的装夹
组合夹具		组合夹具是由一套结构已经标准化，尺寸已经规格化的通用元件、组合元件所构成，可以按工件的加工需要组成各种功用的夹具

夹具种类按使用特点可分为以下几种类型：

1）万能通用夹具。如机用平口钳、卡盘、吸盘、分度头和回转工作台等，有很大的通用性，能较好地适应加工工序和加工对象的变换，其结构已定型，尺寸、规格已系列化，其中大多数已成为机床的标准附件。

2）专用性夹具。为某种产品零件在某道工序上的装夹需要而专门设计制造，服务对象专一，针对性很强，一般由产品制造厂自行设计。常用的有车床夹具、铣床夹具、钻模（引导刀具在工件上钻孔或铰孔用的机床夹具）、镗模（引导镗刀杆在工件上镗孔用的机床夹具）和随行夹具（用于组合机床自动线上的移动式夹具）。

3）可调夹具。可以更换或调整元件的专用夹具。

4）组合夹具。由不同形状、规格和用途的标准化元件组成的夹具，适用于新产品试制和产品经常更换的单件、小批生产以及临时任务。

活动四　知识点提示

1. 数控系统

数控系统决定了机床使用何种类型的代码进行编程，即使通过编程软件来完成相应的刀路，它也需要对应数控系统的后置处理文件，来生成相应的程序代码才能使用。

2. 刀具系统

刀具系统非常的复杂，但是一般会根据机床主轴的型号与类别适配一种刀具系统的类型，其余刀具系统不能混用。

3. 夹具系统

使用数控机床进行加工时必须采用夹具。铣床加工时，切削力较大，刀齿的工作不是连续切削，容易引起冲击和振动，所以夹紧力要求较大，以保证加工时的刚性以及防止工件脱出夹具。

活动五　任务评价

请对上述活动过程进行内容的评价，见表 1-6。

表 1-6　任务评价表

任务名称		凸轮轴的加工	评价人员		自我评价
序号	评价项目	要求	配分	得分	得分
1	了解常见机床类型	认识一般铣削机床结构	10		
		能进行机床分类	15		
2	认识常见机床数控系统	认识常见机床数控系统	10		
		能进行数控系统分类	10		
3	认识常见加工对象	认识加工中心主要加工对象	10		
4	熟悉常见刀具及夹具	熟悉刀具系统	15		
		熟悉加工中心常用夹具系统	10		
5	职业素养	阅读与展示能力	10		
		思考能力	10		
6	总计		100		

活动六　课后拓展

任务 1　请查阅相关机床品牌，举例说明。

任务 2　请查阅相关数控系统品牌，举例说明。

任务 3　请查阅相关刀具品牌，举例说明。

模块二

四轴加工中心加工

项目一

基座的加工

活动一　确立目标

【知识目标】

1. 了解四轴平面定轴铣削加工的特点。
2. 掌握平面铣削加工的工序条件。
3. 掌握平面轮廓铣削加工的工序条件。
4. 掌握刀轴方向设置原理。

【能力目标】

1. 具备识读基座零件图及3D造型能力。
2. 能够对基座零件进行工艺设计和程序编制。
3. 能通过VERICUT软件对基座零件进行仿真加工。

【素养目标】

1. 培养探究能力。
2. 培养反思能力。

学习不要怕难、怕累，特别是机械专业的学习，更加需要不断探究与反思的能力。

活动二　领 取 任 务

基座是一种短的受压构件，一般用于基础或一些支承构件间的过渡。其主要作用是提供支承或传递受力。请查阅表 2-1，了解任务详情。

表 2-1　“基座”任务书

序号	内　容		
1	工作任务:“基座”的加工 (1)“基座”模型如右图所示 (2)基座零件图如图 2-1 所示		
2	毛坯形状		
	毛坯尺寸为 ϕ80mm×80mm,材料自定义		
3	工作要求		
	(1)完成基座模型的创建 (2)制定基座的加工工艺 (3)编制基座的定向加工程序 (4)对程序代码进行仿真验证 (5)上机制造		
4	验收标准	符合	不符合
	(1)建模模型体积检测对比		
	(2)工艺(工序步骤)合理		
	(3)UG NX 工序仿真加工结果正确		
	(4)使用 VERICUT 软件模型加工仿真结果特征正确		
	(5)使用 VERICUT 软件仿真加工结束无任何警告		

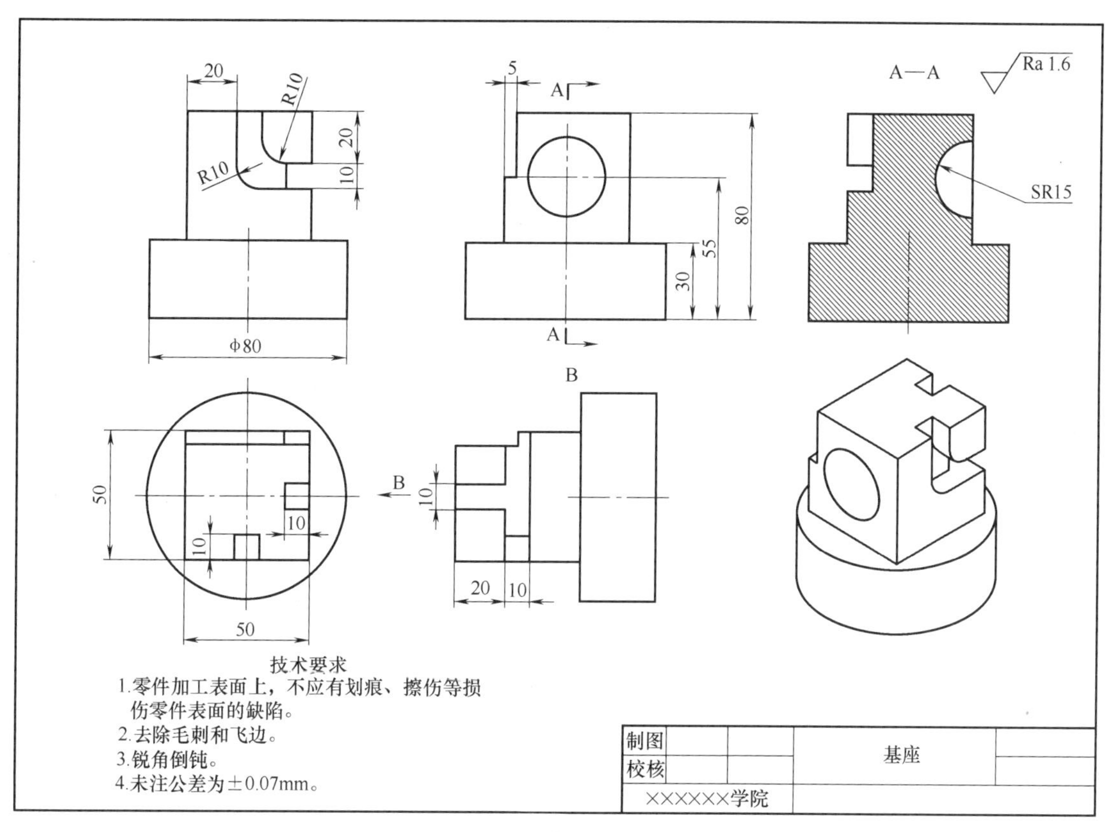

图 2-1　基座零件图

活动三　任务实施

流程 1　零件建模

打开 UG NX 软件，单击“新建”→“模型”选项卡，在选项组“名称”文本框对文件名进行自定义，例如“2-01 基座 . prt”。创建基座模型的整体思路如图 2-2 所示。

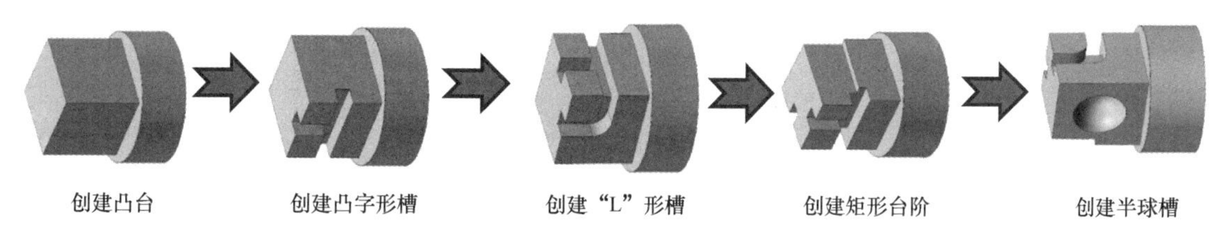

图 2-2　创建基座模型的整体思路

步骤 1　创建凸台

1）在建模环境下，在常用快捷命令中，单击“拉伸”命令图标，如图 2-3 所示。

2）在弹出的“拉伸”对话框中单击“表区域驱动”的“绘制截面”快捷图标，弹出

图 2-3　常用快捷命令

“创建草图”对话框，如图 2-4 所示，“草图类型”选择“在平面上”，在绘图区单击 XY 平面，再在草图坐标系中调整以下参数：“平面方法”为“自动判断”；“参考”为“水平”；“原点方法”为“使用工作部件原点”，完成后单击“确定”按钮进入草图。

3）依据图 2-1 所示基座零件图绘制图 2-5 所示的 50mm×50mm 矩形，然后结束草图。

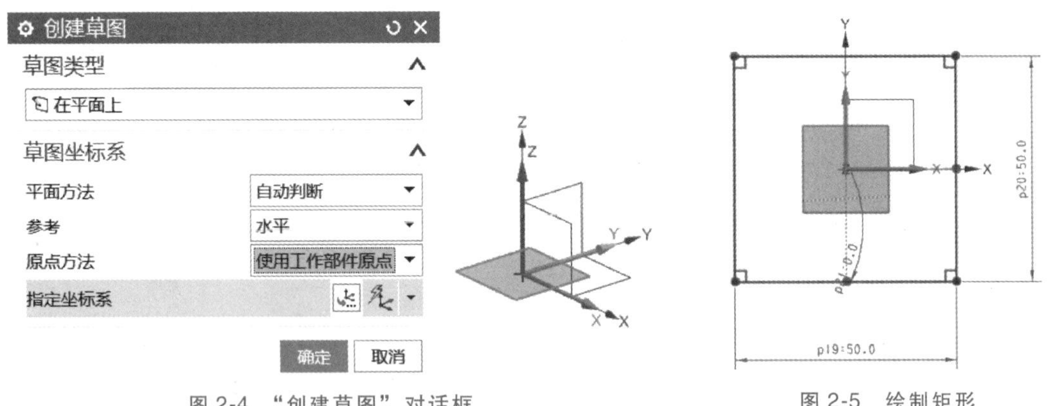

图 2-4　“创建草图”对话框

图 2-5　绘制矩形

4）返回“拉伸”对话框，如图 2-6 所示，设置“方向”为 Z 轴负方向，“距离”为“50mm”，其余默认，单击“确定”按钮完成立方体的拉伸。

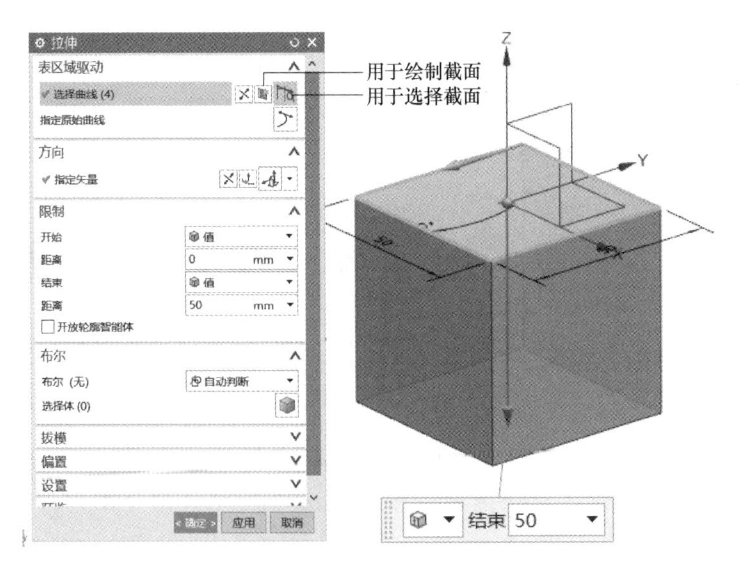

图 2-6　“拉伸”命令设置

5）单击“拉伸”命令图标，弹出图 2-7 所示“创建草图”对话框，在已拉伸的 50mm×50mm×50mm 的立方体下表面上建立草图，进入草图绘制 ϕ80mm 圆，单击鼠标右键完成草图，如图 2-8 所示。

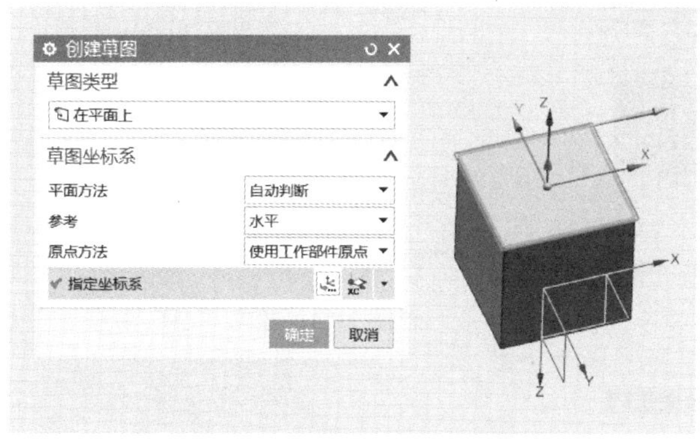

图 2-7 “创建草图”对话框

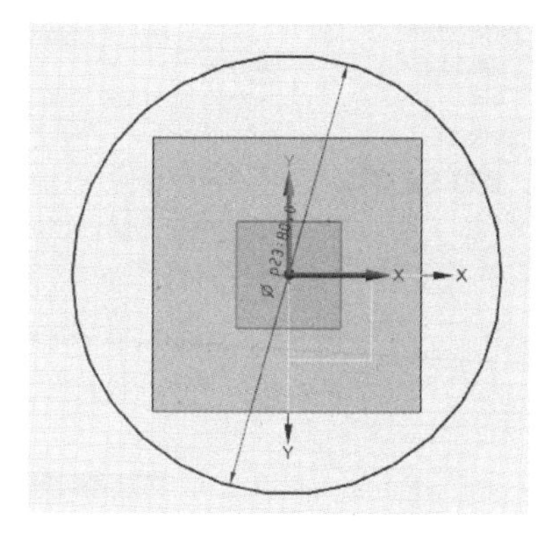

图 2-8　绘制 ϕ80mm 圆形

6）返回“拉伸”对话框，如图 2-9 所示，设置“方向”为 Z 轴正方向，“距离”为“30mm”，布尔运算选择“合并”，其余默认，单击“确定”按钮完成圆柱体的拉伸。

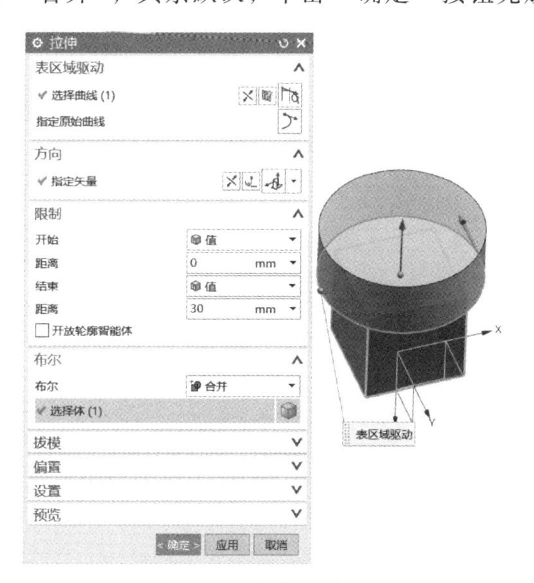

图 2-9 “拉伸”命令设置

步骤 2　创建凸字形槽

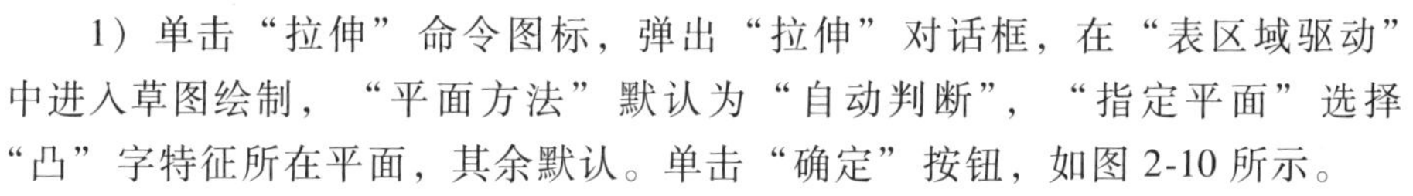

1）单击“拉伸”命令图标，弹出“拉伸”对话框，在“表区域驱动”中进入草图绘制，“平面方法”默认为“自动判断”，“指定平面”选择“凸”字特征所在平面，其余默认。单击“确定”按钮，如图 2-10 所示。

2）进入草图绘制界面后，完成“凸”字形轮廓编辑，单击鼠标右键，完成草图创建，如图 2-11 所示。

3）返回“拉伸”对话框，如图 2-12 所示，设置“方向”为法向负方向，“距离”为“10mm”，布尔运算选择“减去”，其余默认。单击“确定”按钮，完成“凸”字形槽的拉伸。

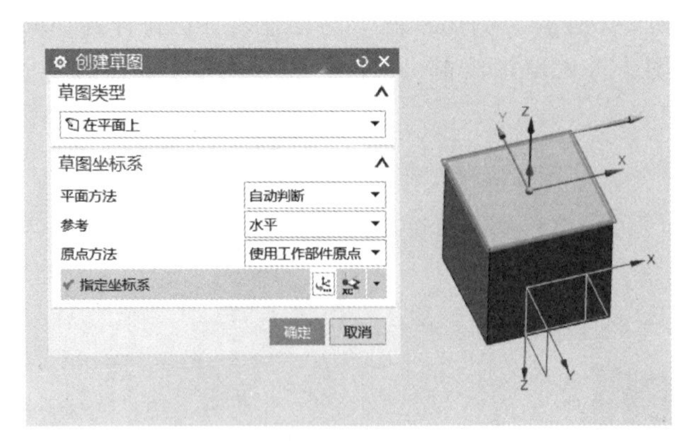

图 2-10 “创建草图”对话框

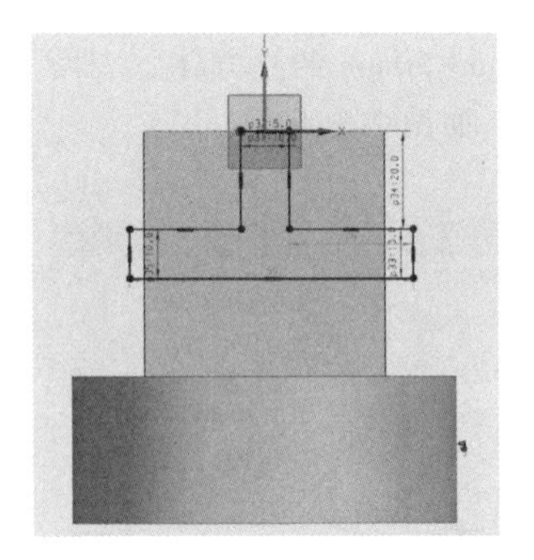

图 2-11 绘制“凸”字形

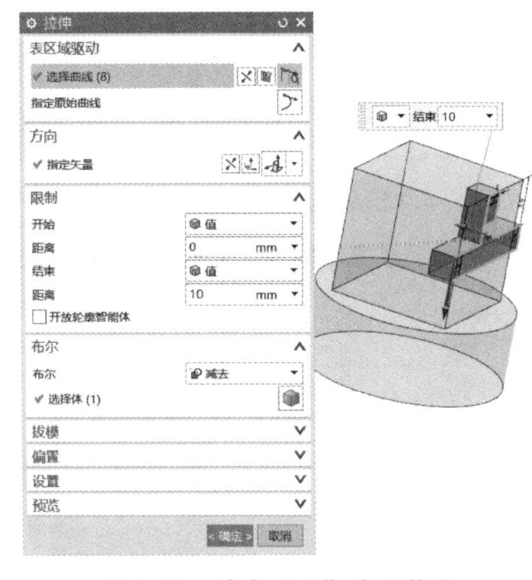

图 2-12 减去“凸”字形体积

步骤 3 创建“L”形槽

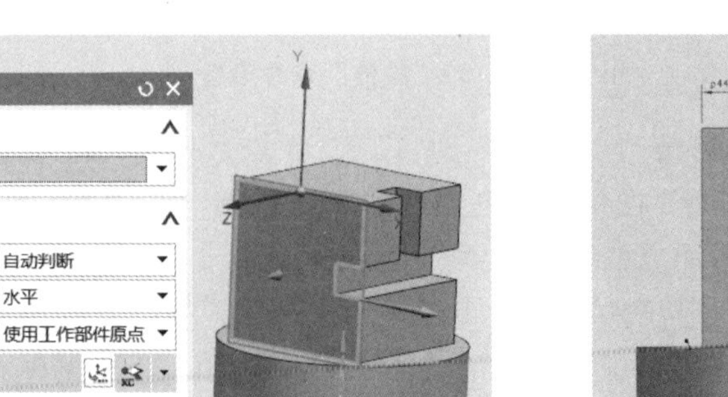

1）单击“拉伸”命令图标，弹出“拉伸”对话框，在“表区域驱动”中进入草图绘制，选择图 2-13 所示平面，“平面方法”默认“自动判断”，其余默认。单击“确定”按钮进入草图。

图 2-13 “创建草图”对话框

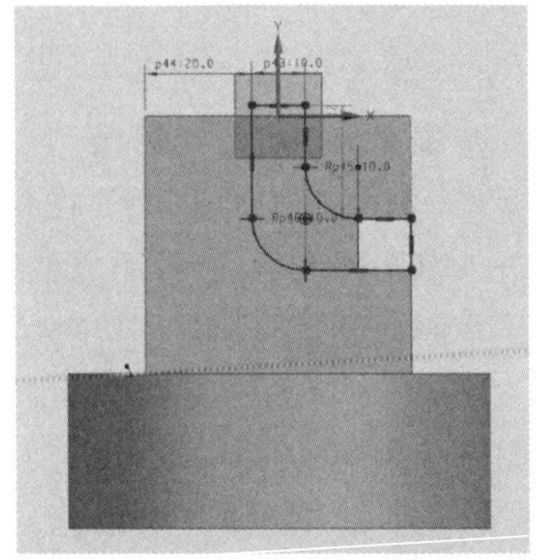

图 2-14 绘制“L”形

2）如图 2-14 所示，完成“L”形轮廓编辑，单击鼠标右键，完成草图创建。

3）返回“拉伸”对话框，如图 2-15 所示，设置“方向”为法向负方向，“距离”为“10mm”，布尔运算选择“减去”，其余默认。单击“确定”按钮完成“L”形槽的拉伸。

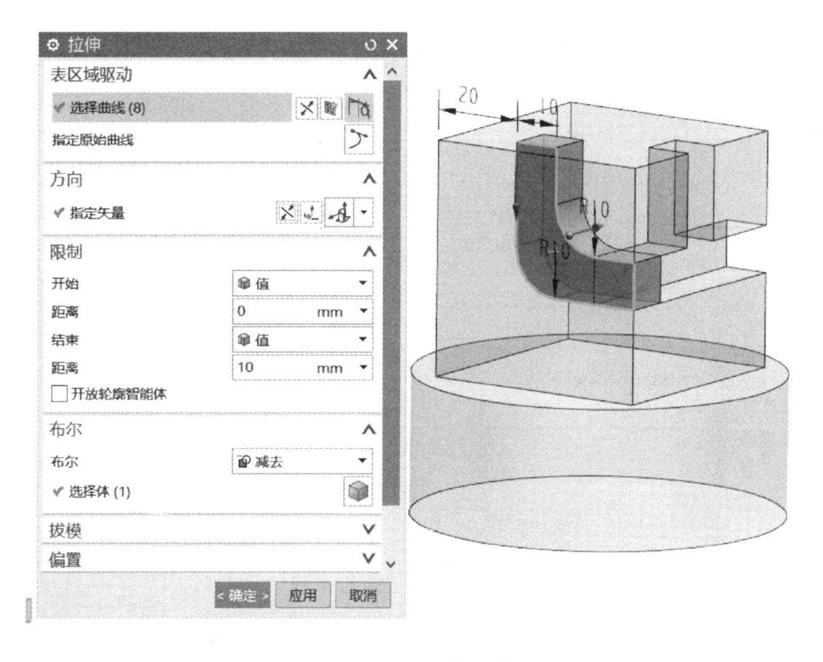

图 2-15　减去“L”形体积

步骤 4　创建矩形台阶

1）重复选择“拉伸”命令，在“表区域驱动”中进入草图绘制，选择图 2-16 所示平面，创建草图。

2）如图 2-17 所示，根据零件图样完成矩形轮廓编辑，单击鼠标右键，完成草图创建。

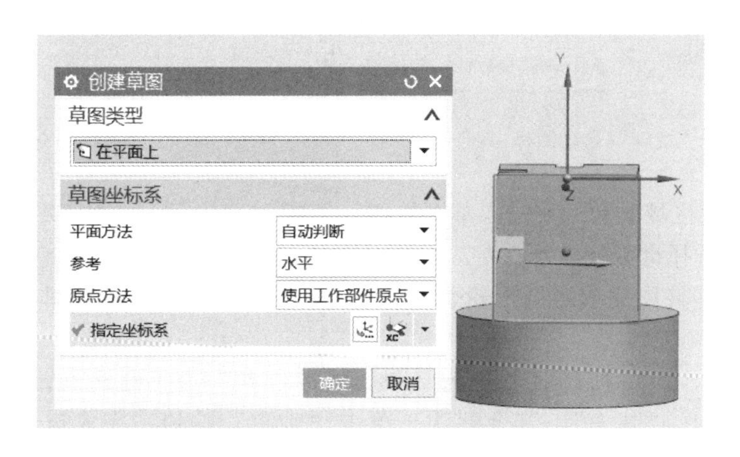

图 2-16　“创建草图”对话框

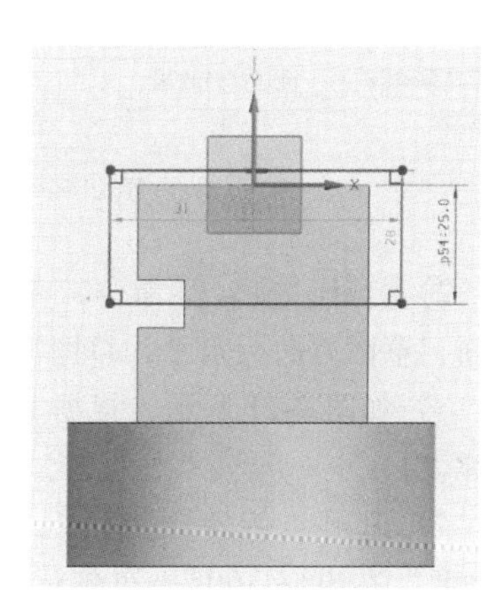

图 2-17　绘制矩形

3）返回“拉伸”对话框，如图 2-18 所示，设置“方向”为法向负方向，“距离”为“5mm”，布尔运算选择“减去”，其余默认。单击“确定”按钮完成矩形槽的拉伸。

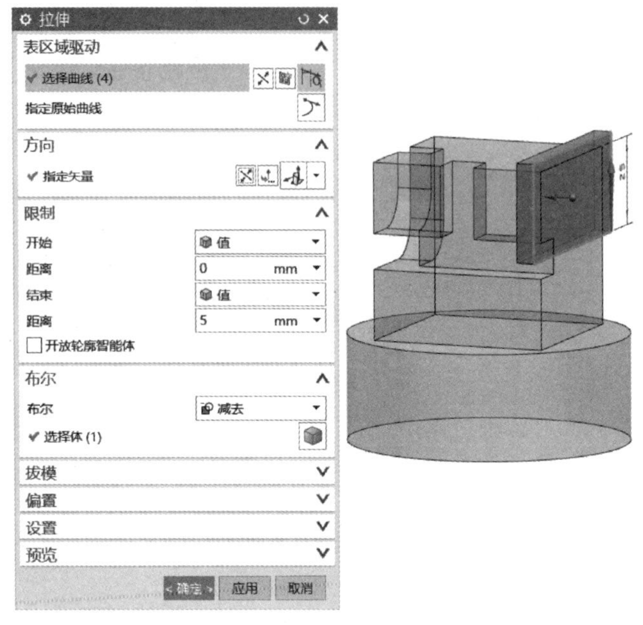

图 2-18　减去矩形体积

步骤 5　创建半球槽

1）如图 2-19 所示，单击“拉伸”按钮下方的下拉列表中“旋转”命令图标。

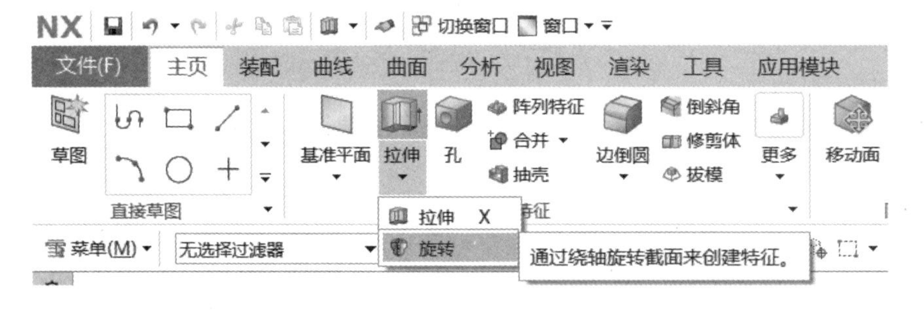

图 2-19　单击“旋转”命令图标

2）打开“旋转”命令，在“表区域驱动”中进入草图绘制，如图 2-20 所示，选择 XZ 平面，草图方向为水平，草图原点选择世界坐标系原点，单击“确定”按钮进入草图。

3）如图 2-21 所示，根据基座零件图完成半圆形轮廓编辑，单击鼠标右键，完成草图创建。

4）返回“旋转”对话框，如图 2-22 所示，轴指定 Z 轴，“指定点”为半圆端点，“角度”为 0°~360°，布尔运算选择“减去”，其余默认。单击“确定”按钮，完成球形槽的创建。

5）在主菜单中选择“分析”→“更多”→“测量体”命令，如图 2-23 所示。

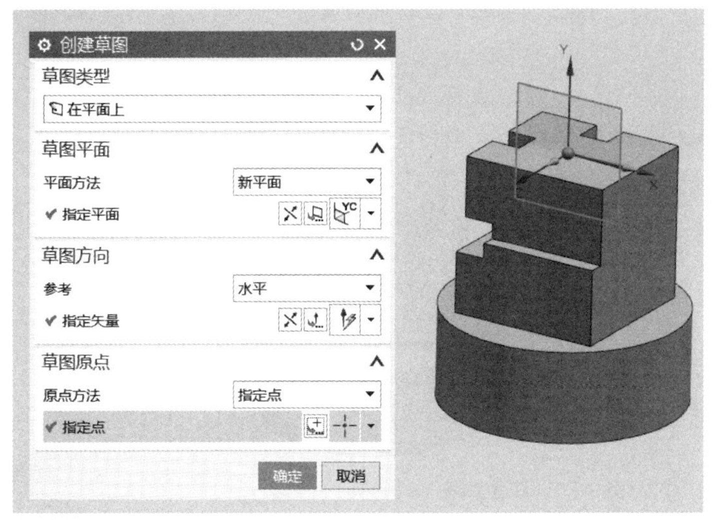

图 2-20　“创建草图”对话框

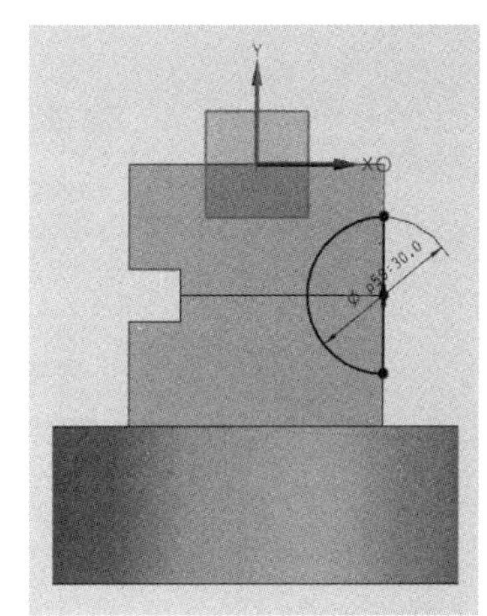

图 2-21　绘制半圆

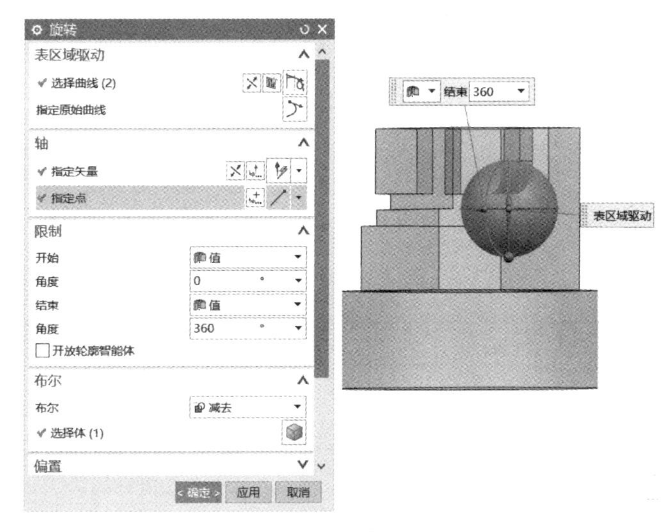

图 2-22　减去球形体积

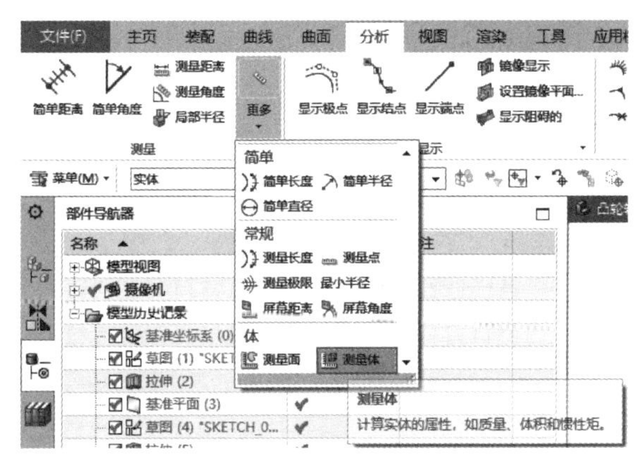

图 2-23　测量体快捷键

6）在“测量体”对话框中，设置“对象”为最终模型，测量得到体积为 251727.8639mm^3，如图 2-24 所示。

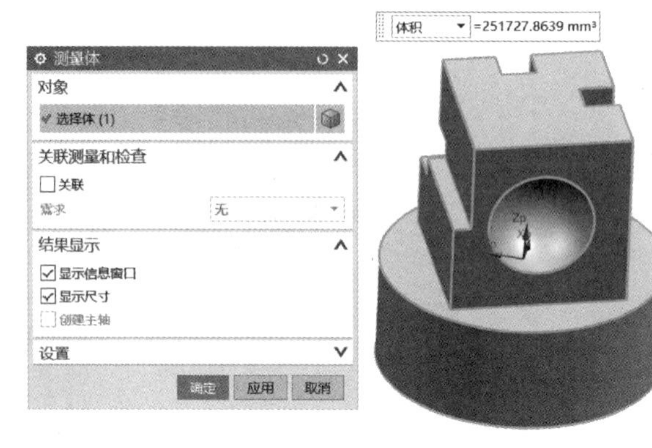

图 2-24　模型体积

流程 2　工艺分析

（1）零件结构分析　分析零件图样，请在下方列出基座零件的特征轮廓。

（2）精度分析　分析零件图样，并在表 2-2 中写出该零件的主要加工尺寸、几何公差要求及表面质量要求。

表 2-2　基座数据

序号	项目	内容	备注
1	主要加工尺寸		
2			
3			
4			
5			
6			
7			
8			
9	几何公差要求		
10	表面质量要求		

（3）加工刀具分析　根据零件图样选择合适的数控刀具并填入表 2-3。

表 2-3　刀具表

刀具序号	刀具名称	刀具规格	刀具类型
1			
2			

（续）

刀具序号	刀具名称	刀具规格	刀具类型
3			
4			
5			

（4）零件装夹方式分析　分析零件图样并思考：为保证基座加工位置精度，应采用什么装夹方法？

____

____

____

流程 3　程序编制

基座加工程序编制的整体思路如图 2-25 所示。

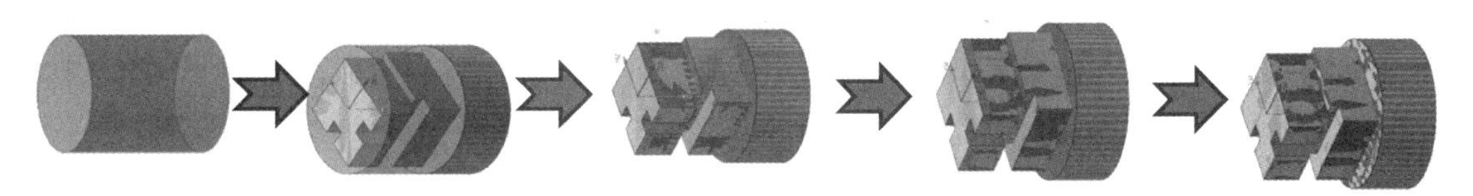

图 2-25　基座加工程序编制的整体思路

步骤 1　创建辅助线、面、体

创建毛坯实体，选择“草图”功能，选择基座底部的圆作为拉伸对象，矢量方向为上，“距离”为 0~80mm，布尔运算为“无”，其余默认。单击“确定”按钮，创建毛坯，如图 2-26 所示。

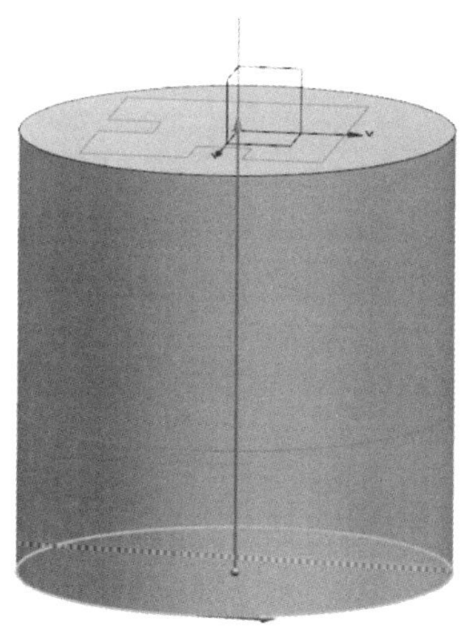

图 2-26　创建毛坯

步骤 2　加工环境准备

1）如图 2-27 所示，单击“加工”图标，或者使用快捷键<Ctrl+Alt+M>进入加工环境。

2）如图 2-28 所示，单击“程序顺序视图”图标，或者在工序导航器中单击鼠标右键，在弹出的快捷菜单中选择“程序顺序视图”图标。

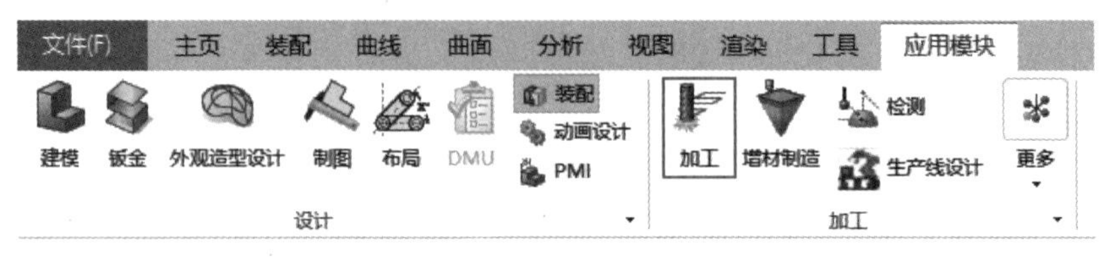

图 2-27　单击“加工”图标

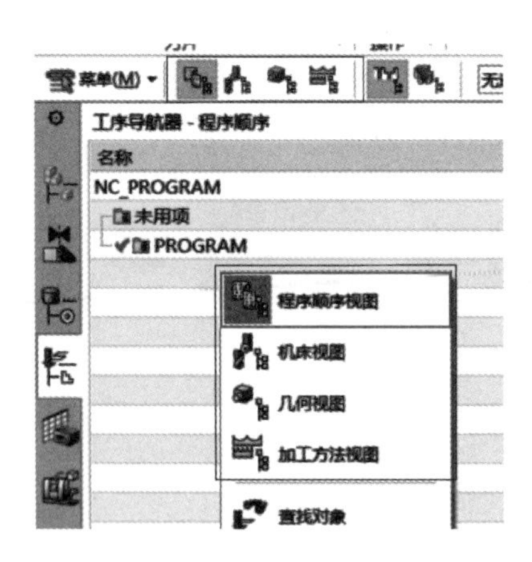

图 2-28　单击“程序顺序视图”图标

3）在工序导航器中选择 NC_PROGRAM，单击鼠标右键，在弹出的快捷菜单中选择“插入”→“程序组”命令，接着在弹出对话框中进行命名，即可插入图 2-29 所示程序组。

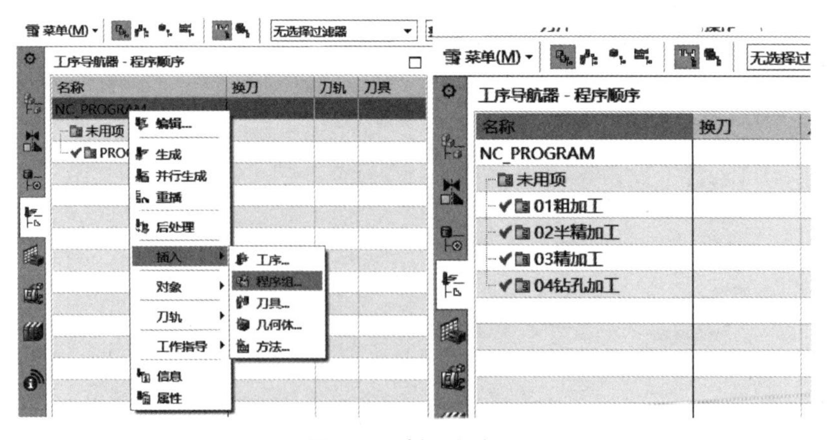

图 2-29　插入程序组

4）在机床视图中创建刀具，在主菜单中单击“创建刀具”命令，在弹出的“创建刀具”对话框中设置“刀具子类型”为“立铣刀”，“名称”为“16MILL”，其余默认。单击

“确定”按钮，在弹出的“铣刀-5 参数”对话框中设置刀具直径为“16”，“刀刃”为“4”，“编号”统一设置为“1”，如图 2-30 所示，单击“确定”按钮。

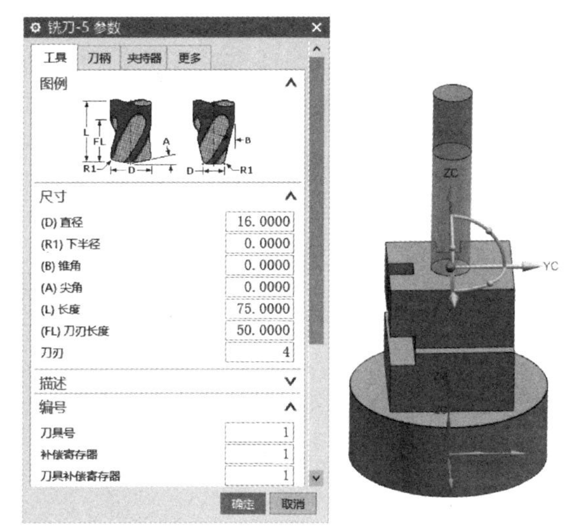

图 2-30　创建立铣刀

5）重复选择“创建刀具”命令，在弹出的“创建刀具”对话框中设置“刀具子类型”为“立铣刀”，“名称”为“8MILL”，其余默认。单击“确定”按钮，在弹出的“铣刀参数”对话中设置刀具直径为“8”；“刀刃”为“4”；“编号”统一设置为“2”，单击“确定”按钮。

6）重复选择“创建刀具”命令，在弹出的“创建刀具”对话框中设置“刀具子类型”为“球头立铣刀”，“名称”为“8BALL_MILL”，其余默认。单击“确定”按钮，在弹出的“铣刀-球头铣”对话框中设置“球直径”为“8”；“编号”统一设置为“3”，如图 2-31 所示，单击“确定”按钮。

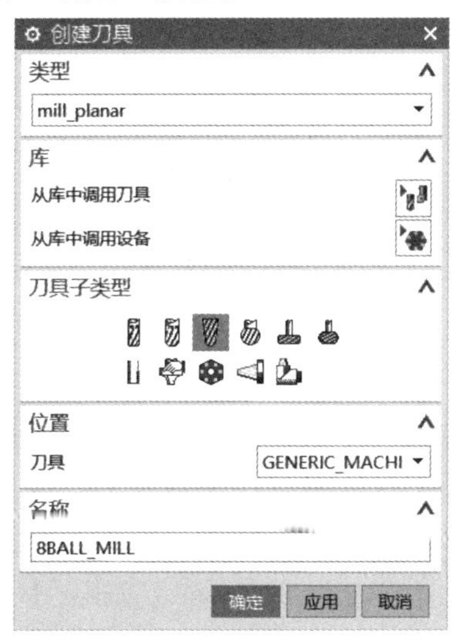

图 2-31　创建球头立铣刀

7）进入几何体视图，双击“MCS_MILL”加工坐标系图标，设置“毛坯与基座的回转中心”为“X轴”，坐标原点为“基座顶面正方中心”，“安全设置选项”为“圆柱”，以基座为基础，“指定点”为“基座内部中心点”，“指定矢量”为“X轴”方向，建立半径为50mm的安全范围，如图2-32所示。

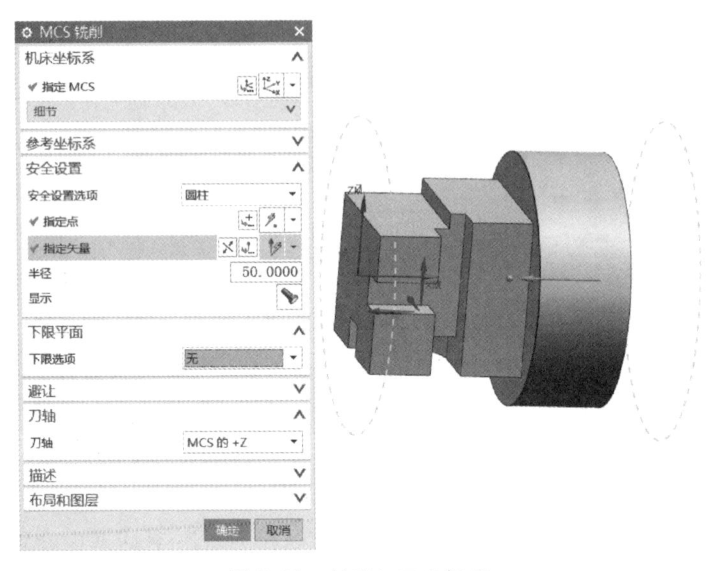

图 2-32　创建加工坐标系

8）继续双击“WORKPIECE”图标，在“工件”对话框中将建模模型设定为部件，“指定毛坯”选择“毛坯模型”，“部件偏置”为“0”，如图2-33所示，单击“确定”按钮。

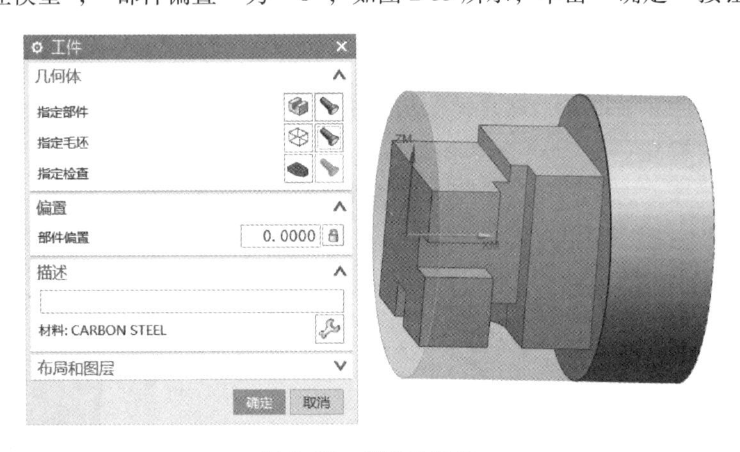

图 2-33　创建几何体

9）在工序导航器空白处单击鼠标右键，在弹出的快捷菜单中选择“加工方法视图”命令，在“加工方法”列表中双击“MILL_ROUGH”，在弹出的“铣削粗加工”对话框中将“部件余量”设置为0.3mm；双击“MILL_SEMI_FINISH”，在弹出的“铣削半精加工”对话框中将“部件余量”设置为0.05mm，将内、外公差设置为0.02mm；双击“MILL_FINISH”，在弹出的“铣削精加工”对话框中将“部件余量”设置为0，将内、外公差设置为0.01mm，如图2-34所示。

图 2-34　设置加工余量

步骤 3　创建粗加工工序

1）在主菜单中单击“创建工序”命令图标，在弹出的“创建工序”对话框中，设置“类型”为“mill_planar”，“工序子类型”为“FACE_MILLING”，“程序”为“01 粗加工”，“刀具”为 ϕ16mm 立铣刀，“几何体”为“WORKPIECE”，“方法”为“MILL_ROUGH”，最后自定义程序名称为“01-四周铣”，如图 2-35 所示。单击“确定”按钮，得到图 2-36 所示对话框。

图 2-35　创建面铣工序

图 2-36　“面铣-[01-四周铣]”对话框

2）在弹出的“面铣-[01-四周铣]”对话框中，设置“指定面边界”；边界的选择方法设置为“曲线”，弹出图 2-37 所示对话框，依次选择台阶面的四周轮廓，“指定平面”为图 2-38 所示台阶平面，将“距离”设置为“0mm”，单击“确定”按钮退出。在图 2-36 所示

“面铣-[01-四周铣]”对话框中，设置“切削模式”为“跟随部件”，“步距”为刀具直径的 35%，“毛坯距离”为“14mm”，“每刀切削深度”为“7mm”，其余默认。

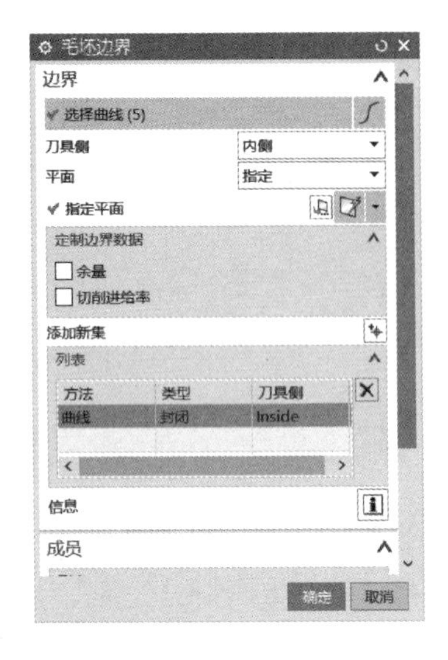

图 2-37 设置边界参数

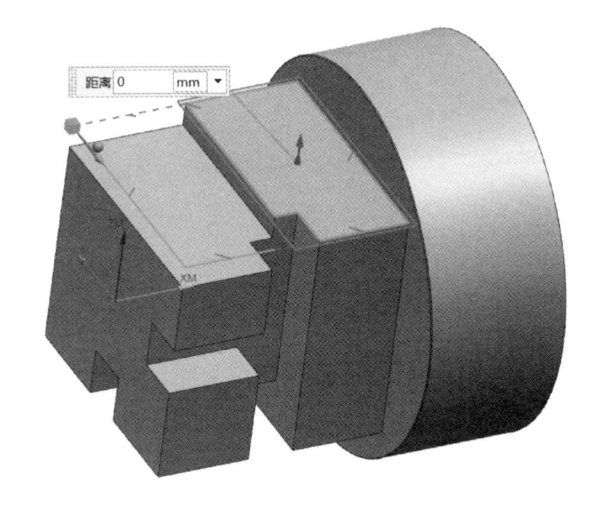

图 2-38 边界图形

3）继续设置“刀轴”选项组中的参数，设置“轴”为“指定矢量”，拾取加工平面，如图 2-39 所示，单击“确定”按钮结束，根据切削参数参考表设置“进给率和速度”，最后在主菜单中单击“生成程序”按钮，得到图 2-40 所示粗加工刀路。

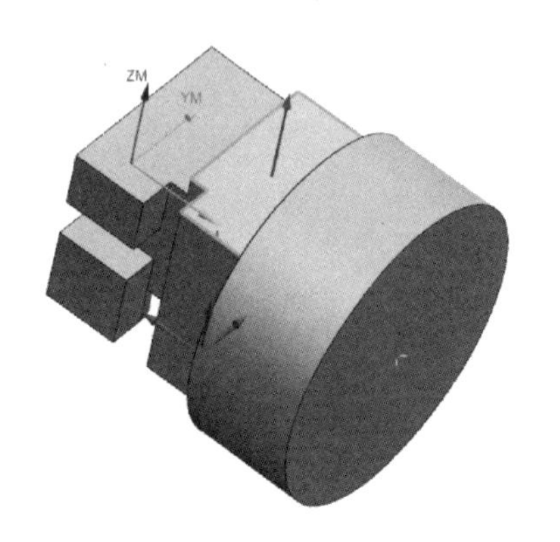

图 2-39 刀轴方向

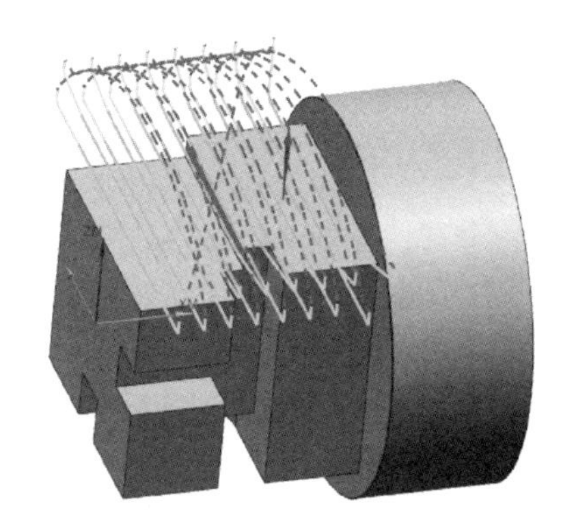

图 2-40 四周铣粗加工刀路

4）选择“01-四周铣”，单击鼠标右键，在弹出的快捷菜单中选择“对象”→“变换”命令，弹出“变换”对话框，如图 2-41 所示，设置“类型”为“绕直线旋转”，设置变换参数点和直线为“原点与 X 轴”，“角度”为“90°”，“非关联副本数”为“3”，单击“确定”按钮最终得到图 2-42 所示复制刀路。

5）重复“创建工序”命令，在弹出的“创建工序”对话框中，设置“类型”为“mill_planar”，“工序子类型”为“FACE_MILLING”，“程序”为“01 粗加工”，刀具为 ϕ16mm 立铣刀，“几何体”为“WORKPIECE”，“方法”为“MILL_ROUGH”，最后自定义程序名称为“01-台阶铣”，如图 2-43 所示，单击“确定”按钮。

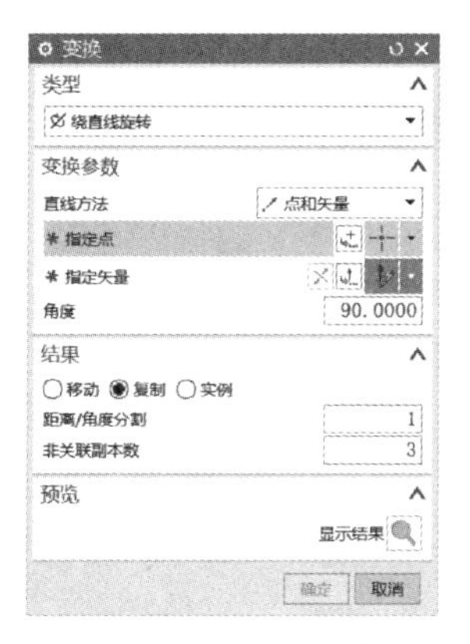

图 2-41　复制刀路

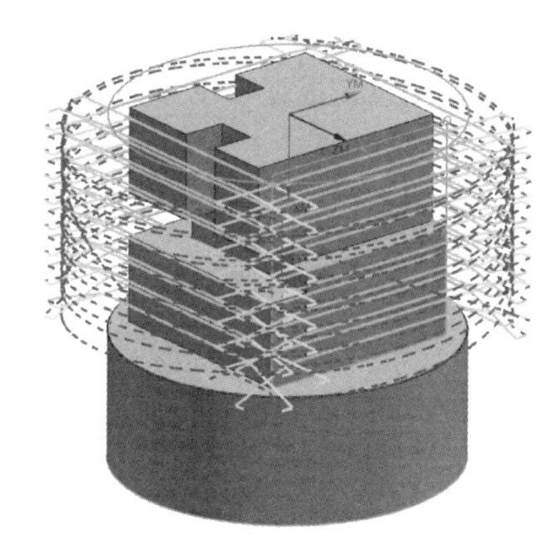

图 2-42　复制刀路

6）在弹出的图 2-44 所示对话框中，设置“指定面边界”为“曲线”，弹出图 2-45 所示对话框，依次选择台阶面的四周轮廓，“指定平面”为图 2-46 所示台阶平面，将距离设置为“0mm”，单击“确定”按钮退出，在图 2-44 所示“面铣-[01-台阶铣]”对话框中，设置“切削模式”为“跟随部件”，“步距”为刀具直径的 30%，其余默认。

图 2-43　创建面铣

图 2-44　“面铣-[01-台阶铣]”对话框

图 2-45　毛坯边界

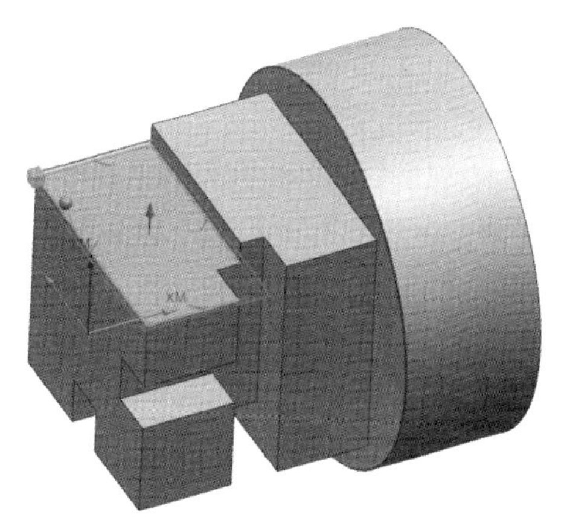

图 2-46　边界图形

7）单击“刀轴”，设置“轴”为“指定矢量”，拾取加工平面如图 2-47 所示，单击“确定”按钮结束，根据切削参数参考表设置“进给率和速度”，最后在主菜单中单击“生成程序”按钮，得到图 2-48 所示粗加工刀路。

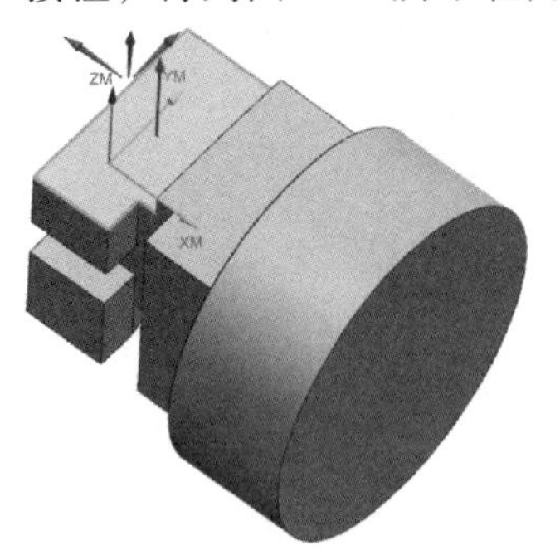

图 2-47　刀轴方向

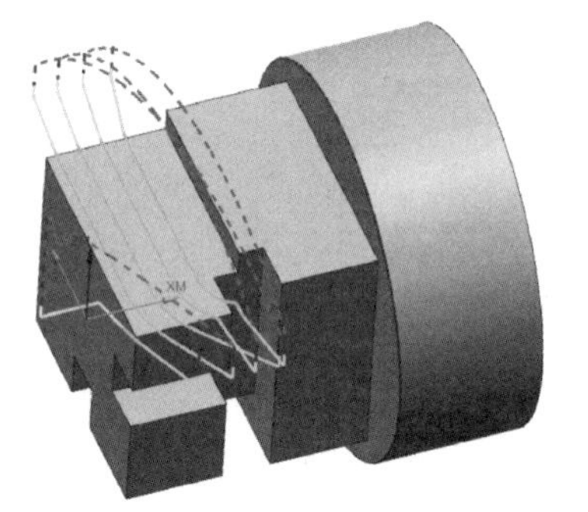

图 2-48　台阶铣粗加工

8）单击“创建工序”按钮，在弹出的“创建工序”对话框中设置“类型”为“mill_planar”，“工序子类型”为“PLANAR_PROFILE”，“程序”为“01 粗加工”“刀具”为 ф8mm 立铣刀，“几何体”为“WORKPIECE”，“方法”为“MILL_ROUGH”，最后自定义程序名称为“01-平面轮廓铣”，如图 2-49 所示，单击“确定”按钮。

图 2-49　创建平面轮廓铣工序

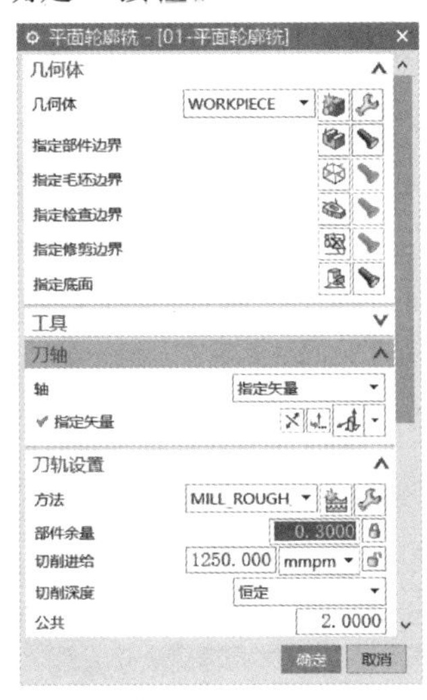

图 2-50　“平面轮廓铣-[01-平面轮廓铣]”对话框

9）在弹出的图 2-50 所示对话框中，设置“指定部件边界”为“曲线”，弹出图 2-51 所示对话框，选择图 2-52 所示“凸形槽”一边轮廓，设置“边界类型”为“开放”，“刀具侧”为“左”，单击“添加新集”图标，继续添加第二段曲线和第三段曲线，参数如图 2-51 所示，单击“确定”按钮退出，在图 2-50 所示对话框中，设置“切削深度”为“恒定”的“2mm”，其余默认。

10）设置“指定底面”，将底面设置为“加工轮廓底面”，继续单击“刀轴”，设置“轴”为“指定矢量”，拾取加工平面，如图 2-53 所示，单击“确定”按钮结束。根据切削参数参考表设置“进给率和速度”，最后在主菜单中单击“生成程序”图标，得到图 2-54 所示粗加工刀路。

图 2-51　边界参数

图 2-52　边界图形

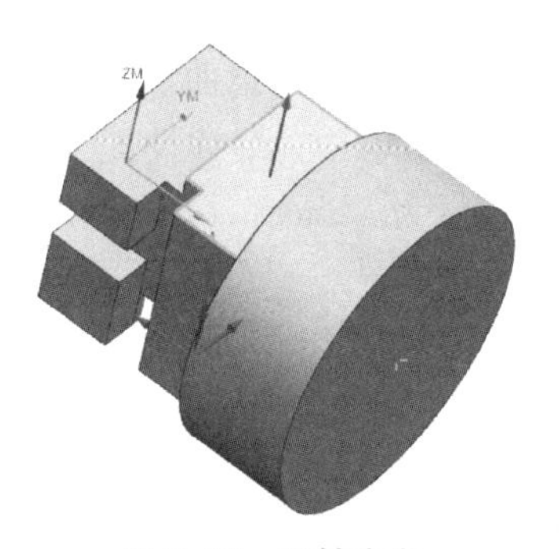

图 2-53　刀轴方向

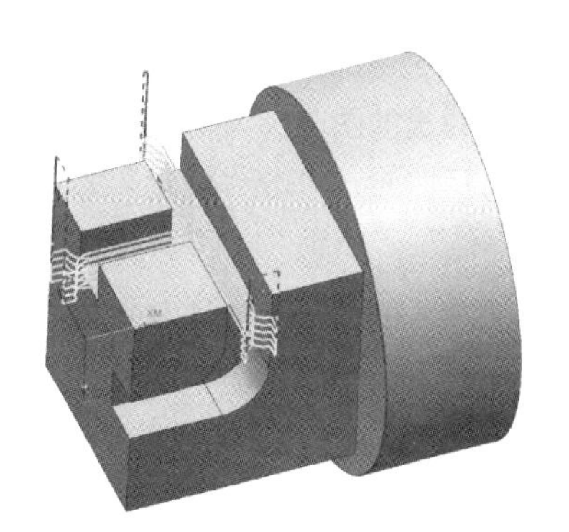

图 2-54　平面轮廓铣粗加工刀路

11）重复上述步骤，或者单击鼠标，右键选择“复制程序”命令，将“指定部件边界”改成“L 形轮廓”，如图 2-55 所示，设置“指定底面”为“L 形槽底面”，其余默认，在主菜单中单击“生成程序”图标，得到图 2-56 所示粗加工刀路。

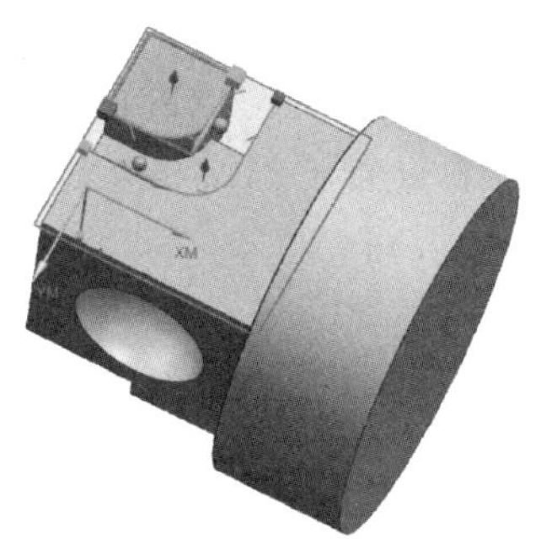

图 2-55　L 形轮廓曲线

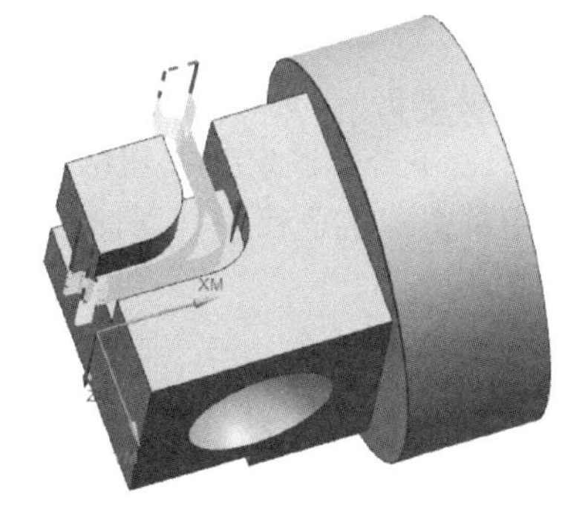

图 2-56　L 形槽粗加工刀路

12）单击“创建工序”按钮，在弹出的“创建工序”对话框中，设置“类型”为“mill_contour”，“工序子类型”为“CAVITY_MILL”，“程序”为“01 粗加工”，“刀具”为 ϕ8mm 立铣刀，“几何体”为“WORKPIECE”，“方法”为“MILL_ROUGH”，最后自定义程序名称为“01-球槽开粗”，如图 2-57 所示，单击“确定”按钮。

图 2-57 创建型腔铣工序

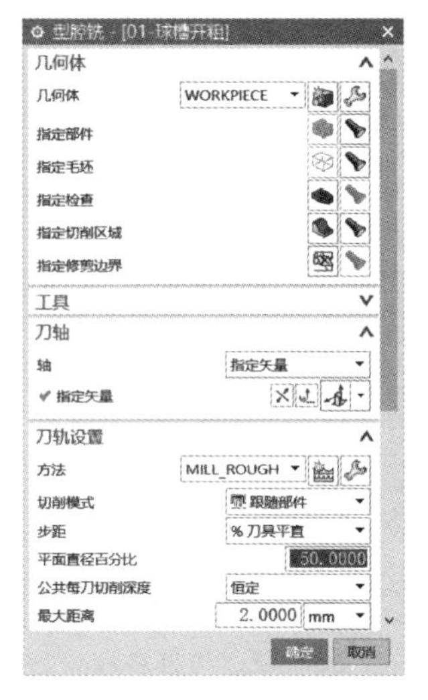

图 2-58 型腔铣参数

13）在弹出的图 2-58 所示对话框中，设置“指定切削区域”为“半球曲面”，在绘图区选择图 2-59 所示曲面，单击“确定”按钮退出，在图 2-58 所示对话框中，继续设置“切削模式”为“跟随部件”，“步距”为刀具直径的 50%，公共每刀切削深度为“2mm”，其余默认。

图 2-59 半球曲面

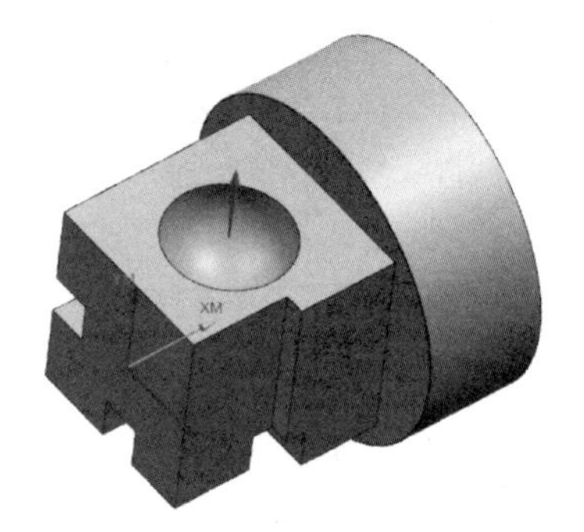

图 2-60 刀轴方向

14）继续单击“刀轴”命令图标，设置“轴”为“指定矢量”，拾取加工平面如图 2-60 所示，单击“确定”按钮结束，根据切削参数参考表设置“进给率和速度”，最后在主菜单中单击“生成程序”图标，得到图 2-61 所示粗加工刀路。

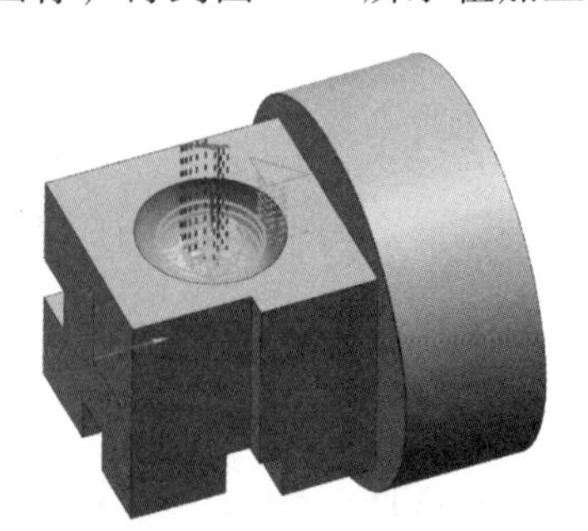

图 2-61 半球槽粗加工刀路

步骤 4　创建半精加工工序

1）从粗加工工序中复制四个“01-四轴铣”与“台阶铣”程序至半精加工工序，将序号“01”全部改成“02”，如图 2-62 所示；在所有刀路的“刀轨设置”选项组中，将“方法”设置为半精加工，将“切削模式”改为“轮廓”，如图 2-63 所示，根据切削参数参考表更改半精加工“进给率和速度”，其余默认，单击“确定”按钮。

图 2-62　复制程序

图 2-63　“刀轨设置”选项组中的参数设置

2）从粗加工工序中继续复制两个“01-平面轮廓铣”程序至半精加工工序，将序号“01”全部改成“02”，如图 2-62 所示；在所有刀路的“刀轨设置”选项组中，将“方法”设置为半精加工，将“切削模式”改为“轮廓”，将“切削深度”改为“恒定”的“50mm”，如图 2-64 所示；根据切削参数参考表更改半精加工“进给率和速度”，其余默认，单击“确定”按钮，得到图 2-65 所示刀路。

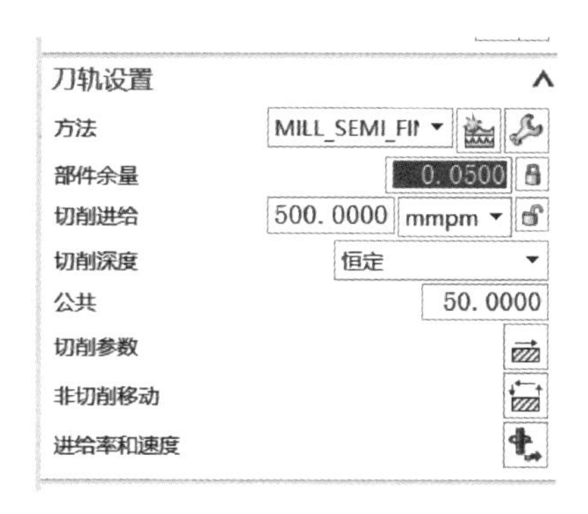

图 2-64　轮廓“刀轨设置”选项组

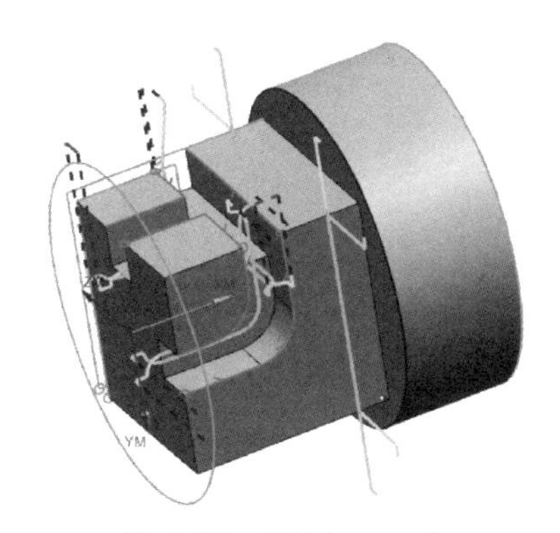

图 2-65　半精加工刀路

3）单击“创建工序”按钮，在弹出的“创建工序”对话框中，设置“类型”为“mill_contour”，“工序子类型”为“CONTOUR_AREA”，“程序”为“02 半精加工”，“刀具”为 ϕ8mm 球铣刀，“几何体”为“WORKPIECE”，“方法”为“MILL_SEMI_FINISH”，最后自定义程序名称为“02-球槽半精加工”，如图 2-66 所示，单击“确定”按钮。

图 2-66　创建区域轮廓铣

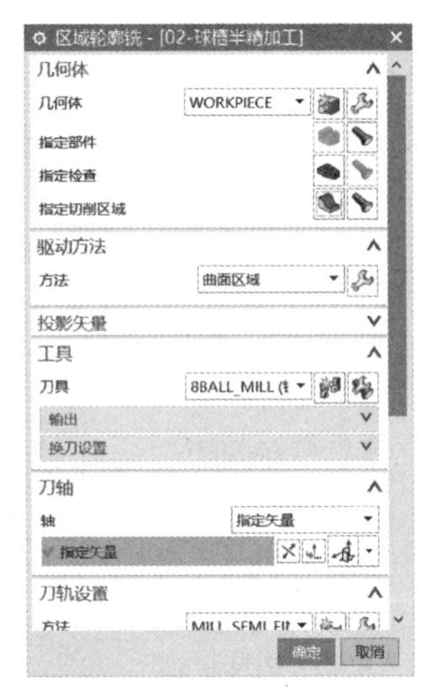

图 2-67　区域轮廓铣对话框

4）在弹出的图 2-67 所示对话框中，设置“指定切削区域”为图 2-68 所示球槽曲面，设置“驱动方法”为“曲面区域”，弹出图 2-69 所示对话框，设置“指定驱动几何体”为球槽曲面，设置材料切削方向，“切削模式”为“螺旋”，如图 2-69 所示，单击“确定”按钮退出。

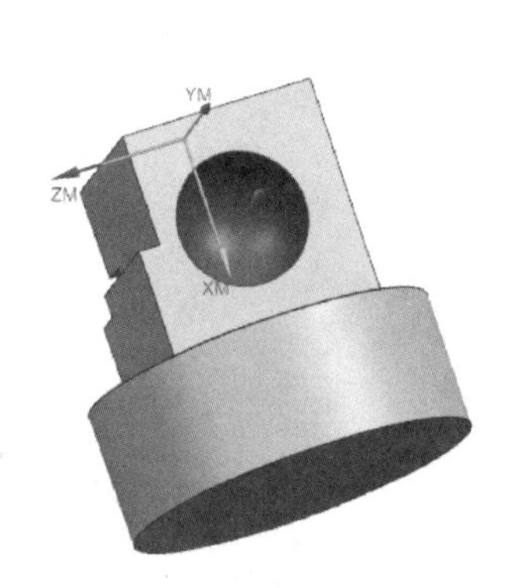

图 2-68　指定切削区域

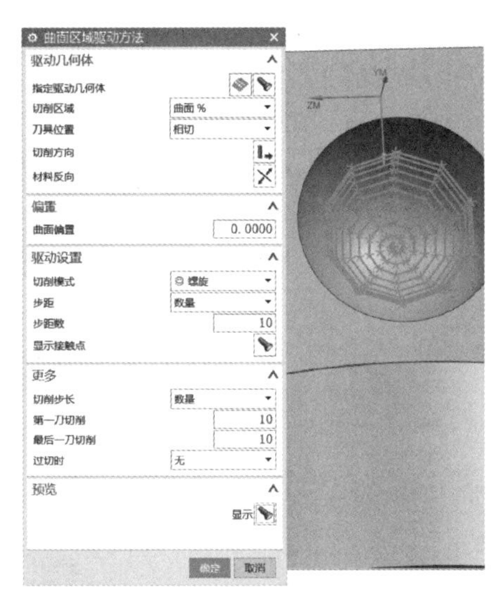

图 2-69　曲面区域驱动设置

5）继续设置“刀轴”选项组中的参数，设置“轴”为“指定矢量”，拾取加工平面，如图 2-70 所示，单击“确定”按钮结束，根据切削参数参考表设置“进给率和速度”，最后在主菜单中单击“生成程序”图标，得到图 2-71 所示半精加工刀路。

步骤 5　创建精加工工序

1）从半精加工工序中复制全部程序，将序号“02”全部改成“03”，并把“半精加

工”改成“精加工”，如图 2-72 所示；在所有刀路的“刀轨设置”选项组中，将“方法”设置为精加工，如图 2-73 所示；根据切削参数参考表更改精加工“进给率和速度”，其余默认，单击“确定”按钮。

图 2-70　刀轴方向

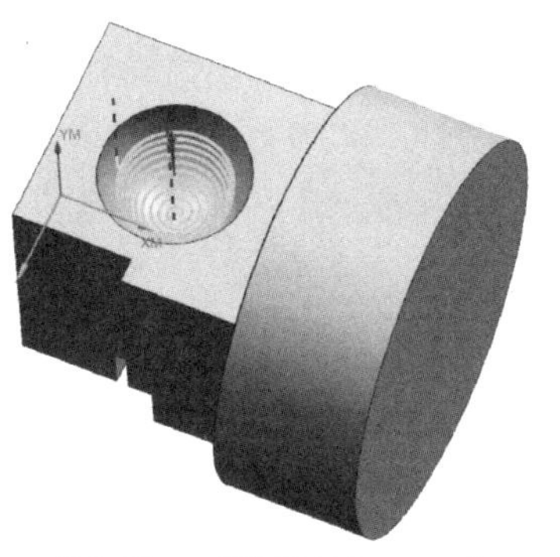

图 2-71　球槽半精加工刀路

名称		刀具
MILL_SEMI_FINISH		
02-四周铣_COP...	✔	16MILL
02-四周铣_COP...	↳	16MILL
02-四周铣_COP...	↳	16MILL
02-四周铣_COP...	↳	16MILL
02-台阶铣_COPY	✔	16MILL
02-平面轮廓铣_...	✔	8MILL
02-平面轮廓铣_...	✔	8MILL
02-球槽半精加工	✔	8BALL_MILL
MILL_FINISH		
03-四周铣_COP...	✔	16MILL
03-四周铣_COP...	↳	16MILL
03-四周铣_COP...	↳	16MILL
03-四周铣_COP...	↳	16MILL
03-台阶铣_COP...	✔	16MILL
03-平面轮廓铣_...	✔	8MILL
03-平面轮廓铣_...	✔	8MILL
03-球槽精加工_...	✔	8BALL_MILL

图 2-72　复制程序

图 2-73　刀轨设置-精加工方法

2）打开“03-球槽精加工”程序，选择“驱动方法”→“曲面区域”命令，弹出图 2-74 所示对话框，将“步距”设置为“残余高度”，“最大残余高度”设置为“0.01mm”，单击“确定”按钮结束，其余默认。单击“生成程序”图标，得到图 2-75 所示刀路。

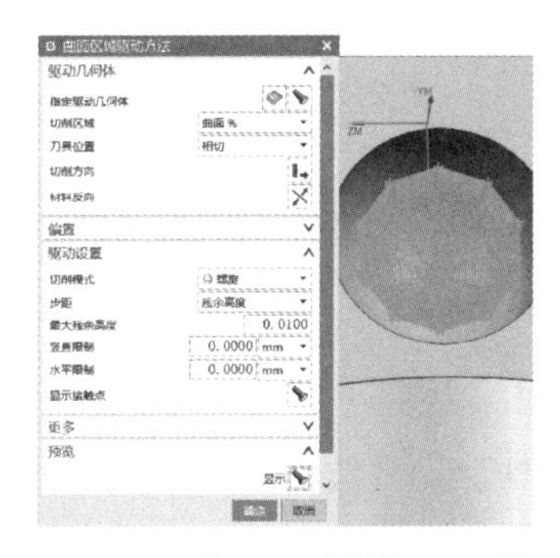

图 2-74　曲面区域精加工设置

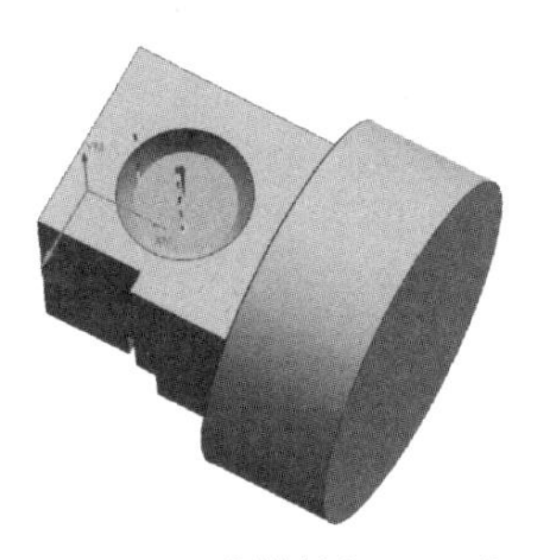

图 2-75　球槽精加工刀路

流程 4　仿真加工

步骤 1　程序后处理

1）在工序导航器中选择所有粗加工程序，单击主菜单中的“后处理”快捷图标，如

图 2-76 所示。

2）如图 2-77 所示，在弹出的“后处理”对话框中设置“后处理器”为四轴的后处理模板，自定义输出文件名，“单位”选择“公制”，单击“确定”按钮，弹出图 2-78 所示对话框，继续单击“确定”按钮，得到图 2-79 所示程序。

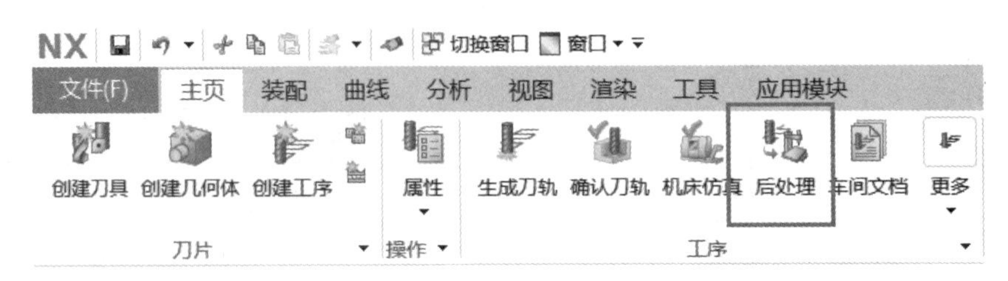

图 2-76 “后处理”快捷图标

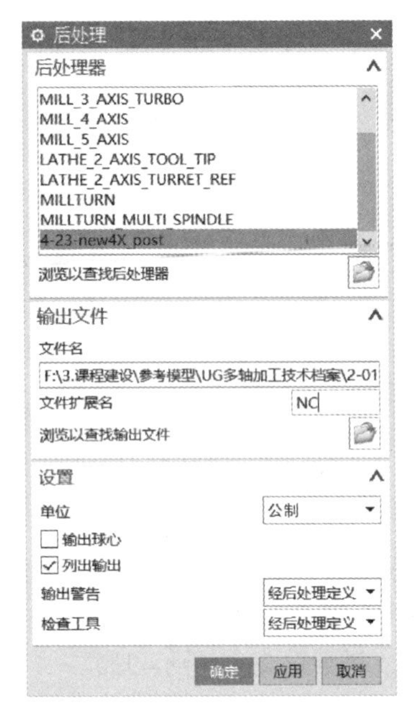

图 2-77 “后处理”对话框

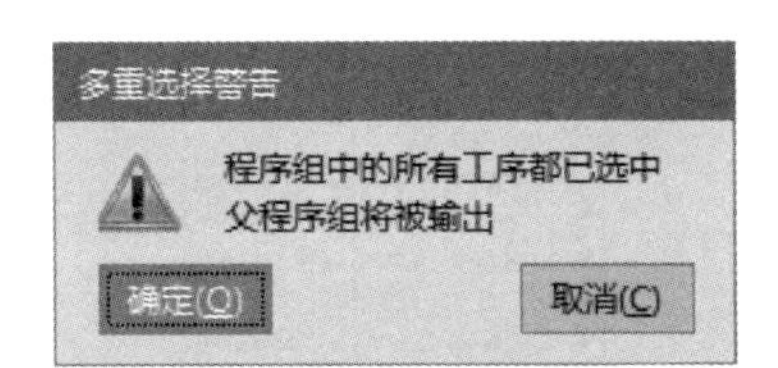

图 2-78 输出警告

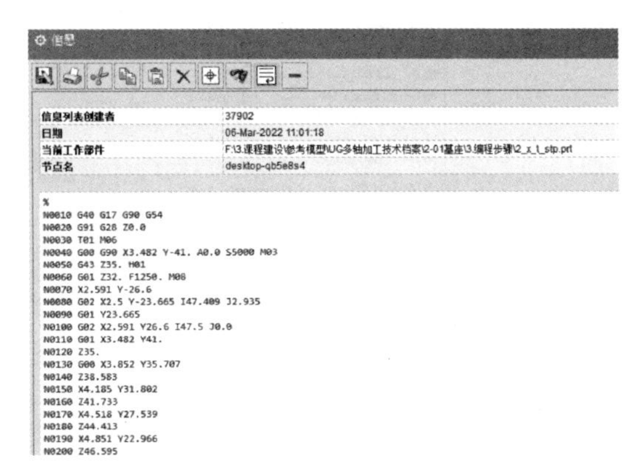

图 2-79 程序预览

3）重复上述步骤，选择不同的程序生成程序，得到图 2-80 所示程序序列。

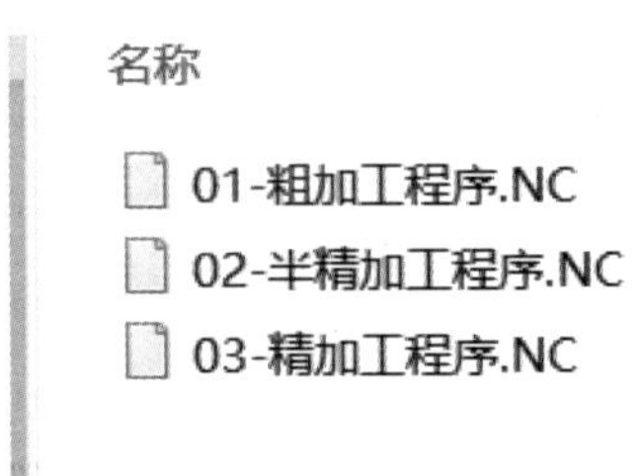

图 2-80 程序序列

步骤 2　导出 STL 格式毛坯

进入建模模块，选择“文件”→“导出”→“STL 格式”命令，弹出图 2-81 所示对话框，单击“确定”按钮，得到 STL 格式的毛坯。

图 2-81　导出毛坯

步骤 3　建立 VERICUT 项目

1）打开 VERICUT 软件四轴机床“项目 X：\ 多轴加工技术-VERICUT-机床模板 \ 四轴机床模板”。

2）另存为“项目 X：\ 多轴加工技术-VERICUT-机床模板 \ 基座模板 \ 基座”，然后修改图 2-82 所示 VERICUT 项目树。

3）“机床”默认“ALV850”，“控制”默认“fan30im”。在“Stock”处添加备用毛坯，调整毛坯和夹具位置，得到图 2-83 所示装夹方案。

4）单击坐标系统中的“Csys 1”，在项目树底部调整栏中将坐标原点设置在毛坯的左端圆心位置，如图 2-84 所示。

5）单击坐标系统中的“G-代码偏置”，单击“添加”按钮，弹出图 2-85 所示对话框，设置“子系统名”为“1”，“寄存器”为“54”，“坐标系”为“Csys 1”，单击“添加”按钮，弹出图 2-86 所示对话框，设置从“组件”“spindle”到“坐标原点”“Csys 1”。

6）双击“加工刀具”，单击“添加”按钮，弹出图 2-87 所示对话框，添加 ϕ16mm 的平底铣刀，刀具号为 1，刀具长度为 100mm，装夹有效刀具长度为 70mm，装夹点为（0，0，0），对刀点为（0，0，-120）。继续添加 ϕ8mm 平底铣刀，刀具直径为 8mm，刀号为 2；

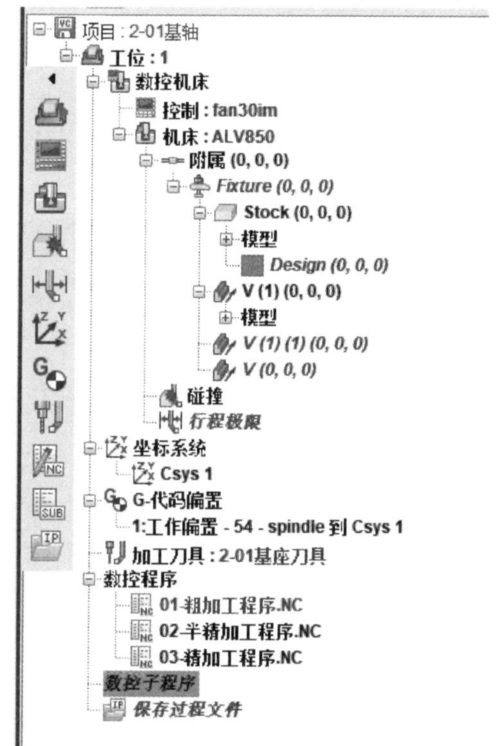

图 2-82　VERICUT 项目树

添加 ϕ8mm 球头铣刀，刀具直径为 8mm，刀号为 3。至此完成三把刀具的添加。

7）单击“数控程序”，单击底部的“添加数控程序文件”按钮，在弹出的对话框中添加后处理完的程序，如图 2-88 所示。

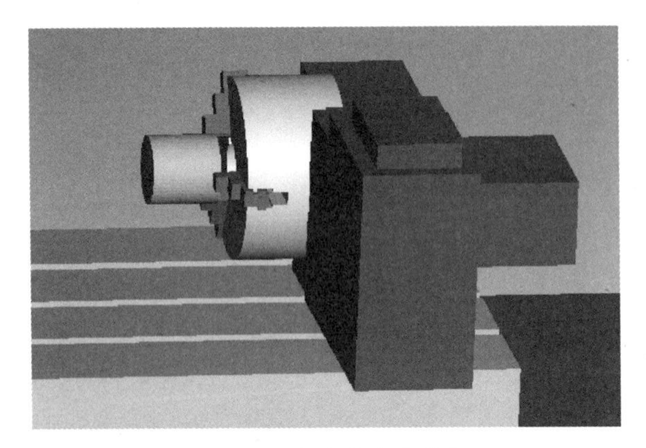

图 2-83　自定心卡盘装夹

图 2-84　Csys 坐标系

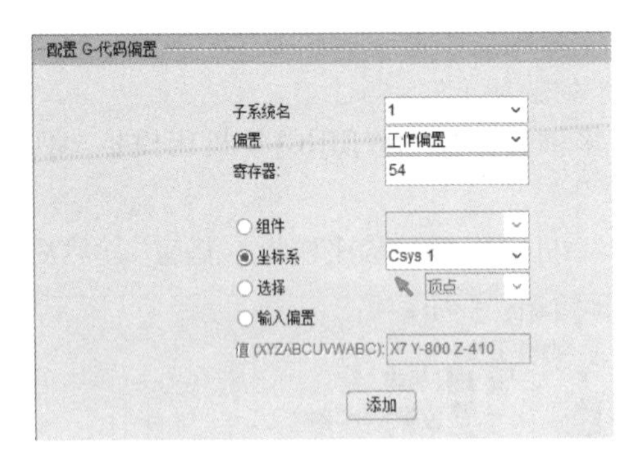

图 2-85　添加 G-代码偏置

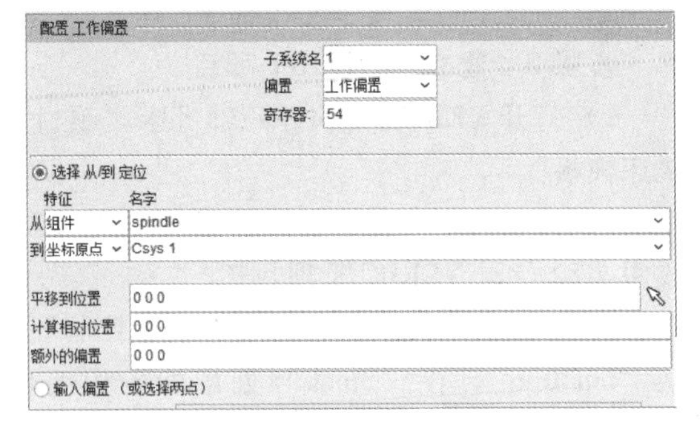

图 2-86　配置工作偏置

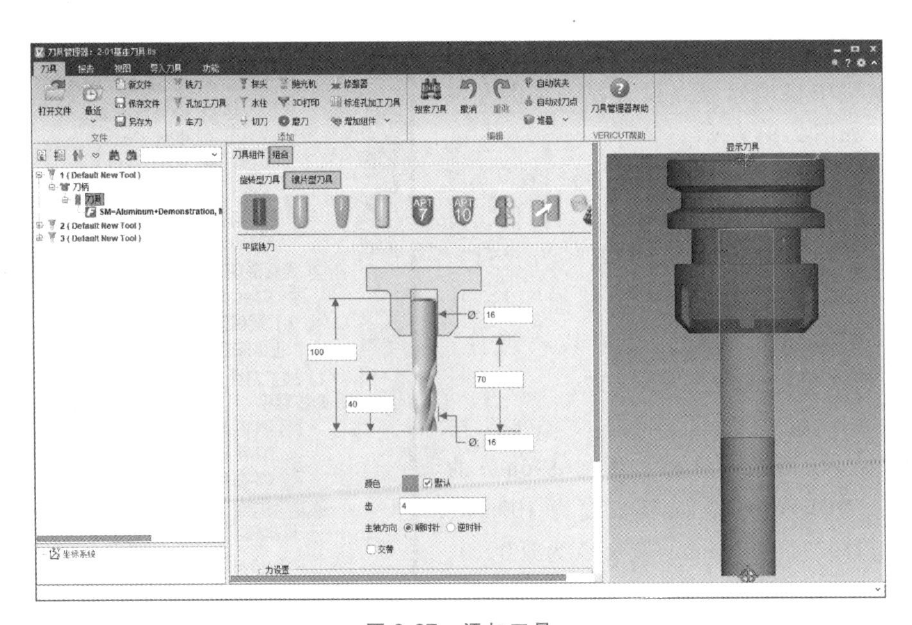

图 2-87　添加刀具

8）单击“播放”按钮，开始仿真加工，检查仿真加工过程，最终得到图 2-89 所示仿真结果。

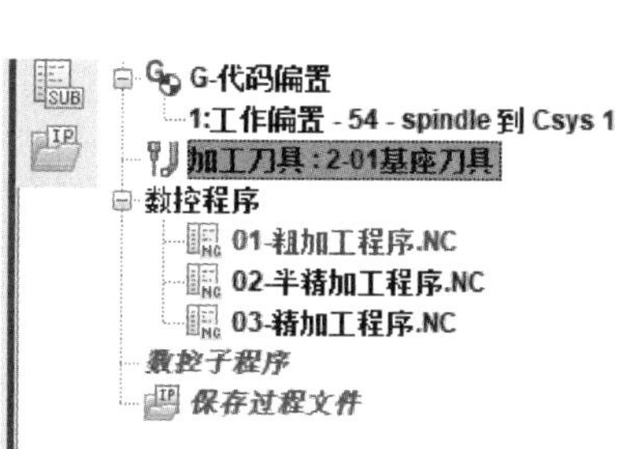

图 2-88　添加程序

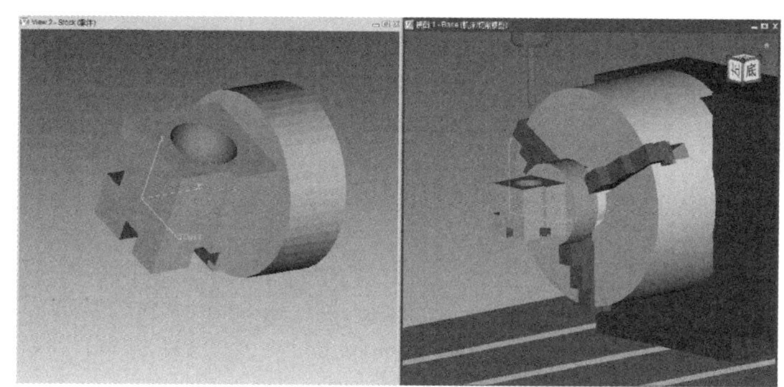

图 2-89　基座仿真加工结果

活动四　知识点提示

1. 刀轴

原理：刀轴指的是刀具的中心线，也就是刀具本身回转的轴线。在三轴加工的时候，刀具的刀轴是固定不变的，但是从四轴加工开始，刀轴会因为加工面的切换而需要调整相应的方向，具体可在软件中图 2-90 所示位置进行选择。

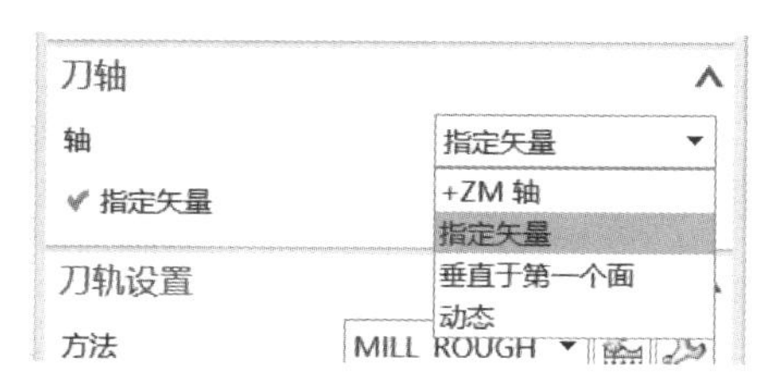

图 2-90　刀具垂直于驱动体

技巧：在四轴的平面加工中，“指定矢量”可以通过直接单击加工面来快速设置刀轴，如果不可行，还可以通过“指定矢量”功能中的“矢量”对话框来指定刀轴方向。

2. 投影矢量

原理：投影矢量一般指被投影对象指向投影面的方向。

技巧：如图 2-91 所示，被投影对象为圆，投影方向指向右侧，投影结果为一条直线；想要把投影结果变成圆，只需改变投影矢量，将它设置为指向前方的方向。

3. 变换

原理：变换是一种直接编辑刀路位置的方法。它包含对刀路的平移、旋转、缩放、阵列、镜像等功能，同时可以实现复制程序的功能。“变换”对话框如图 2-92 所示。

技巧：在碰到所有设置参数一致，只是方位不同的加工刀路时，可以直接通过变换功能复制刀路，以实现快速生成刀路的目的。

4. 平面轮廓铣→指定部件边界

原理：在平面轮廓铣中，第一个要设置的就是“指定部件边界”，它主要起到提供加工

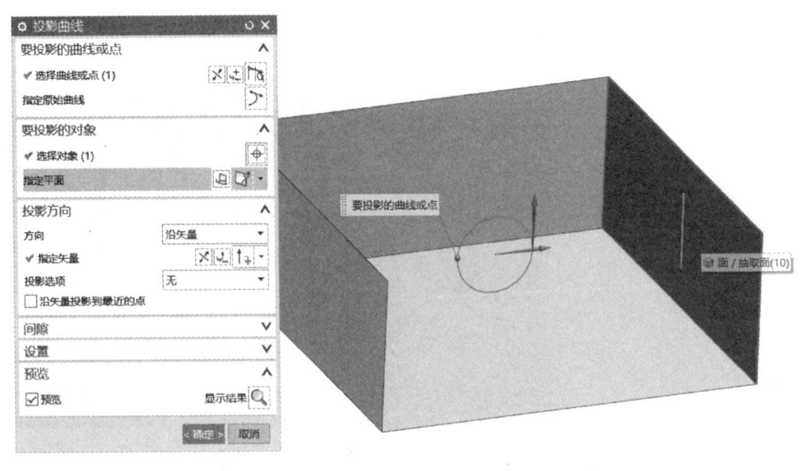

图 2-91　投影矢量“远离/朝向直线”

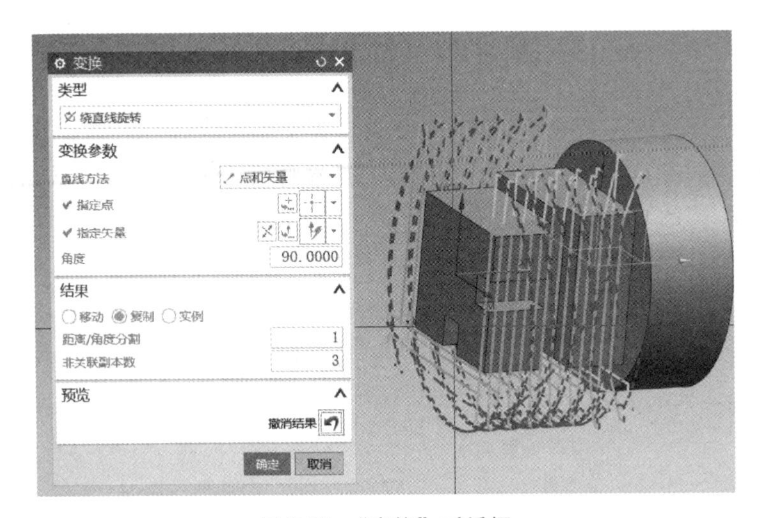

图 2-92　“变换”对话框

对象（拾取轮廓）、确定加工方向、确定加工起始高度的作用，如图 2-93 所示。

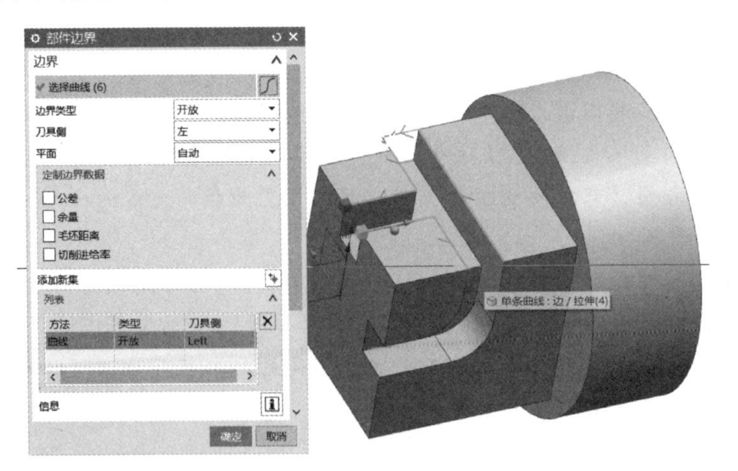

图 2-93　边界拾取

技巧：按一定顺序连续拾取开放轮廓，边界会自动填补空白区域，生成虚线连接边界线，使轮廓形成单一线条；假如分开拾取线条时，则需要单击“添加新集”按钮来区分加工轮廓，以形成多段轮廓线加工。

活动五　任务评价

请对上述活动过程进行内容的评价，见表 2-4。

表 2-4　任务评价表

任务名称		基座的加工	评价人员	
序号	评价项目	要　求	配分	得分
1	零件建模	(1)创建凸台	3	
		(2)创建凸字形槽	5	
		(3)创建“L”形槽	5	
		(4)创建矩形台阶	5	
		(5)创建半球槽	5	
2	工艺分析	(1)零件结构分析	2	
		(2)精度分析	2	
		(3)加工刀具分析	2	
		(4)零件装夹方式分析	2	
3	程序编制	(1)添加辅助线、面、体	5	
		(2)加工环境准备	5	
		(3)创建粗加工工序	10	
		(4)创建半精加工工序	15	
		(5)创建精加工工序	10	
4	仿真加工	(1)程序后处理	3	
		(2)导出 STL 格式毛坯	3	
		(3)建立 VERICUT 项目	10	
5	职业素养	团队合作	8	
6	总计		100	

活动六　课后拓展

分析图 2-94 所示刀杆零件图，完成其曲面造型及加工编程，材料自定义。

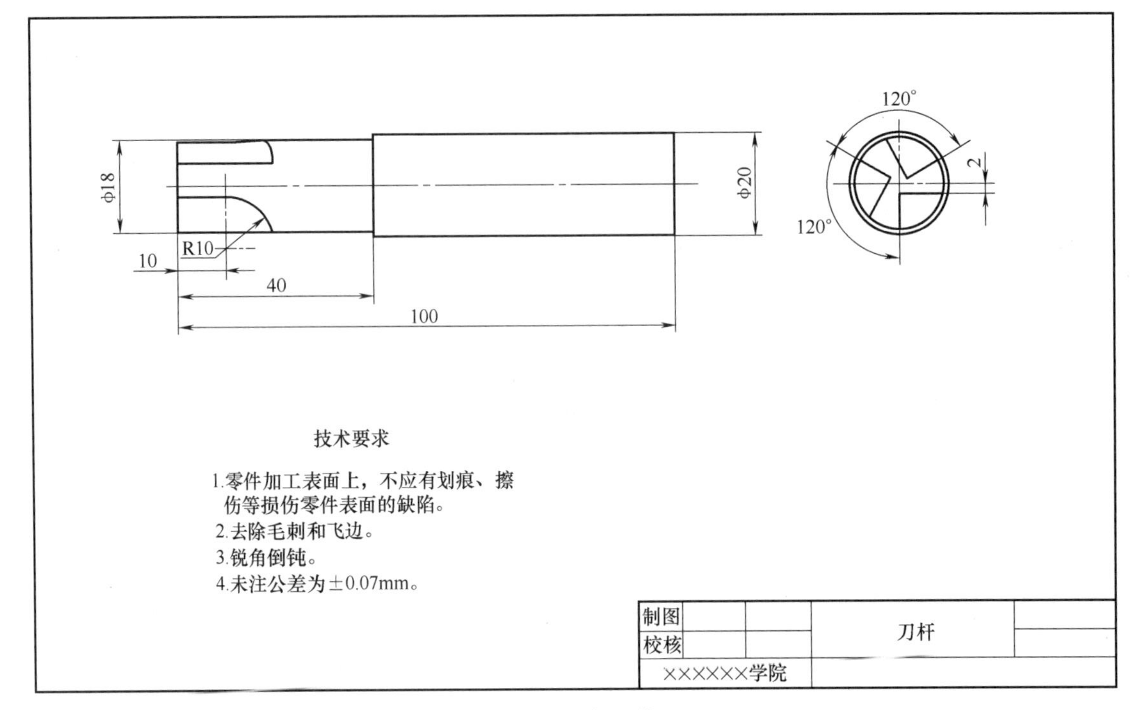
120°
2
120°
φ18
φ20
R10
10
40
100
技术要求
1.零件加工表面上，不应有划痕、擦伤等损伤零件表面的缺陷。
2.去除毛刺和飞边。
3.锐角倒钝。
4.未注公差为±0.07mm。
制图
校核
刀杆
××××××学院

图 2-94　刀杆零件图

项目二

凸轮轴的加工

活动一　确立目标

【知识目标】

1. 了解建模过程中拉伸、基准平面、布尔运算等功能的特点。
2. 掌握型腔铣削加工工序参数的设置方法。
3. 掌握可变轮廓铣削加工“点/线”驱动加工参数的设置方法。
4. 掌握投影矢量“远离/朝向直线”的原理。

【能力目标】

1. 具备识读凸轮轴零件图及3D造型能力。
2. 能够对凸轮轴零件进行工艺设计和程序编制。
3. 能通过VERICUT软件对凸轮轴零件进行仿真加工。

【素养目标】

1. 培养爱国意识。
2. 培养自强不息、奋发向上的精神品质。

打铁还需自身硬，作为当代青年，既有使命担当，又能掌握过硬的本领，才能担起实现中华民族伟大复兴的重任。

活动二　领取任务

凸轮轴在发动机中具有重要的作用，需要承受很大的转矩，因此对凸轮轴的强度有很高的要求。请查阅表 2-5，了解任务详情。

表 2-5 “凸轮轴”任务书

序号	内容		
1	工作任务:“凸轮轴”的加工 (1)“凸轮轴”模型如右图所示 (2)凸轮轴零件图如图 2-95 所示		
2	毛坯形状		
	毛坯尺寸为 ϕ60mm×120mm,材料自定义		
3	工作要求		
	(1)完成凸轮轴模型的创建 (2)制定凸轮轴的加工工艺 (3)编制凸轮轴的多轴加工程序 (4)对程序代码进行仿真验证 (5)上机制造		
4	验收标准	符合	不符合
	(1)建模模型体积检测对比		
	(2)工艺(工序步骤)合理		
	(3)NX 工序仿真加工结果正确		
	(4)使用 VERICUT 软件模型加工仿真结果特征正确		
	(5)使用 VERICUT 软件仿真加工结束无任何警告		

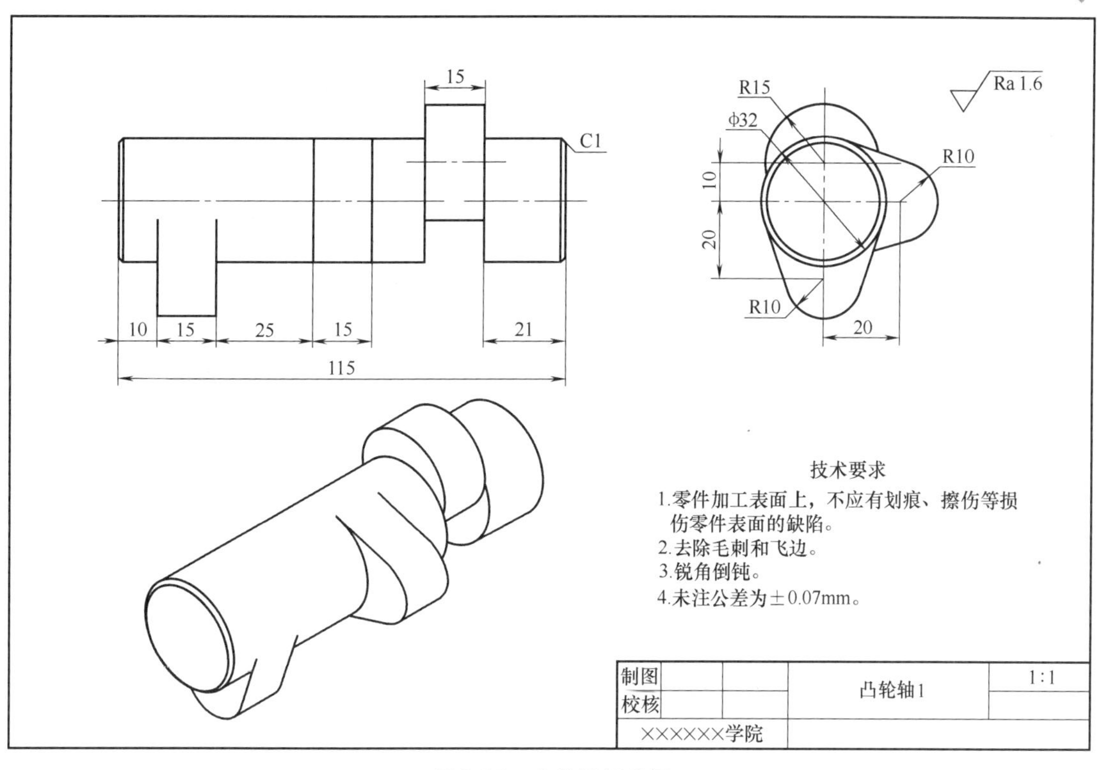

图 2-95　凸轮轴零件图

活动三　任务实施

流程 1　零件建模

打开 NX 软件，单击“新建”→“模型”选项卡，在选项组“名称”文本框对文件名进行自定义，例如“2-02 凸轮轴 . prt”。创建凸轮轴模型的整体思路如图 2-96 所示。

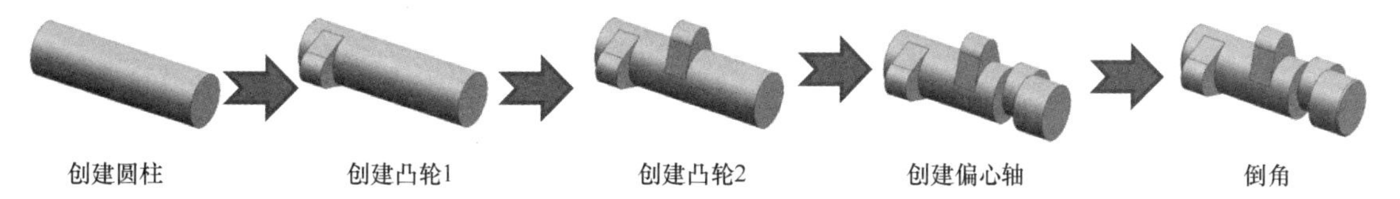

图 2-96　创建凸轮轴模型的整体思路

步骤 1　创建圆柱

1）在建模环境下，单击“草图”命令图标，如图 2-97 所示。

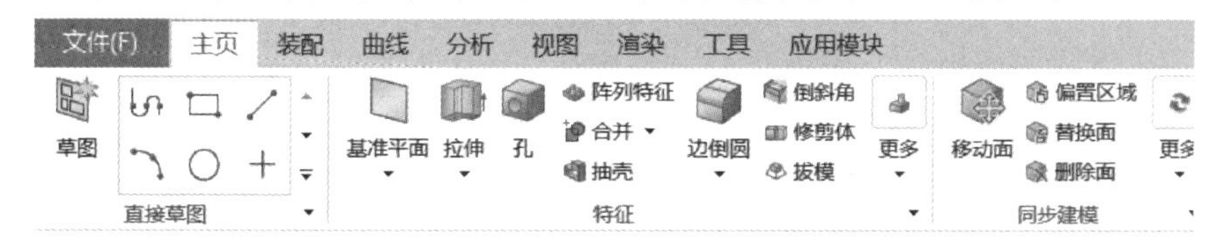

图 2-97　单击“草图”命令图标

2）在弹出的图 2-98 所示“创建草图”对话框中，设置草图类型为“在平面上”，在绘图区单击 YZ 平面，设置“平面方法”为“自动判断”，“参考”为“水平”，“原点方法”为“使用工作部件原点”，单击“确定”按钮进入草图。

3）依据图 2-95 所示凸轮轴零件图绘制图 2-99 所示的 ϕ32mm 整圆，然后结束草图。

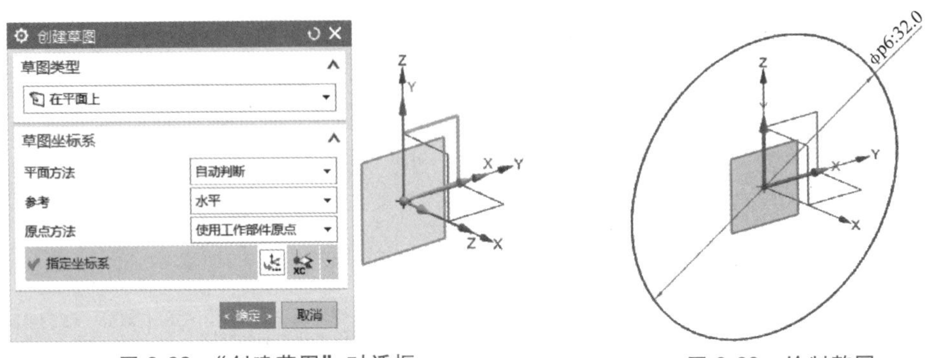

图 2-98 “创建草图”对话框　　图 2-99 绘制整圆

4）在快捷菜单栏，单击“拉伸”命令图标，在弹出的“拉伸”对话框中选择建立的整圆草图为表区域驱动，“方向”指定为 X 轴正方向，“距离”为“115mm”，单击“确定”按钮，如图 2-100 所示，完成建模第一步。

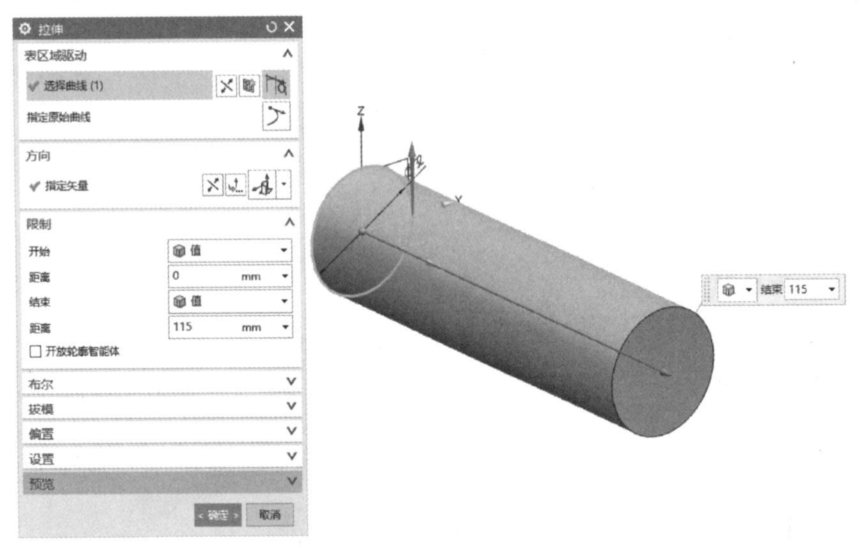

图 2-100 “拉伸”对话框

步骤 2 创建凸轮 1

1）单击“基准平面”命令图标，在弹出的图 2-101 所示“基准平面”对话框中，设置“类型”“自动判断”，“要定义平面的对象”为 YZ 平面，“偏置距离”为 10mm，“平面的数量”为“1”，其余默认，单击“确定”按钮，以创建新的平面。

2）单击“草图”命令图标，弹出“创建草图”对话框，如图 2-102 所示，选择新建的基准平面作为草图平面，原点指定为坐标原点，单击“确定”按钮，进入草图绘制界面。

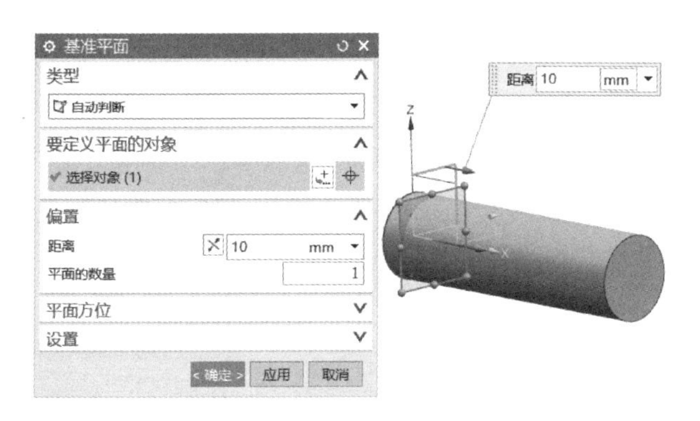

图 2-101 “基准平面”对话框

3）在草图中通过“圆弧”“直线”“快速修剪”命令，完成凸轮轮廓的绘制，如图 2-103 所示，单击鼠标右键选择“完成草图”命令。

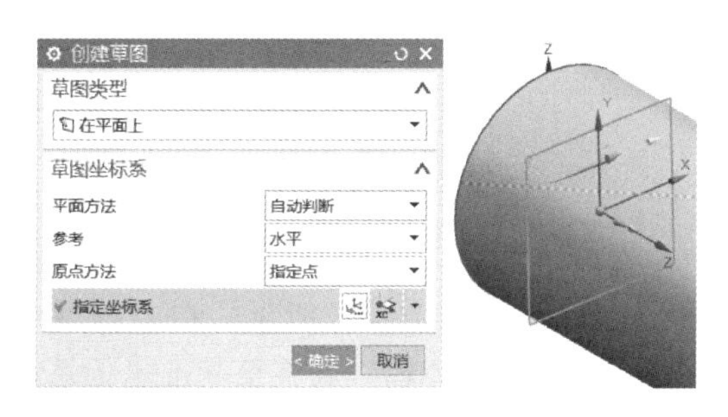

图 2-102 “创建草图”对话框

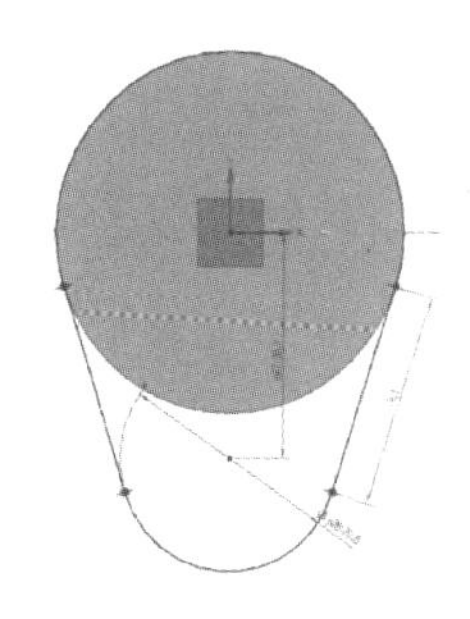

图 2-103 凸轮轮廓

4）在快捷菜单中，单击“拉伸”命令图标，弹出图 2-104 所示对话框，“表区域驱动”为凸轮轮廓草图，“方向”为 X 轴正方向，“距离”为 15mm，“布尔”为“合并”，其余默认。单击“确定”按钮，完成凸轮轴的拉伸建模。

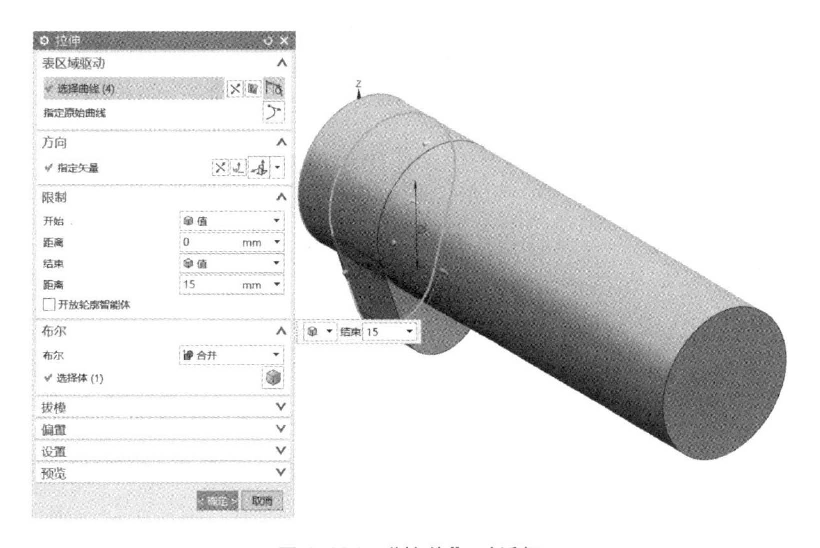

图 2-104 “拉伸”对话框

步骤 3　创建凸轮 2

1）单击“基准平面”命令图标，在弹出的图 2-105 所示“基准平面”对话框中设置“类型”为按某一距离，定义平面的对象为“YZ 平面”，偏置“距离”为“50mm”，其余默认，单击“确定”按钮，以创建新的平面。

2）在部件导航器中，选择凸轮轮廓草图，单击鼠标右键，在弹出的快捷菜单中选择“复制”命令或按快捷键<Ctrl+C>，在导航器空白处单击鼠标右键，选择“粘贴”命令或按快捷键<Ctrl+V>，弹出图 2-106 所示“粘贴特征”对话框。

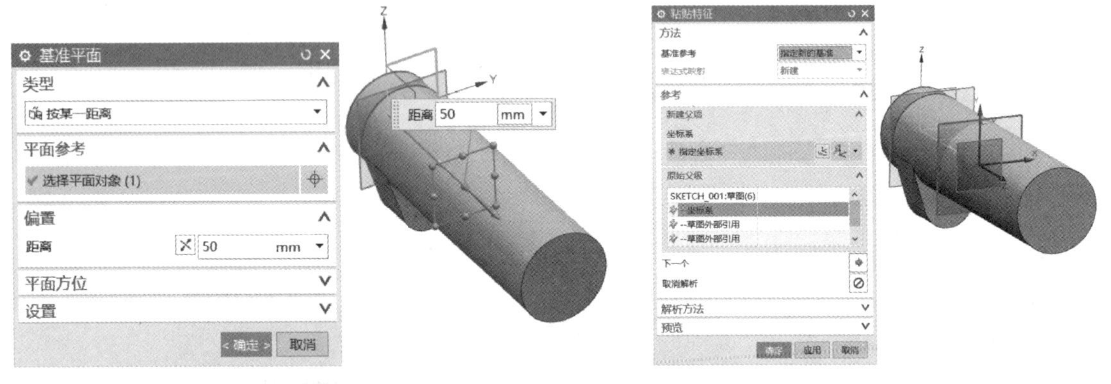

图 2-105 “基准平面”对话框　　　　图 2-106 “粘贴特征”对话框

3）单击“坐标系”图标，弹出“坐标系”对话框，如图 2-107 所示，在“类型”为“动态”的基础下，设置 X 轴距离为 50mm，将动态坐标系的 Z 轴，调整至基准坐标系的 X 轴，最终形成图 2-107 所示坐标系，单击“确定”按钮。

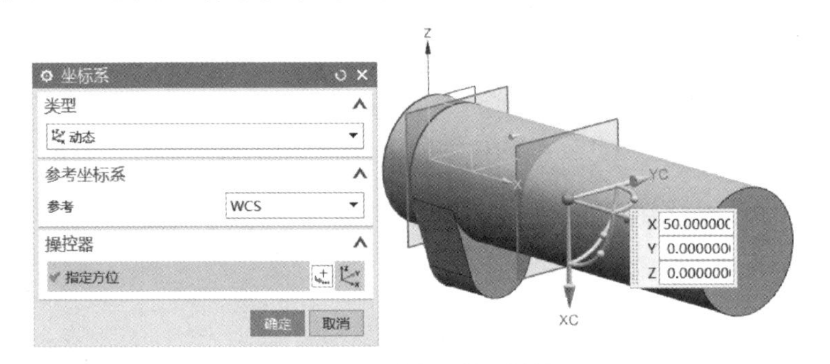

图 2-107 “坐标系”对话框

4）单击“拉伸”图标，选择复制后的草图，设置“方向”为 X 轴正方向，“结束距离”为“15mm”，如图 2-108 所示，单击“确定”图标，完成建模第二步。

步骤 4　创建偏心轴

1）单击“基准平面”图标，弹出图 2-109 所示“基准平面”对话框，选择“选择平面对象（1）”，在绘图区单击圆柱右端面，设置“类型”为“按某一距离”，“偏置距离”为 21mm，“方向”为 X 轴负方向，其余默认。单击“确定”按钮，以创建新的平面。

2）单击“草图”按钮，平面选择新创建的“基准平面”，进入草图绘制界面，然后绘制图 2-110 草图轮廓，根据图样要求偏心轴直径为 30mm，外侧辅助圆弧大于凸轮轴最大毛坯

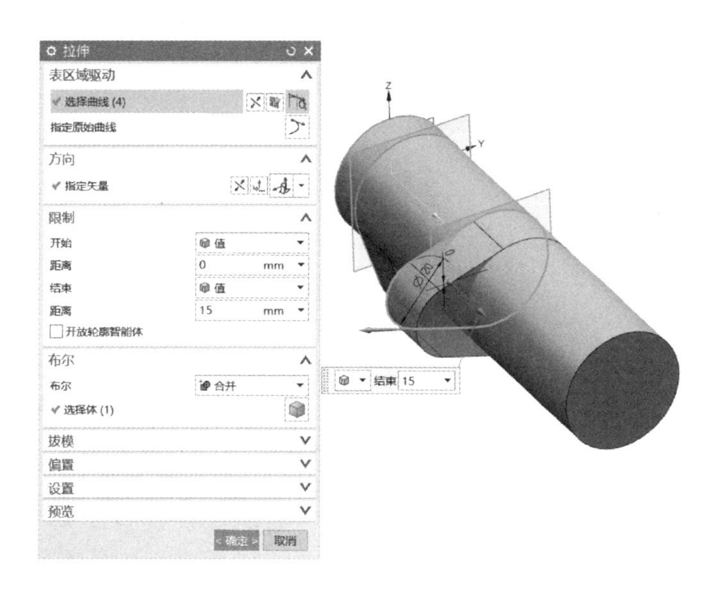

图 2-108 “拉伸”对话框

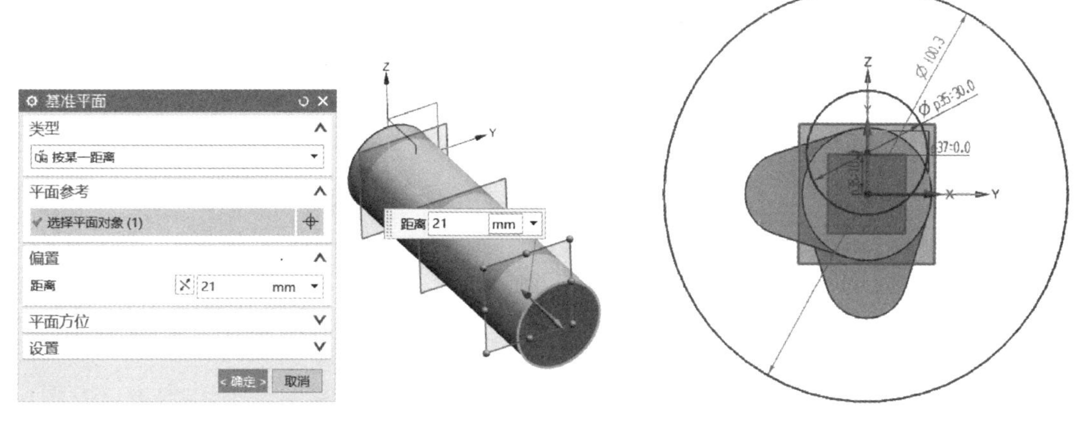

图 2-109 “基准平面”对话框　　　　图 2-110 草图轮廓

直径即可，即大于 ϕ60mm，根据图样约束位置，单击鼠标右键，完成草图。

3）单击“拉伸”命令图标，弹出图 2-111 所示“拉伸”对话框，设置“选择曲线(1)”时，将曲线拾取规则改为“单条曲线”，然后单击草图中的外圆轮廓，“方向”为 X 轴负方向，“拉伸距离”为“15mm”，“布尔”为“合并”，注意这里添加偏置设定，选择“单侧”偏置，距离为-15mm，其余默认。单击“确定”按钮，创建新的特征。

4）单击“拉伸”命令图标，弹出图 2-112 所示“拉伸”对话框，设置“选择曲线(1)”时，直接单击整个草图轮廓，“方向”为 X 轴负方向，拉伸距离为“15mm”，注意布尔运算选择“无”，其余默认。单击“确定”按钮，创建新的特征。

5）如图 2-113 所示，单击“减去”图标，在弹出的图 2-114 所示“求差”对话框中设置“目标”为圆柱本体，“工具”为图 2-111 所示拉伸的新特征，其余默认。单击“确定”按钮，完成求差。

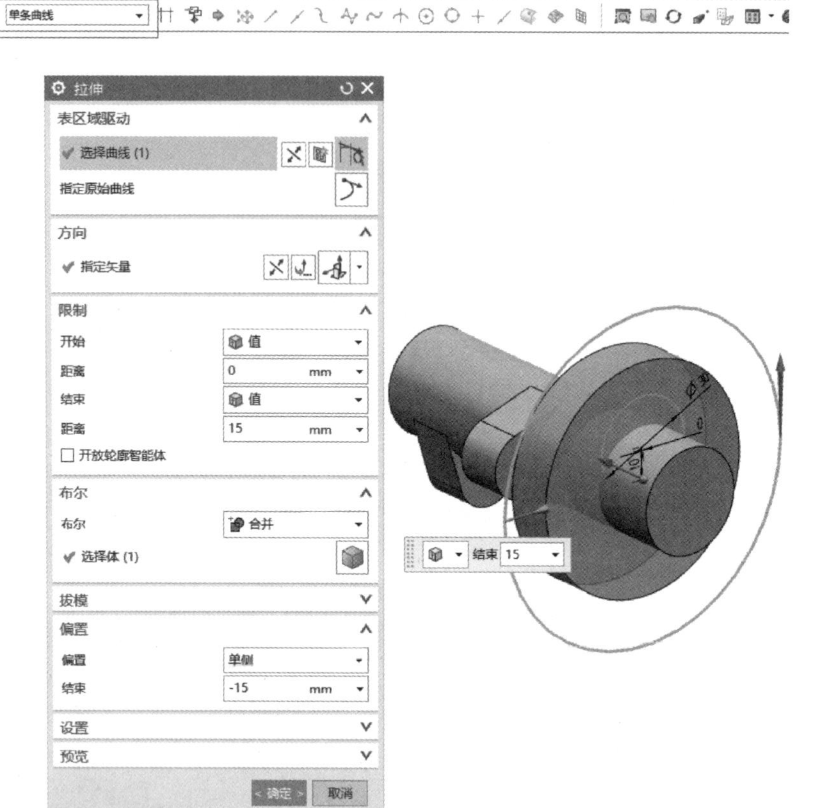

图 2-111 “拉伸”对话框

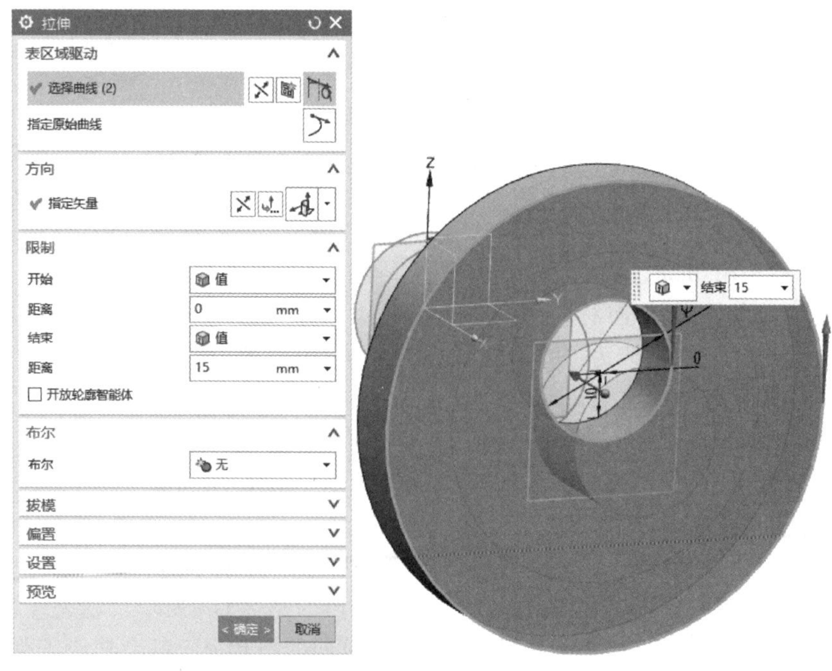

图 2-112 “拉伸”对话框

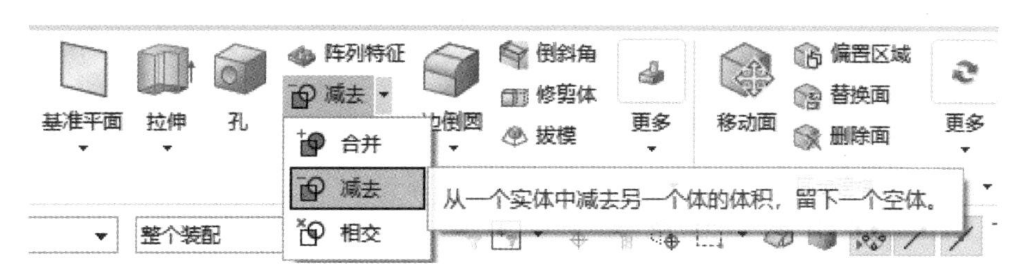

图 2-113　快捷命令

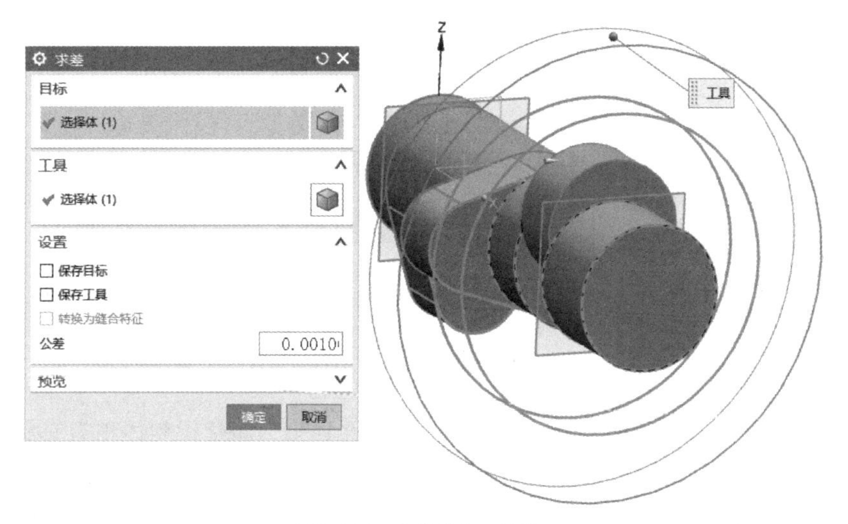

图2-114　“求差”对话框

步骤 5　倒角

1）单击“倒斜角”图标，在弹出的图 2-115 所示“倒斜角”对话框中设置“边”为圆柱两端需要倒角的整圆，定义倒角横截面形状为“对称”，距离为“1mm”，其余默认。单击“确定”按钮，创建倒角特征。

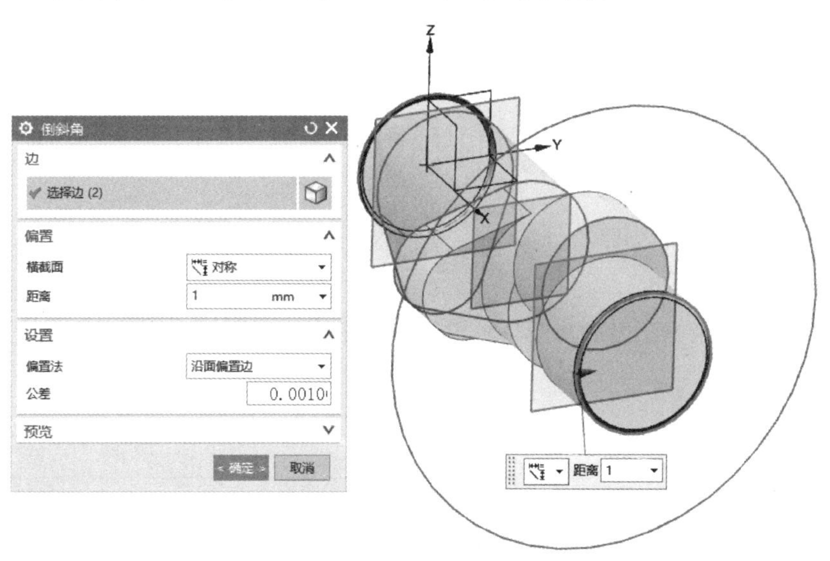

图 2-115　“倒斜角”对话框

2）在主菜单中单击“分析”→“更多”→“测量体”命令，如图 2-116 所示。

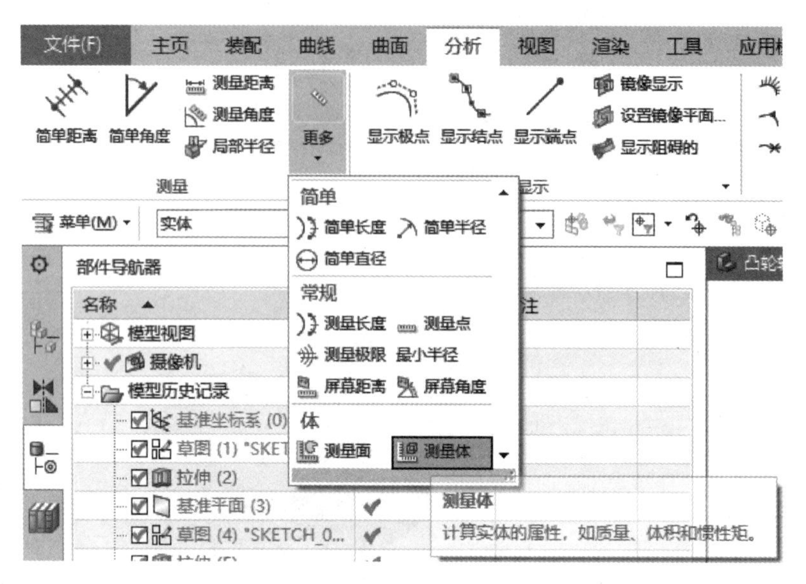

图 2-116　选择“测量体”命令

3）在“测量体”对话框中，设置“对象”为最终模型，测量得到体积为 99885.2969mm^3，如图 2-117 所示。

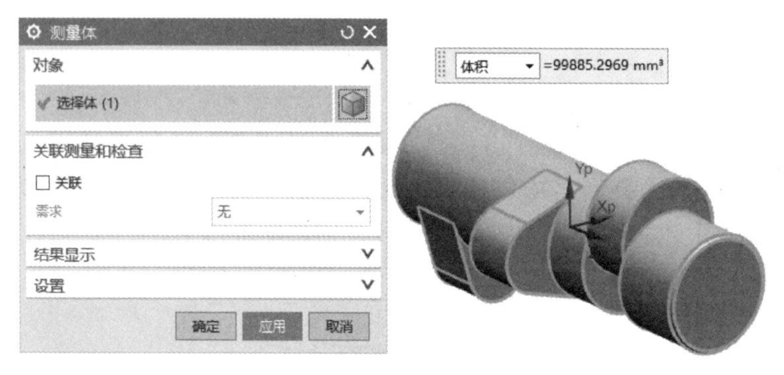

图 2-117　模型体积

流程 2　工艺分析

步骤 1　零件结构分析

分析零件图样，请在下方列出凸轮轴零件的特征轮廓。

____

____

____

步骤 2　精度分析

分析零件图样，并在表 2-6 中写出该零件的主要加工尺寸、几何公差要求及表面质量要求。

表 2-6　凸轮轴数据

序号	项目	内容	备注
1	主要加工尺寸		
2			
3			
4			
5			
6			
7			
8			
9	几何公差要求		
10	表面质量要求		

步骤 3　加工刀具分析

根据零件图样选择合适的数控刀具并填入表 2-7。

表 2-7　刀具表

刀具序号	刀具名称	刀具规格	刀具类型
1			
2			
3			
4			
5			

步骤 4　零件装夹方式分析

分析零件图样并思考：为保证基座加工位置精度，应采用什么装夹方法？

____

____

____

流程 3　程序编制

凸轮轴加工程序编制的整体思路如图 2-118 所示。

图 2-118　凸轮轴加工程序编制的整体思路

步骤 1　创建辅助线、面、体

1）在主菜单“直接草图”下拉框中单击“圆”图标，如图 2-119 所示，将光标移至相应圆弧处，捕捉圆心位置作为草图原点，建立三个草图，分别

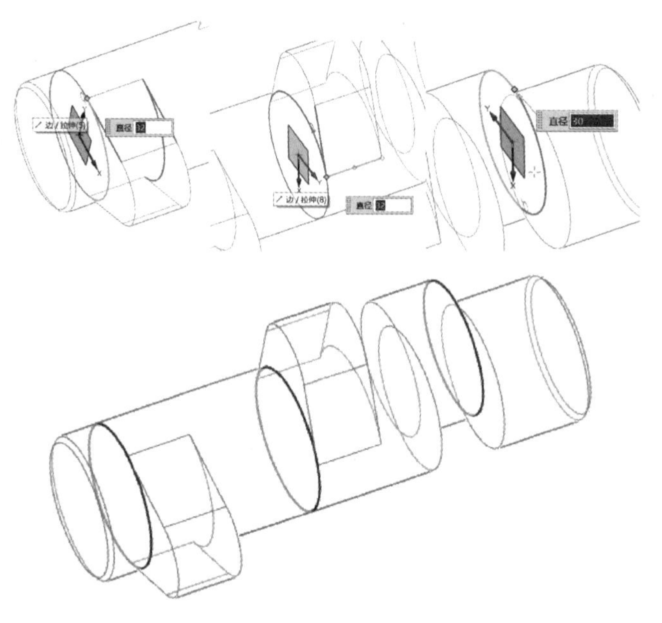

图 2-119　绘制整圆辅助线

绘制 ϕ32mm、ϕ32mm、ϕ30mm 整圆。

2）单击“拉伸”图标，弹出“拉伸”对话框，将拾取条件改为“单条曲线”，在相交处停止，拾取图 2-120 所示第一个轮廓，拉伸方向为 X 轴正方向，距离为“15mm”，“体类型”为“片体”，单击“应用”按钮，继续选择第二个轮廓，重复同样的设置，单击“确定”按钮完成辅助曲面的准备。

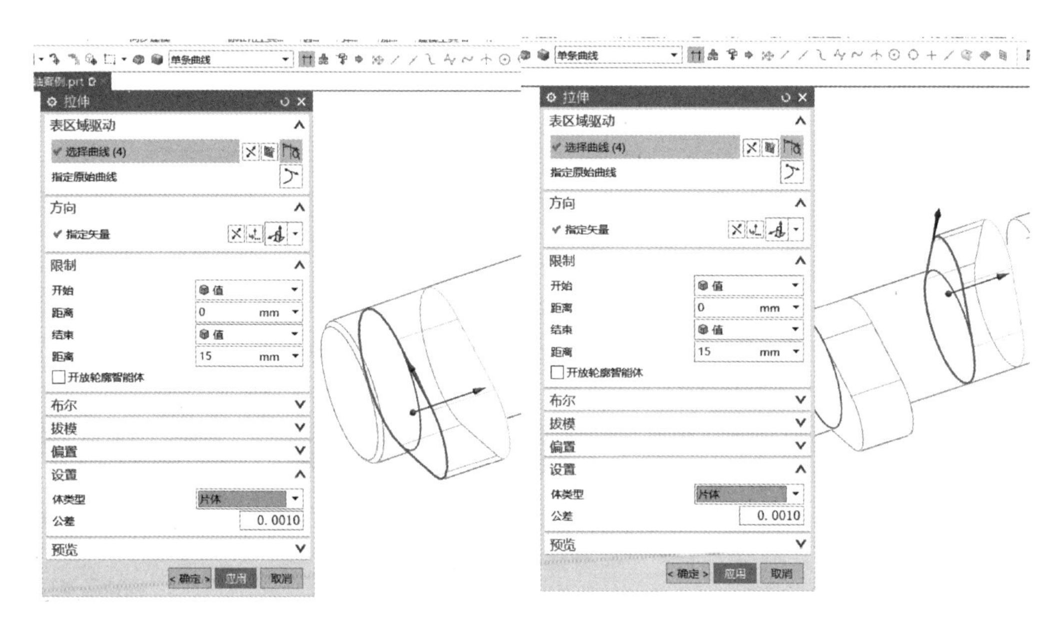

图 2-120　绘制辅助面

3）如图 2-121 所示，创建虚拟卡盘实体，避免刀具发生干涉。删除倒角特征，选择

"拉伸"命令，拾取右端圆弧，将方向调整为 X 轴负方向，设置距离为"10mm"，布尔运算为"无"，"体类型"为"实体"，其余默认。单击"确定"按钮完成辅助体的准备。

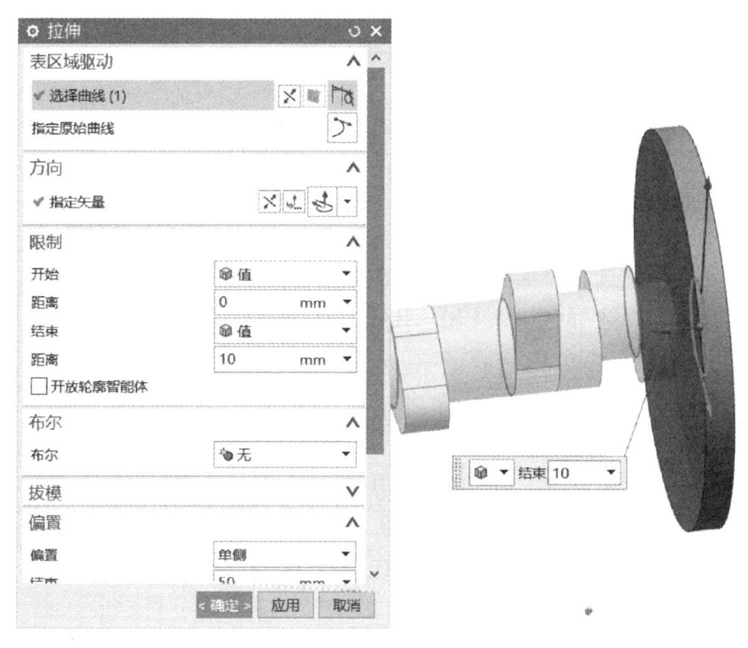

图 2-121　绘制虚拟卡盘辅助体

4）创建毛坯实体。选择"草图"命令，创建图 2-122 所示草图，尺寸以包裹住部件为准。单击"旋转"命令拾取草图并旋转 360°，设置布尔运算为"无"，"体类型"为"实体"，其余默认。单击"确定"按钮完成毛坯实体的准备。

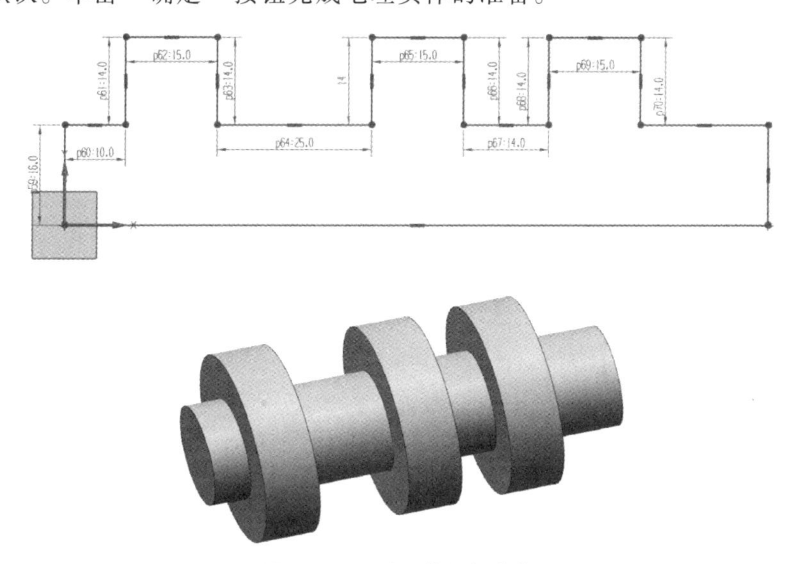

图 2-122　毛坯草图与实体

步骤 2　加工环境准备

1）如图 2-123 所示，单击"加工"快捷键图标，或者使用快捷键<Ctrl+Alt+M>进入加工环境。

图 2-123　应用模块菜单

2）在图 2-124 所示加工视图菜单中单击“程序顺序视图”快捷键图标，或者在工序导航器中单击鼠标右键，在弹出的快捷菜单中选择“程序顺序视图”命令。

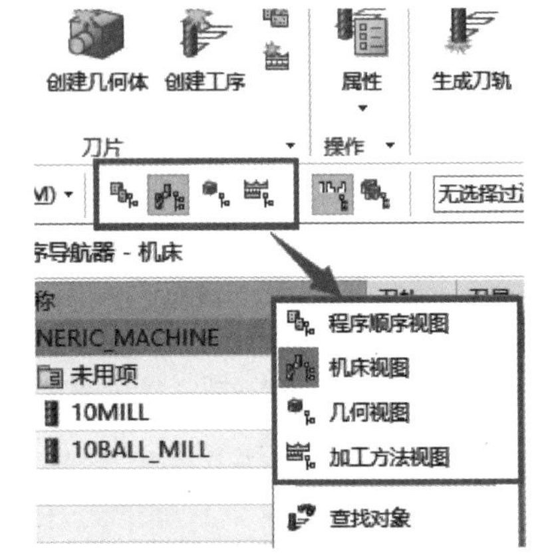

图 2-124　加工视图菜单

3）在工序导航器中选择“NC_PROGRAM”，单击鼠标右键，在弹出的快捷菜单中选择“插入”→“程序组”命令，接着在弹出对话框中进行命名，即可完成图 2-125 所示程序组。

4）在机床视图中创建刀具，在主菜单中单击“创建刀具”图标，在弹出的“创建刀具”对话框中设置“刀具子类型”为立铣刀，“名称”为“10MILL”，其余默认。单击“确定”按钮，在弹出的“铣刀-5 参数”对话框中设置刀具直径为“10”，“刀刃”为“4”，“编号”统一设置为“1”，如图 2-126 所示，单击“确定”按钮。

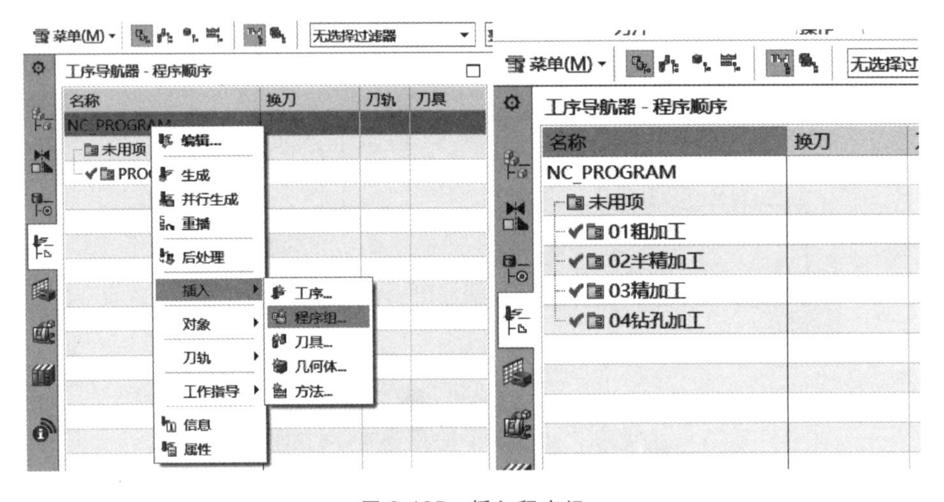

图 2-125　插入程序组

5）继续单击“创建刀具”图标，在弹出的“创建刀具”对话框中设置“刀具子类型”为球头立铣刀，“名称”为“10BALL_MILL”，其余默认。单击“确定”按钮，在弹出的“铣刀-球头铣”对话框中设置“球直径”为“10”，“编号”统一设置为“2”，如图 2-127 所示，单击“确定”按钮。

6）如图 2-128 所示，进入几何体视图，双击“MCS_MILL”加工坐标系，检查毛坯回转中心是否为 X 轴，坐标原点是否为毛坯左端面圆弧中心，如果不是，请重新设置。

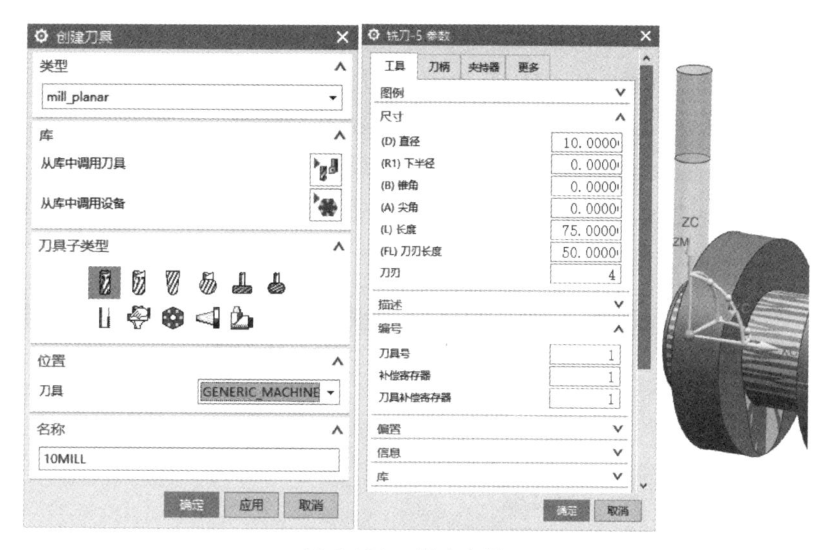

图 2-126　创建立铣刀

图 2-127　创建球头立铣刀

7）继续双击“WORKPIECE”，在弹出的“工件”对话框中将建模模型设定为部件，“指定毛坯”为“毛坯”，将虚拟卡盘设定为检查，“部件偏置”为“0”，如图 2-129 所示，单击“确定”按钮。

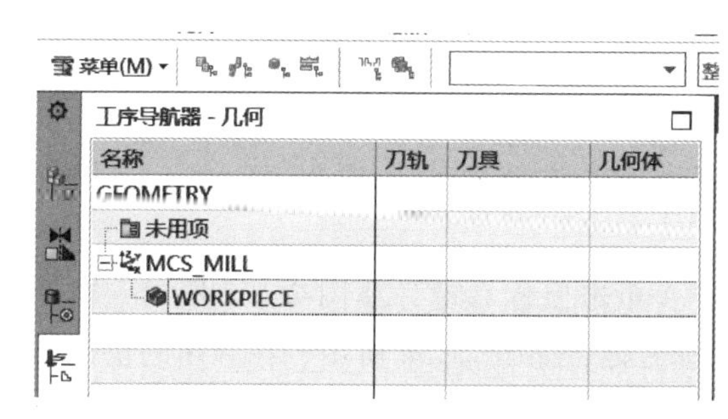

图 2-128　几何体视图

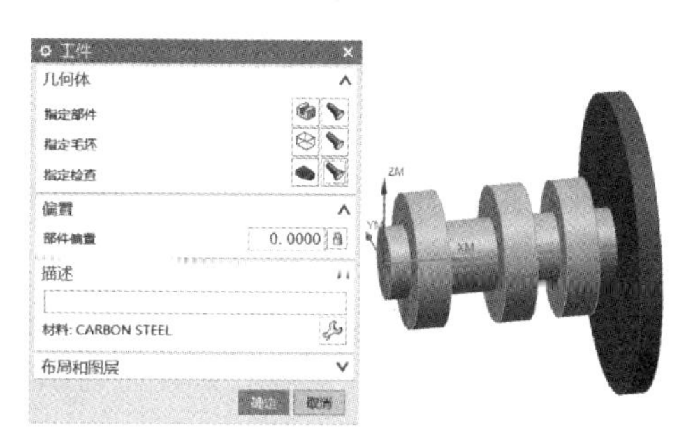

图 2-129　创建几何体

8）在工序导航器空白处单击鼠标右键，在弹出的快捷菜单中选择“加工方法视图”命令，在“加工方法”列表中双击“MILL_ROUGH”，在弹出的“铣削粗加工”对话框中将“部件余量”设置为“0.3mm”；双击“MILL_SEMI_FINISH”，在弹出的“铣削半精加工”对话框中将“部件余量”设置为“0.05mm”，将内、外公差设置为“0.02mm”；双击“MILL_FINISH”，在弹出的“铣削精加工”对话框中将“部件余量”设置为0mm，将内、外公差设置为“0.01mm”，如图2-130所示。

图2-130　加工余量设置

步骤3　创建粗加工工序

1）在主菜单中单击“创建工序”图标，在弹出的“创建工序”对话框中设置“类型”为“mill_contour”，“工序子类型”为“型腔铣”，“程序”为“01粗加工”，“刀具”为ϕ10mm立铣刀，“几何体”为“WORKPIECE”，“方法”为“粗加工”，最后自定义程序名称为“01凸轮轴粗加工”，如图2-131所示，单击“确定”按钮。

2）在弹出的“型腔铣-[01凸轮轴粗加工]”对话框中，设置“平面直径百分比”为“35”；将每层切削“最大距离”设置为“3mm”，如图2-132所示。单击“切削层”图标进入图2-133所示“切削层”对话框，将“范围深度”设置为“32mm”，单击“确定”按钮退出，继续单击“切削参数”图标，弹出图2-134所示“切削参数”对话框，更改拐角的参数，“光顺”为“所有刀路”，“半径”为刀具的40%，“步距限制”为100%刀具直径，其余默认。单击“确定”按钮结束。

3）单击“进给率和速度”图标，弹出图2-135所示“主轴速度和进给率”对话框，单击右边计算按钮，再单击“确定”按钮结束。在主菜单中单击“生成程序”按钮，得到图2-136所示粗加工刀路1。

4）在工序导航器中选择“01凸轮轴粗加工”，单击鼠标右键，如图2-137所示，在弹出的快捷菜单中选择“复制”命令，再次单击鼠标右键，如图2-138所示，在弹出的快捷菜单中选择“粘贴”命令，得到“01凸轮轴粗加工COPY”程序。

图 2-131　创建型腔铣工序

图 2-132　型腔铣参数

图 2-133　“切削层”对话框

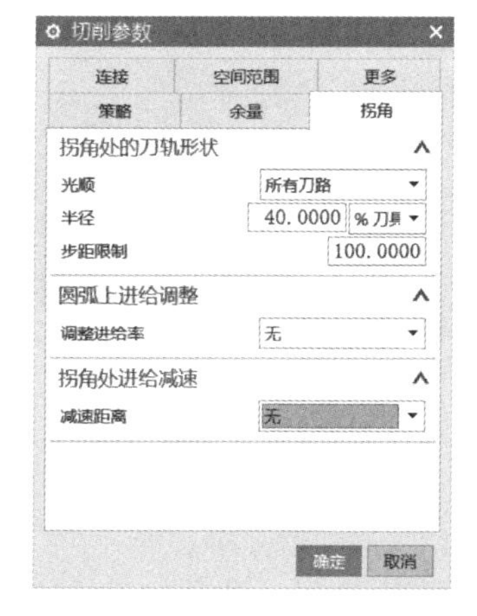

图 2-134　“切削参数”对话框

图 2-135　“进给率和速度”对话框

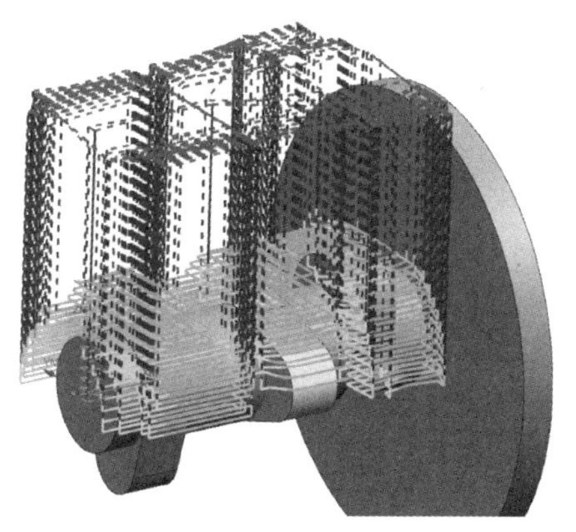

图 2-136　粗加工刀路 1

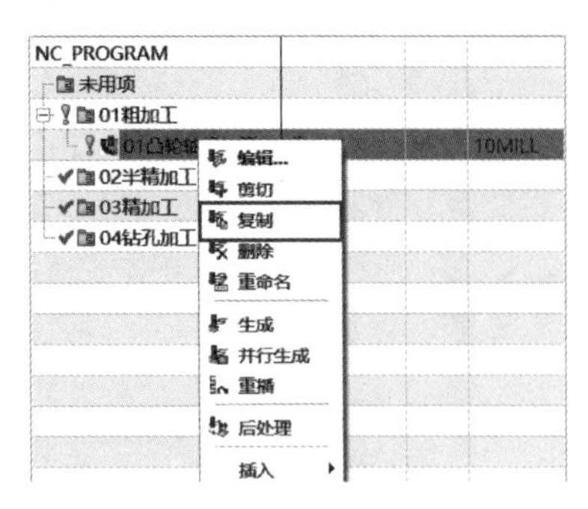

图 2-137　复制刀路

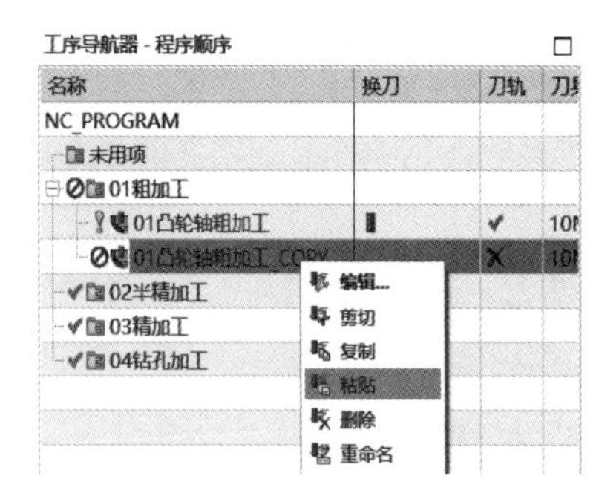

图 2-138　粘贴刀路

5）双击“01 凸轮轴粗加工 COPY”程序，在对话框中更改刀轴，设置“轴”为“指定矢量”，方向选择 Z 轴负方向，如图 2-139 所示。弹出“警告”对话框，提示切削层设置错误。

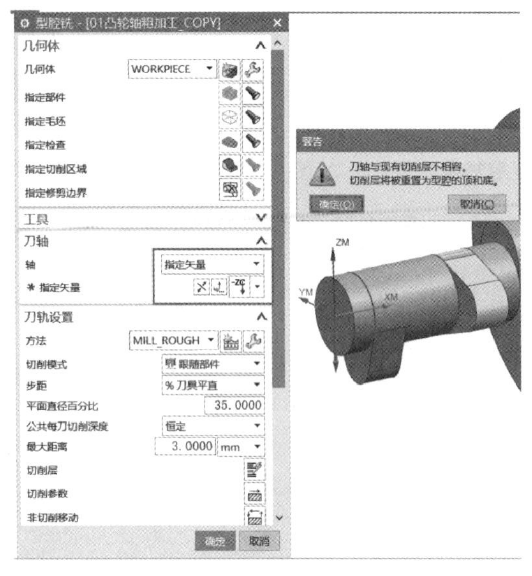

图 2-139　更改刀轴

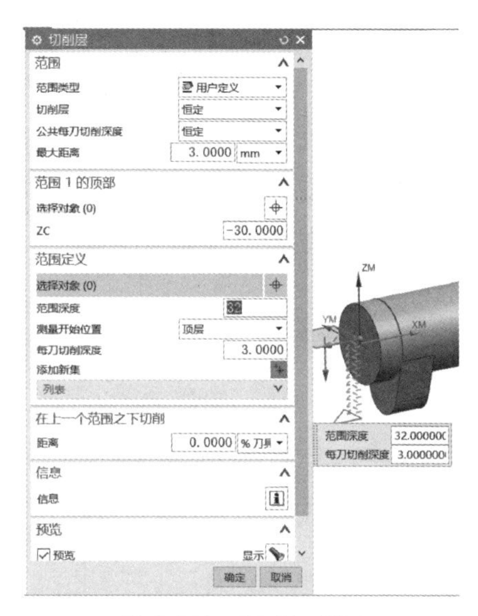

图 2-140　更改切削层

6）继续双击“切削层”图标，弹出图 2-140 所示对话框，设置“范围深度”为“32mm”，其余默认，单击“确定”按钮，单击“生成程序”按钮，得到图 2-141 所示刀路。

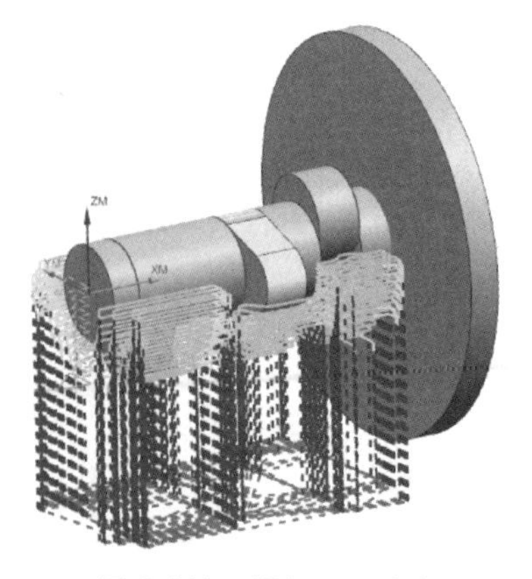

图 2-141　粗加工刀路 2

步骤 4　创建半精加工工序

1）在主菜单中单击“创建工序”图标，在弹出的“创建工序”对话框中设置“类型”为“mill_multi_axis”，“工序子类型”为“可变轮廓铣”，“程序”为“02 半精加工”，“刀具”为 ϕ10mm 球铣刀，“几何体”为“WORKPIECE”，“方法”为“半精加工”，最后自定义程序名称为“02 凸轮半精加工”，如图 2-142 所示单击“确定”按钮。

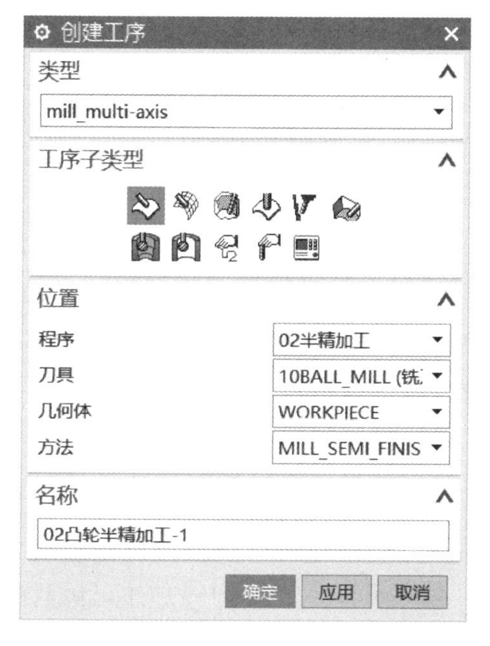

图 2-142　创建可变轮廓铣工序

图 2-143　可变轮廓铣参数

2）在弹出的图 2-143 所示“可变轮廓铣-[02 凸轮半精加工-1]”对话框中，设置“驱动方法”为“曲面区域”，在弹出的图 2-144 所示“曲面区域驱动方法”对话框中，指定驱动几何体为创建的辅助面，仅一组凸轮面即可，单击切削方向拾取横向箭头，设为横向方向，将“步距”设置为残余高度 0.1mm，单击“预览”按钮后单击“确定”按钮结束。设置“投影矢量”为刀轴，“刀轴”改为“4 轴，垂直于驱动体”，弹出图 2-145 所示对话框，

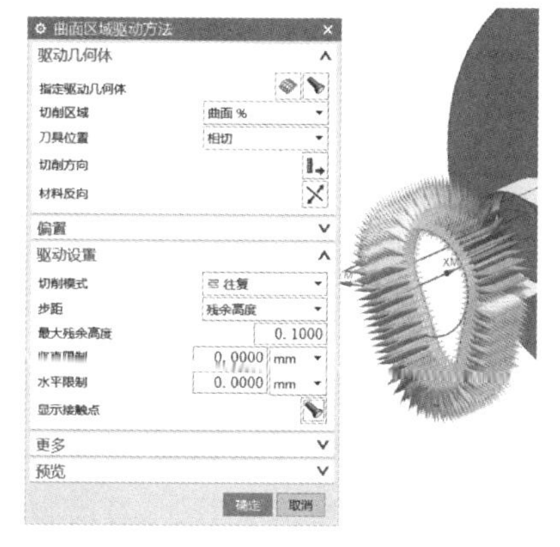

图 2-144　曲面区域驱动方法

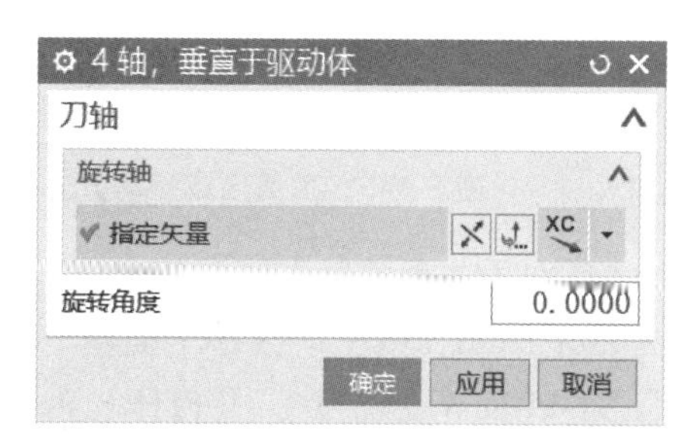

图 2-145　刀轴控制

指定矢量为 X 轴正方向，“旋转角度”为“0”，单击“确定”按钮。

3）继续单击“进给率和速度”图标，弹出图 2-146 所示对话框，设置“主轴速度和进给率”，单击右边计算按钮，单击“确定”按钮结束，在主菜单中单击“生成程序”按钮，得到图 2-147 所示半精加工刀路 1。

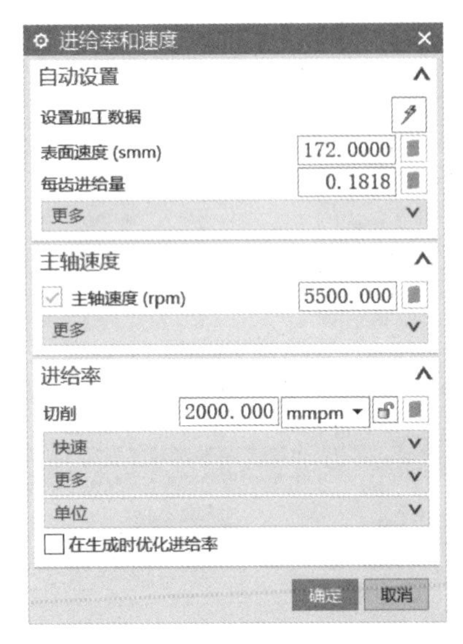

图 2-146 设置切削参数

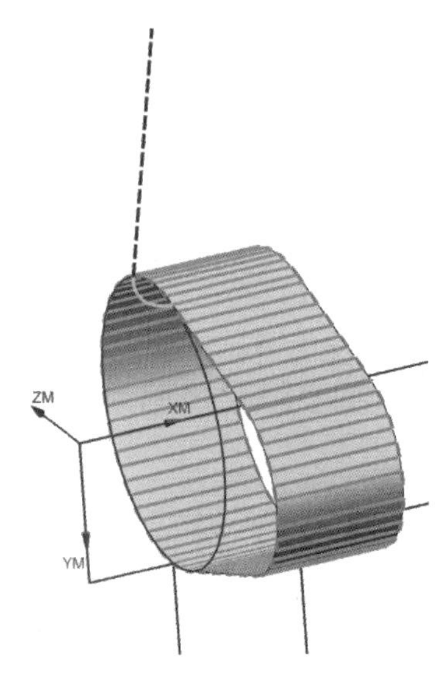

图 2-147 半精加工刀路 1

4）重复上述步骤或者单击鼠标右键，在弹出的快捷菜单中选择“复制”命令，将“曲面区域驱动方法”改成第二组凸轮面，“切削方向”改为横向，如图 2-148 所示，在主菜单中单击“生成程序”按钮，得到图 2-149 所示半精加工刀路 2。

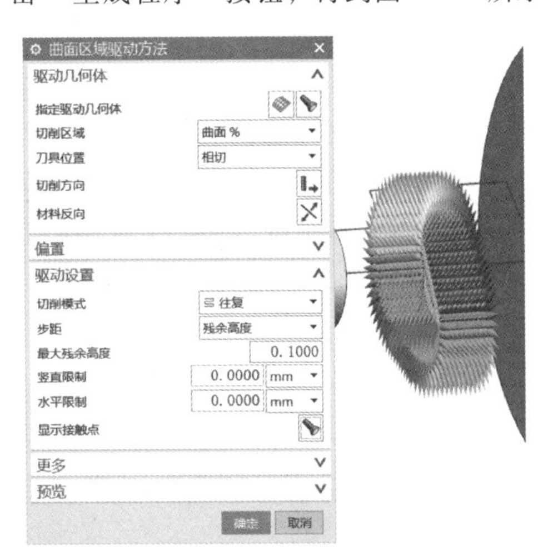

图 2-148 曲面区域驱动方法

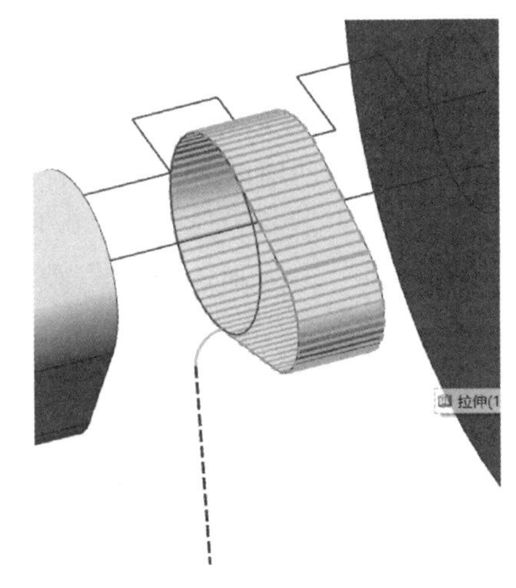

图 2-149 半精加工刀路 2

5）在主菜单中单击“创建工序”图标，在弹出的“创建工序”对话框中设置“类型”为“mill_multi_axis”，“工序子类型”为“可变轮廓铣”，“程序”为“02 半精加工”，“刀具”为 ϕ10mm 立铣刀，“几何体”为“WORKPIECE”，“方法”为“半精加工”，最后自定义程序名称为“02 偏心轴半精加工”，如图 2-150 所示，单击“确定”按钮。

6）在弹出的图 2-151 所示对话框中，指定切削区域为偏心轴外表面，设置“驱动方法”为“曲线/点”，在弹出的图 2-152 所示“曲线/点驱动方法”对话框中，指定驱动几何体为创建的辅助线，选择偏心轴草图即可，单击切削方向，设为图 2-152 所示方向，将“左偏置”设置为“5.1mm”，“切削步长”改为“公差”“0.05mm”，“刀具接触偏移”为“0.1mm”，单击“确定”按钮结束。

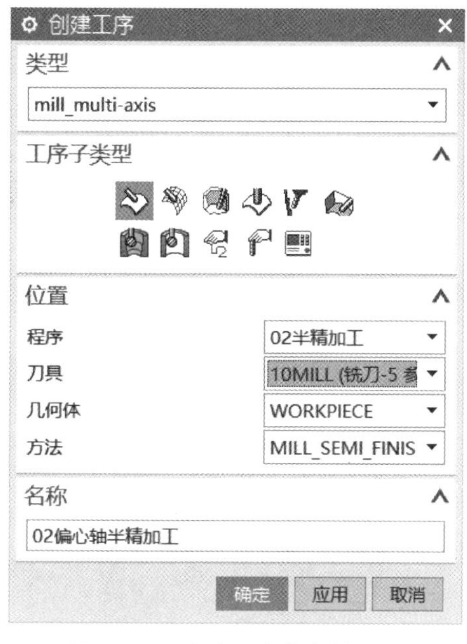

图 2-150　创建可变轮廓铣工序

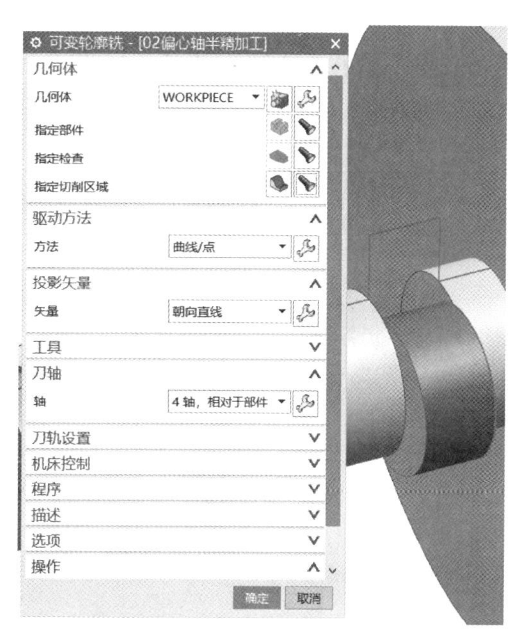

图 2-151　可变轮廓铣参数

7）如图 2-151 所示，在对话框中，将“投影矢量”设置为“朝向直线”。在弹出的图 2-153 所示对话框中，将“指定矢量”设置为 X 轴正方向，“指定点”为原点，继续在图 2-151 所示对话框中更改“刀轴”选项，将“刀轴”处更改为“4 轴，相对于部件”，单击“设置”图标，弹出图 2-154 所示对话框，将“指定矢量”设置为 X 轴正方向，单击“确定”按钮。

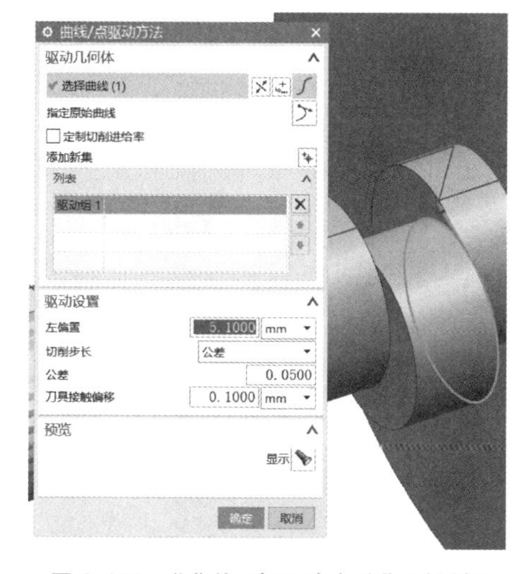

图 2-152　“曲线/点驱动方法”对话框

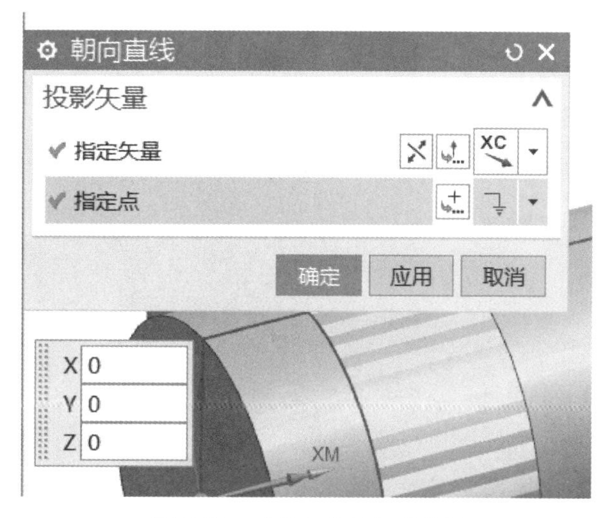

图 2-153　“朝向直线”对话框

8）继续单击“进给率和速度”图标，弹出图 2-155 所示对话框，设置“主轴速度和进给率”，单击右边计算按钮，单击“确定”按钮结束，在主菜单中单击“生成程序”图标，得到图 2-156 所示半精加工刀路 1。

9）重复上述步骤或者单击鼠标右键复制程序，在“曲线/点驱动方法”对话框中更改切削方向，如图 2-157 所示，“左偏置”距离更改为“-9.9mm”，单击“确定”按钮结束，在主菜单中单击“生成程序”图标，得到图 2-158 所示半精加工刀路 2。

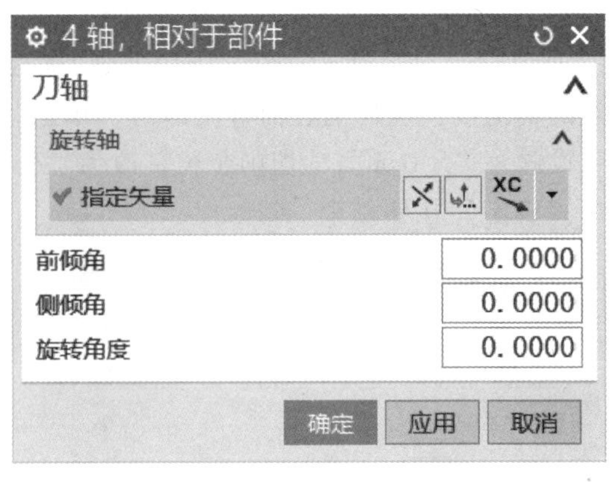

图 2-154 “4 轴，相对于部件”对话框

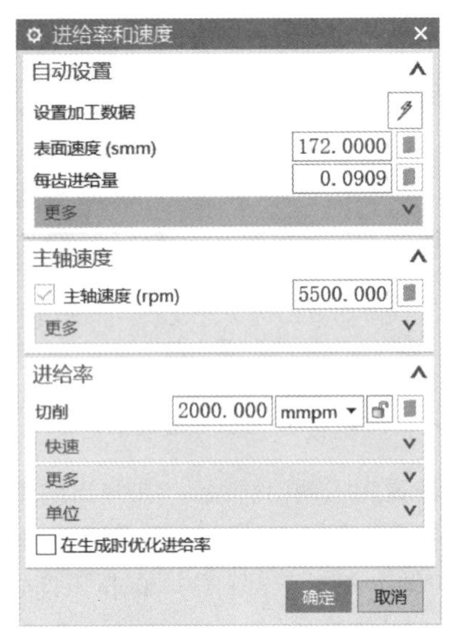

图 2-155 切削参数

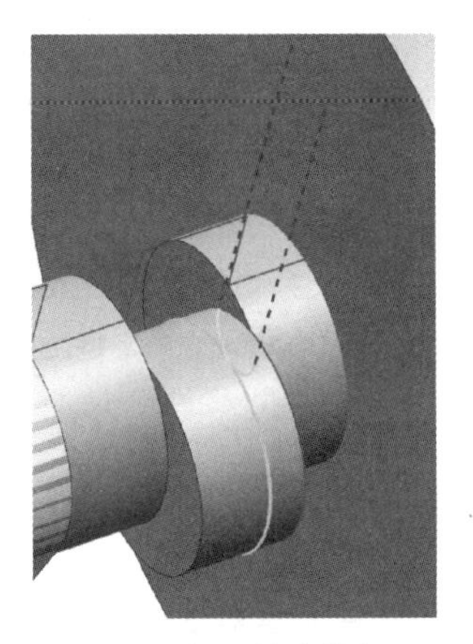

图 2-156 偏心轴半精加工 1

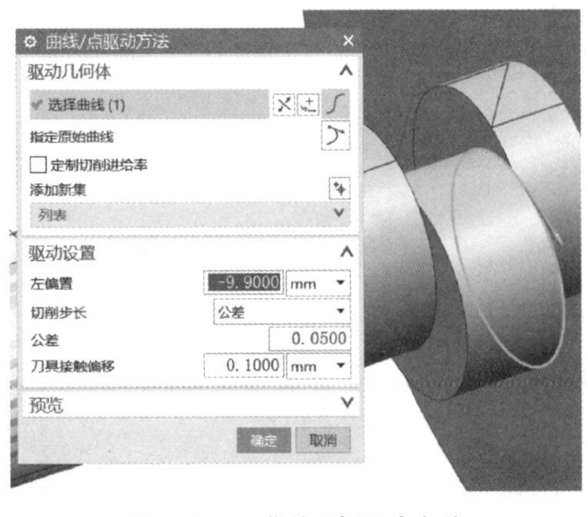

图 2-157 曲线/点驱动方法

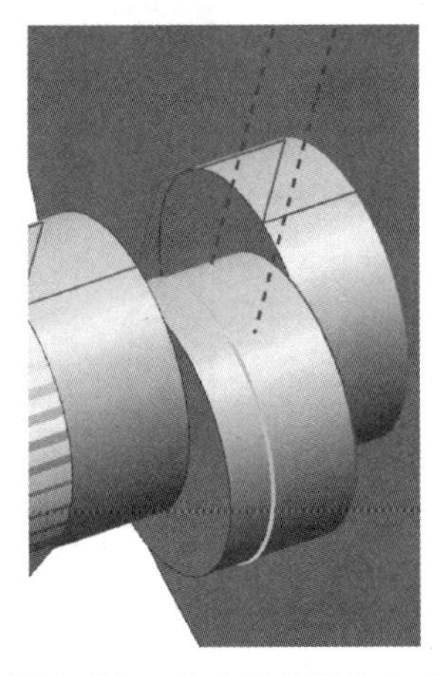

图 2-158 偏心轴半精加工 2

步骤 5　创建精加工工序

1）按住<Shift>键的同时选择全部半精加工程序，单击鼠标右键复制程序，如图 2-159 所示，在精加工程序组上单击鼠标右键内部粘贴程序，如图 2-160 所示，得到精加工程序组。

2）如图 2-161 所示，将程序重命名，双击“03 凸轮精加工-1”程序，弹出图 2-162 所示对话框，将“刀轨设置”选项组中的“方法”调整为“MILL_FINISH”，然后打开“曲面区域驱动方法”对话框。

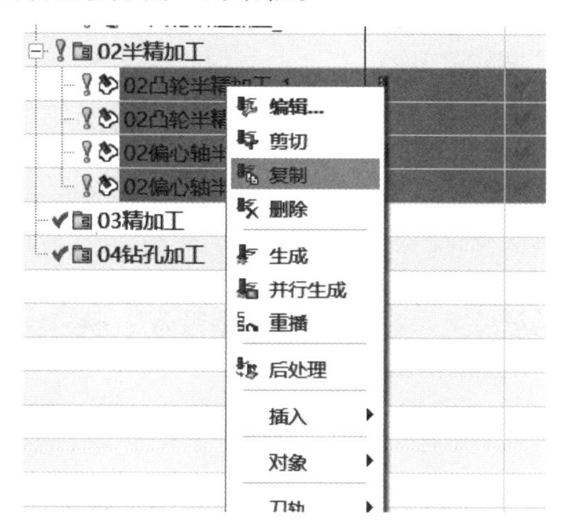

图 2-159　复制程序

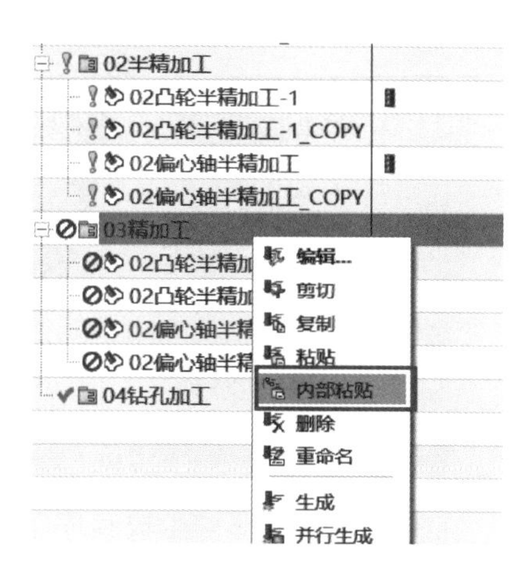

图 2-160　粘贴程序

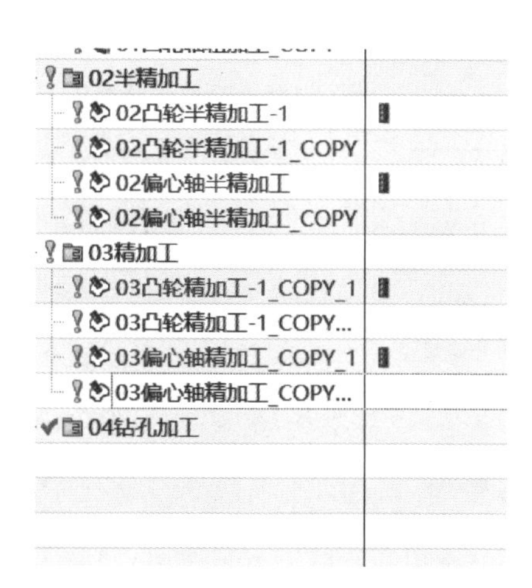

图 2-161　程序名变更

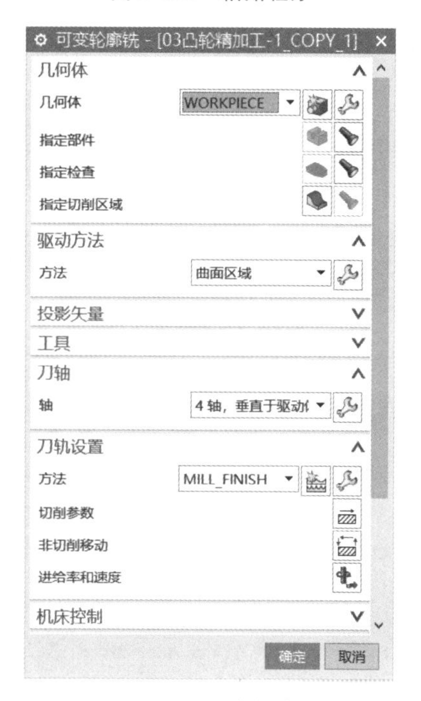

图 2-162　可变轮廓铣

3）在图 2-163 所示“曲面区域驱动方法”对话框中更改参数，将“最大残余高度”更改为“0. 01mm”，单击“确认”按钮。在图 2-162 所示对话框中单击“进给率和速度”图标，弹出图 2-164 所示对话框，设置“主轴转速和进给率”，单击右边“计算”按钮▇，单击“确定”按钮结束。

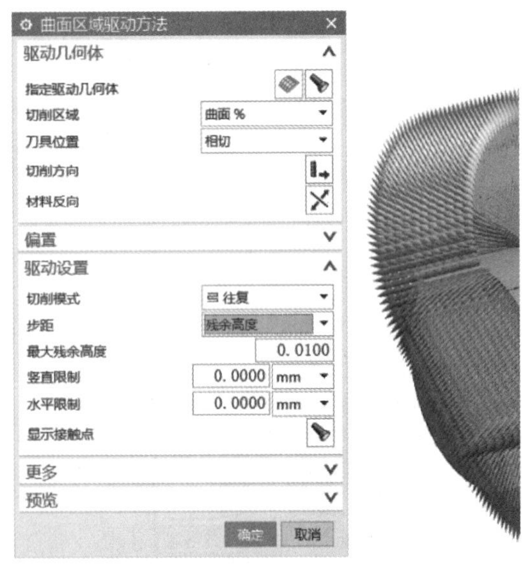

图 2-163 曲面区域驱动方法

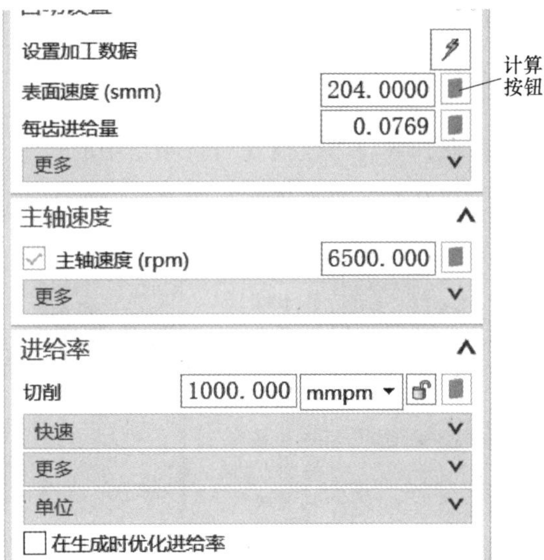

图 2-164 精加工切削参数

4）在主菜单中单击“生成程序”图标，得到第一个精加工程序，重复上述步骤，操作第二个“03 凸轮精加工-1”程序，然后单击“生成程序”图标，得到第二个精加工程序，如图 2-165 所示。

5）双击“03 偏心轴精加工-1”程序，得到图 2-166 所示对话框，继续将方法调整为“MILL_FINISH”，单击“进给率和速度”图标，弹出图 2-167 所示对话框，设置“主轴转速和进给率”，单击右边“计算”按钮▇，单击“确定”按钮结束。

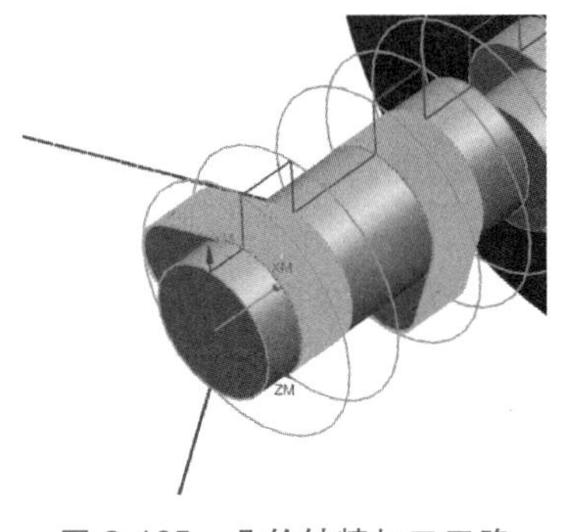

图 2-165 凸轮轴精加工刀路

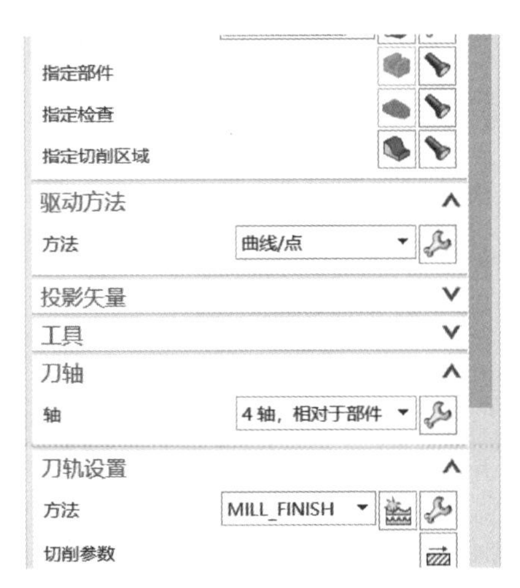

图 2-166 更改方法

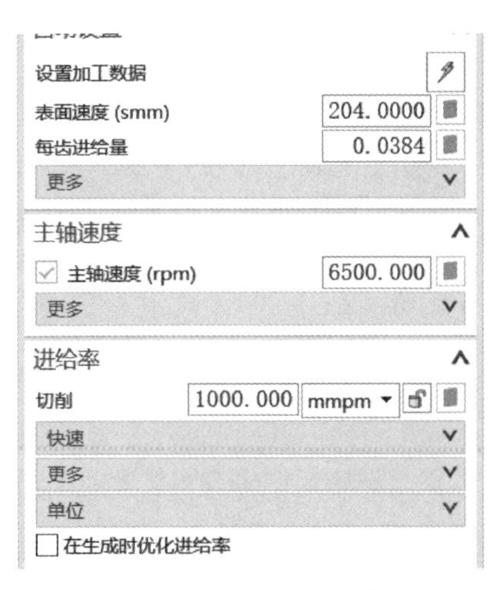

图 2-167 精加工切削参数

6）在图 2-166 所示对话框中，打开“曲线/点驱动方法”对话框，如图 2-168 所示，将“左偏置”设置为“5mm”，“切削步长”改为“公差”“0.01mm”，“刀具接触偏移”为“0mm”，单击“确定”按钮结束。

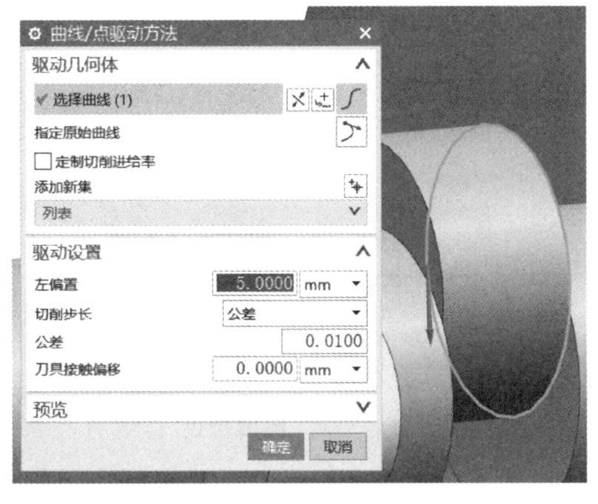

图 2-168　“曲线/点驱动方法”对话框 1

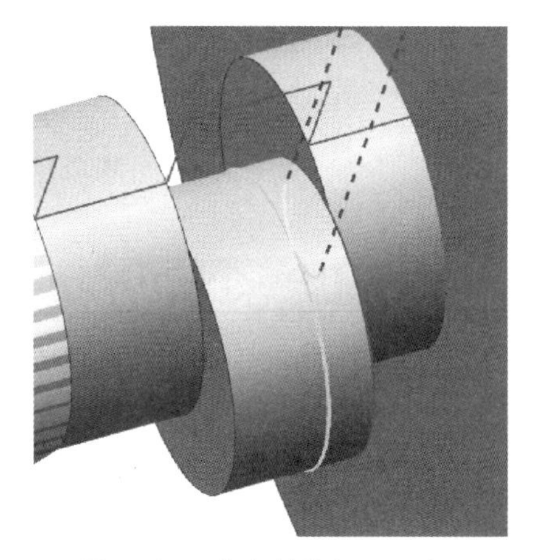

图 2-169　偏心轴精加工刀路 1

7）在主菜单中单击“生成程序”图标，得到第一个偏心轴精加工程序，如图 2-169 所示，重复上述步骤，操作第二个“03 偏心轴精加工-1”程序，更改“曲线/点驱动方法”对话框中的参数，如图 2-170 所示，将“左偏置”设置为“-10mm”，“切削步长”改为“公差”“0.01mm”，“刀具接触偏移”为“0mm”，单击“确定”按钮结束。然后单击“生成程序”图标，得到第二个偏心轴精加工程序，如图 2-171 所示。

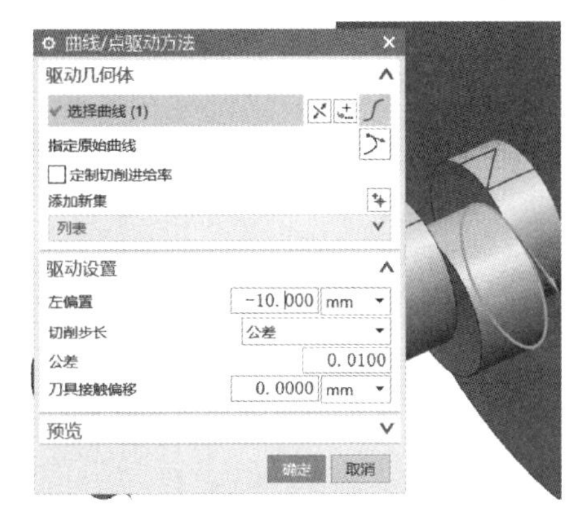

图 2-170　“曲线/点驱动方法”对话框 2

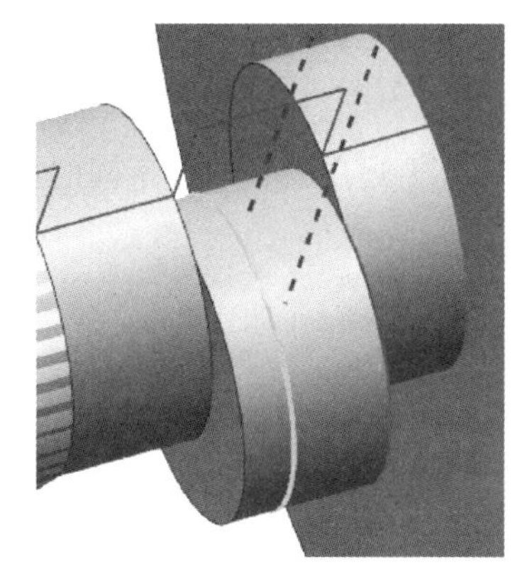

图 2-171　偏心轴精加工刀路 2

流程 4　仿真加工

步骤 1　程序后处理

1）在工序导航器中选择所有粗加工程序，单击主菜单中的“后处理”快捷图标，如图 2-172 所示。

2）如图 2-173 所示，在弹出的“后处理”对话框中设置“后处理器”为四轴的后处理模板，自定义输出文件名，单位选择公制，单击“确定”按钮，弹出图 2-174 所示对话框，继续单击“确定”按钮，得到图 2-175 所示程序。

图 2-172 “后处理”快捷图标

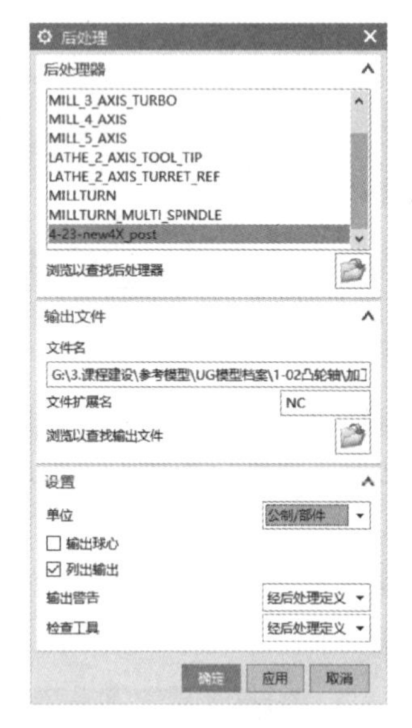

图 2-173 “后处理”对话框

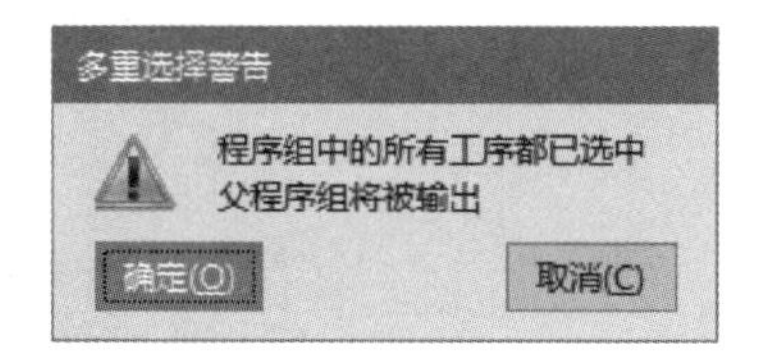

图 2-174 输出警告

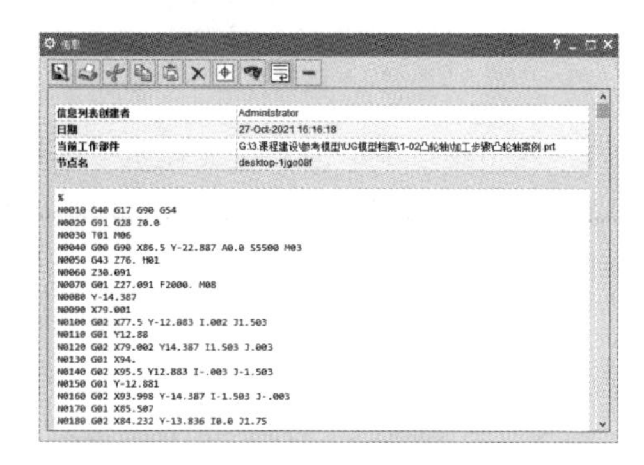

图 2-175 程序预览

3）重复上述步骤，选择不同的程序生成程序，得到图 2-176 所示程序序列。

01凸轮轴粗加工.NC	2021/10/27 16:22	NC 文件	108 KB
02偏心轴半精加工.NC	2021/10/27 16:24	NC 文件	4 KB
02凸轮半精加工.NC	2021/10/27 16:24	NC 文件	25 KB
03偏心轴精加工_1.NC	2021/10/27 16:26	NC 文件	4 KB
03偏心轴精加工_2.NC	2021/10/27 16:27	NC 文件	4 KB
03凸轮精加工-1.NC	2021/10/27 16:25	NC 文件	33 KB
03凸轮精加工-2.NC	2021/10/27 16:26	NC 文件	33 KB

图 2-176 程序序列

步骤 2 导出 STL 格式毛坯

进入建模模块，选择“文件”→“导出”→“STL 格式”命令，弹出图 2-177 所示对话框，单击“确定”按钮，得到 STL 格式的毛坯。

步骤 3 建立 VERICUT 项目

1）打开 VERICUT 软件四轴机床“项目 X：\ 多轴加工技术-VERICUT-机床模板 \ 四轴机床模板”。

2）另存为“项目 X：\ 多轴加工技术-VERICUT-机床模板 \ 凸轮轴模板 \ 凸轮轴”。

3）“机床”默认“ALV850”，“控制”默认“fan30im”。在“Stock”处添加备用毛坯，

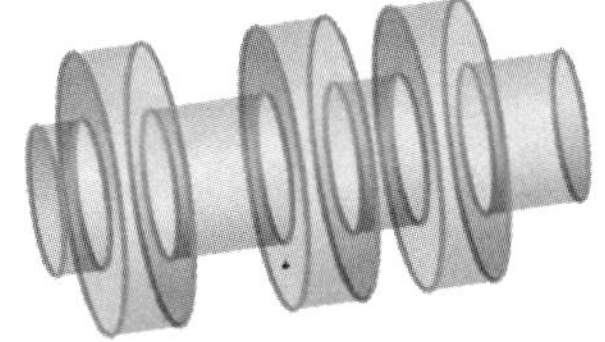

图 2-177　导出毛坯

调整毛坯和夹具位置，得到图 2-178 所示装夹方案。

4）单击坐标系统中的“Csys 1”，在项目树底部调整栏中将坐标原点设置在毛坯的左端圆心位置，如图 2-179 所示。

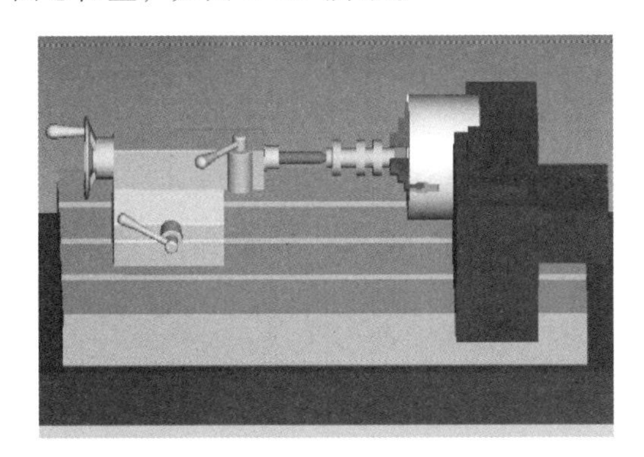

图 2-178　一夹一顶装夹方案

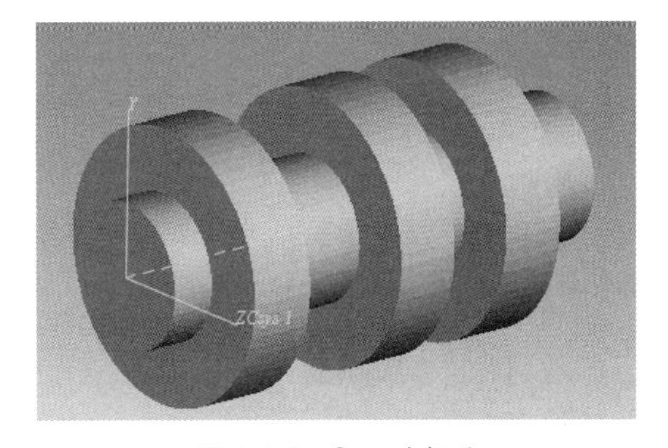

图 2-179　Csys 坐标系

5）单击坐标系统中的“G-代码偏置”，单击“添加”，弹出图 2-180 所示对话框，设置“子系统名”为“1”，“寄存器”为“54”，“坐标系”为“Csys1”，单击“添加”按钮，弹出图 2-181 所示对话框，设置从“组件”“spindle”到“坐标原点”“Csys1”。

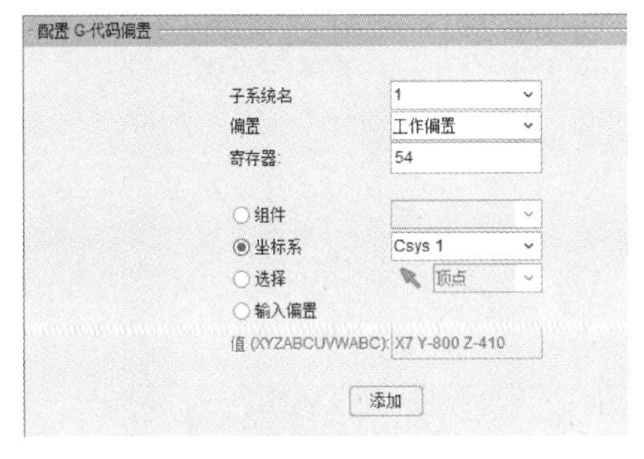

图 2-180　添加 G 代码偏置

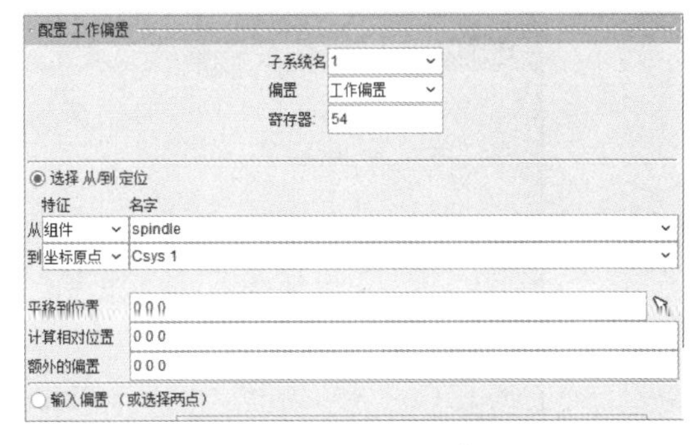

图 2-181　配置工作偏置

6）双击“加工刀具”，单击“添加”，弹出图 2-182 所示对话框，添加 ϕ10mm 的平底铣刀，刀具号为 1，刀具长度为 100mm，装夹有效刀具长度为 70mm，装夹点为（0，0，0），对刀点为（0，0，-120）。继续添加球头铣刀，刀具直径为 10mm，刀号为 2，其余参数复制 1 号刀具，完成两把刀具的添加。

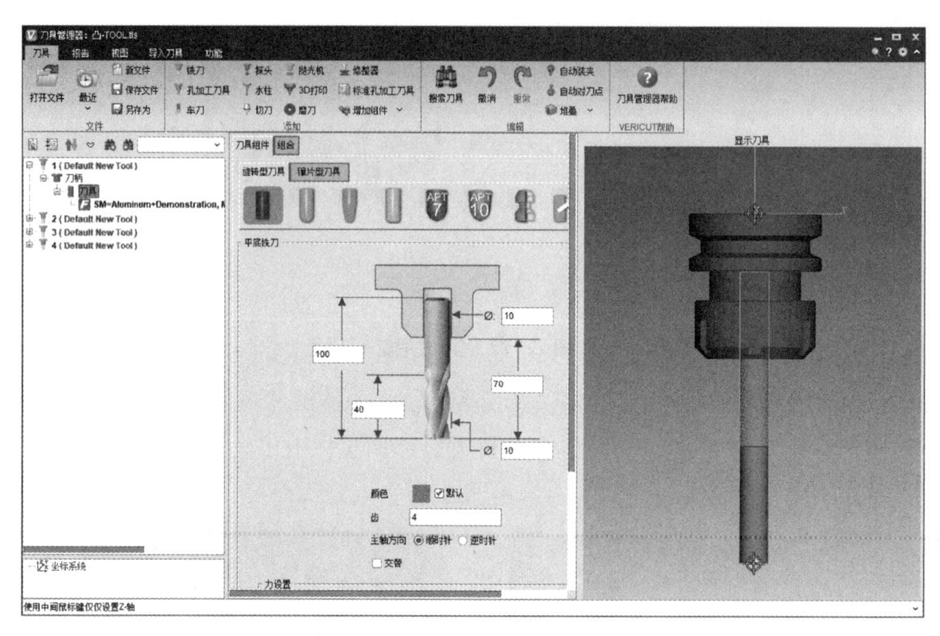

图 2-182　添加刀具

7）单击“数控程序”，单击底部的“添加数控程序文件”按钮，在弹出的对话框中添加处理完的程序，如图 2-183 所示。

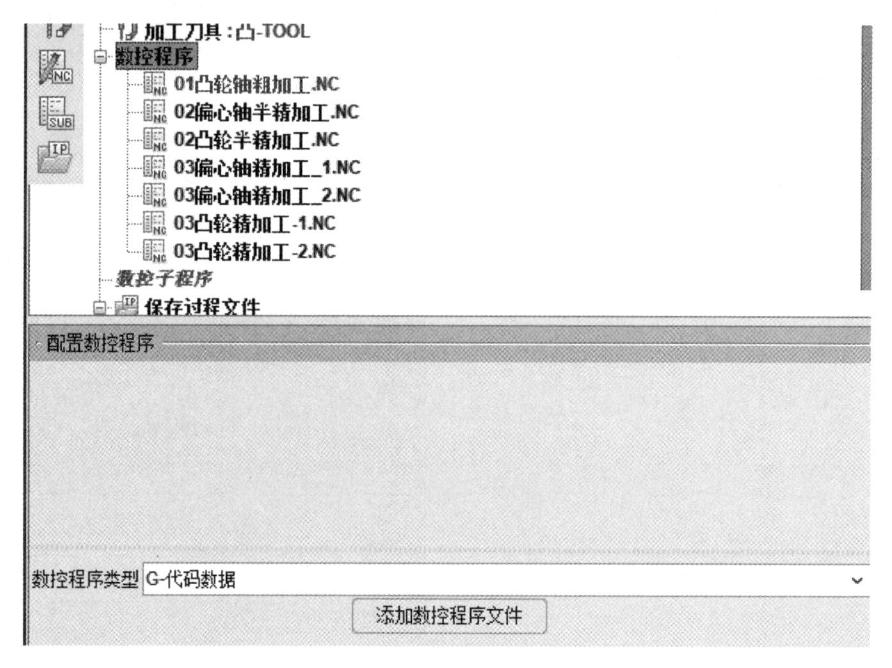

图 2-183　添加程序

8）单击“播放”按钮，开始仿真加工，检查仿真加工过程，最终得到图 2-184 所示仿真结果。

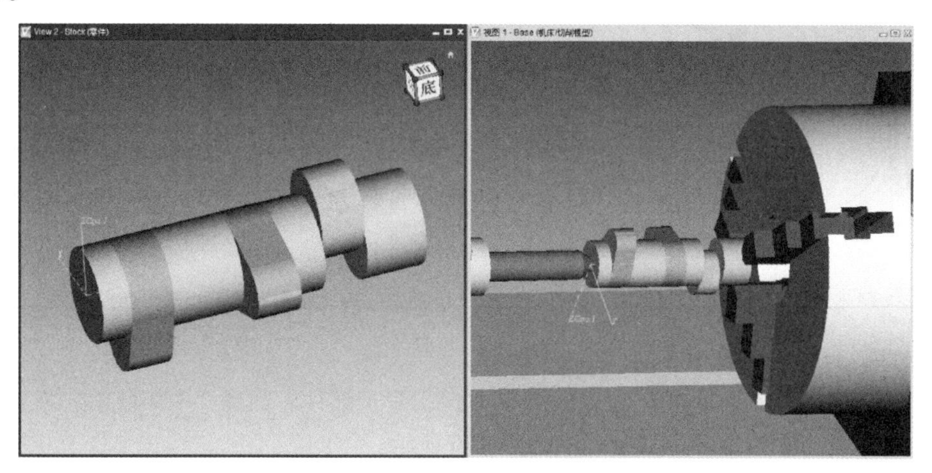

图 2-184　凸轮轴仿真加工结果

活动四　知识点提示

1. 刀轴：4 轴，垂直于驱动体

原理：在四轴加工的前提下，设置刀轴方向垂直于驱动体。如图 2-185 所示，刀具始终与驱动体保持 90°垂直。

技巧：垂直的时候，刀尖与驱动体接触，线速度为 0，这时候可以更改刀具与驱动体的接触点位置，例如选择“4 轴，垂直于驱动体”选项，如图 2-186 所示，设置“旋转轴”为 X 轴正方向，“旋转角度”为 45°，得到图 2-187 所示刀具与驱动体接触示意图。

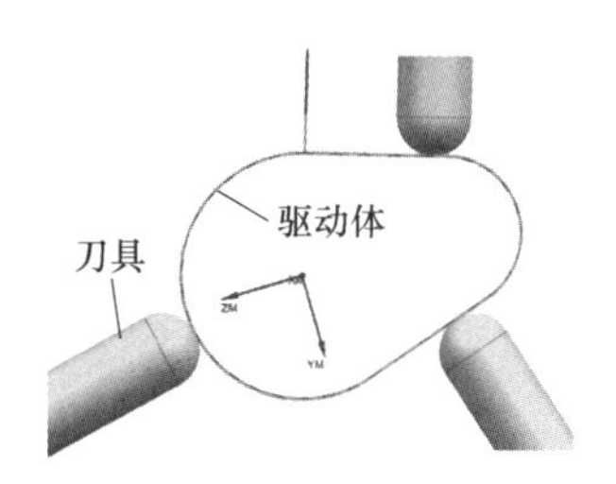

图 2-185　刀具垂直于驱动体

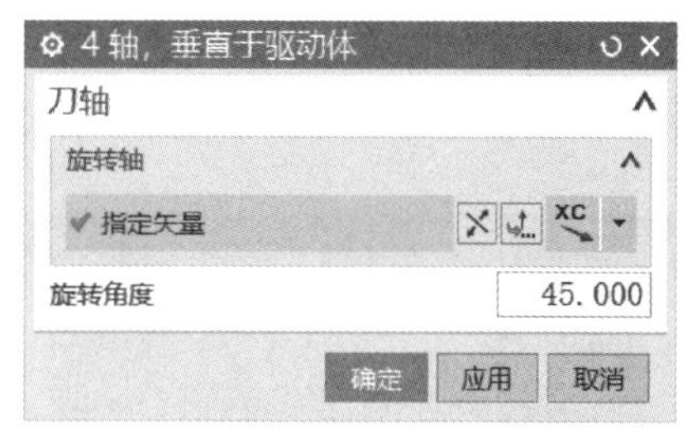

图 2-186　4 轴，垂直于驱动体

2. 投影矢量：远离/朝向直线

原理：驱动线、面、体上的所有驱动点，以一直线的方式投射到加工面上。如图 2-188 所示，当选择朝向直线投影时，所有驱动点从外向直线方向投射，当选择远离直线投影时，所有驱动点从直线向外投射。

技巧：虽然两种方法最后的结果一致，但是刀轴运动时判断方向不同，四轴加工中由于机床 Z 轴结构的限制，一般在投射时，都只使用朝向直线进行投射，同时也要注意，在刀轴中使用该选项时，刀尖的朝向要指向直线的话，一般使用远离直线，而不是朝向直线，它和投影矢量的“方向关系”其实是“相反”的。

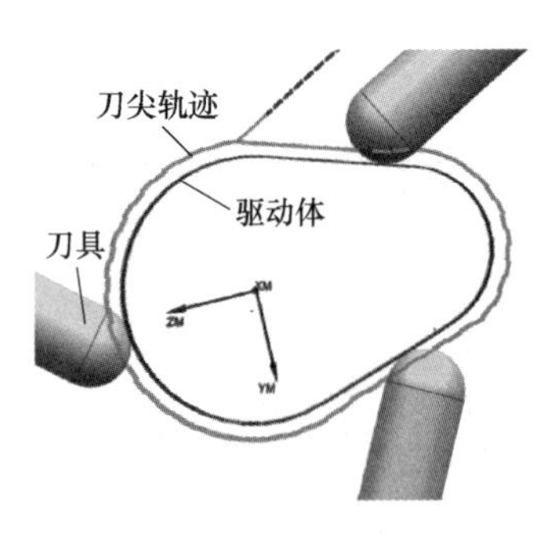

图 2-187　刀具与驱动体呈 45°

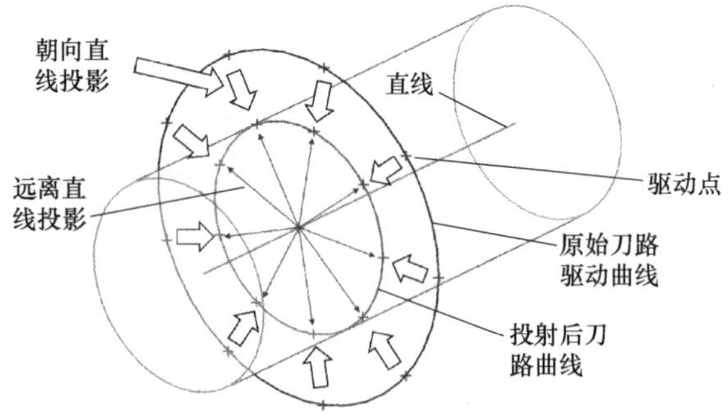

朝向直线投影
直线
远离直线投影
驱动点
原始刀路驱动曲线
投射后刀路曲线

图 2-188　投影矢量“远离/朝向直线”

3. 刀轴：4 轴，相对于部件

原理：在四轴加工的前提下，设置刀轴方向相对于部件。如图 2-189 所示，在默认参数下，刀轴始终与部件保持垂直关系，如图 2-190 所示。

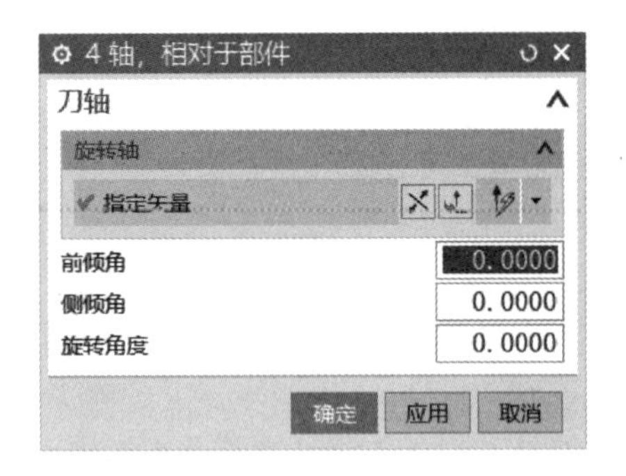

图 2-189　“4 轴，相对于部件”对话框

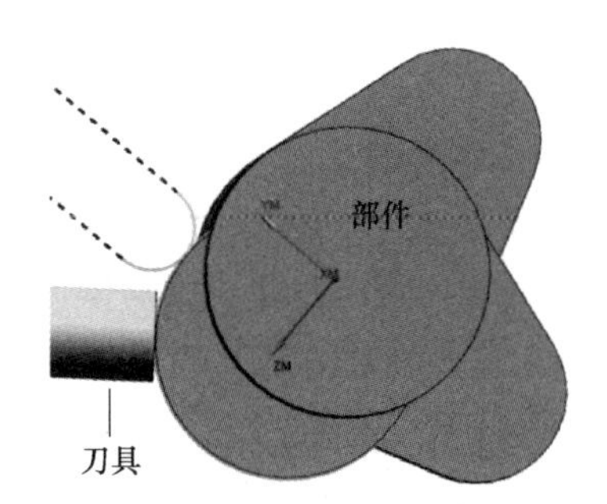

图 2-190　刀具与部件垂直

技巧：指定好四轴旋转轴后，可以对“前倾角”“侧倾角”“旋转角度”三个参数进行更改，在四轴中，一般主轴都不能旋转，因此对侧倾角的参数进行改动是无效的，更改前倾角的效果如图 2-191 和图 2-192 所示，会使刀轴与部件的相对角度位置产生改变。

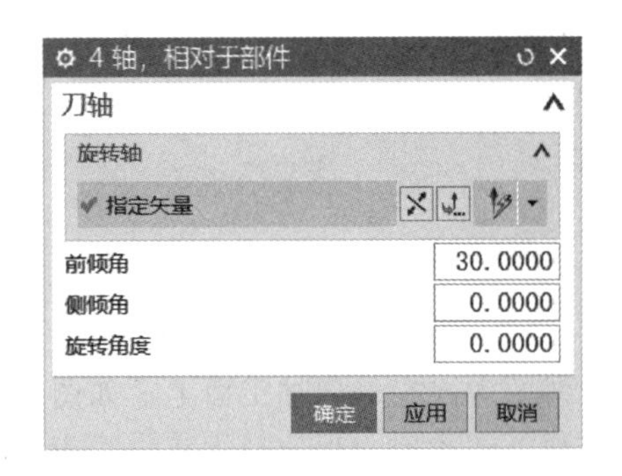

图 2-191　前倾角参数设定

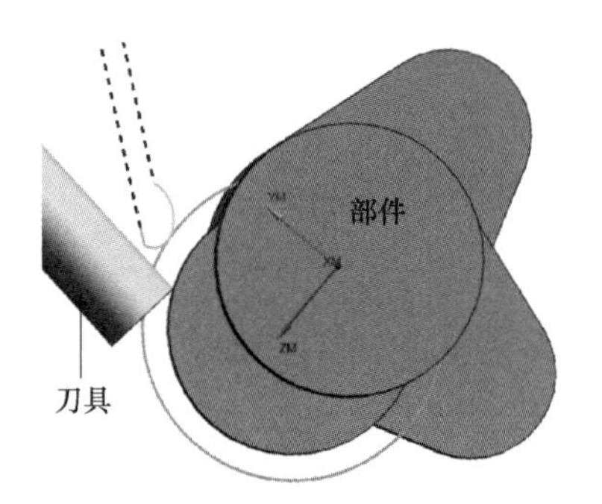

图 2-192　刀轴前倾 30°示意图

同样的，如果改变旋转轴的角度，那么刀轴与部件之间的相对位置也会随之改变，更改效果如图 2-193 和图 2-194 所示，如果前倾角与旋转角度设置的值一致，那么它们会相互抵消（仅在四轴中），刀轴与部件又会回到垂直位置关系。

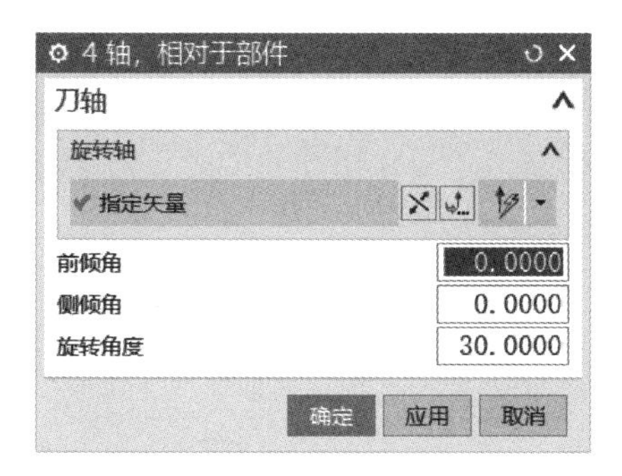

图 2-193　旋转角度参数设定

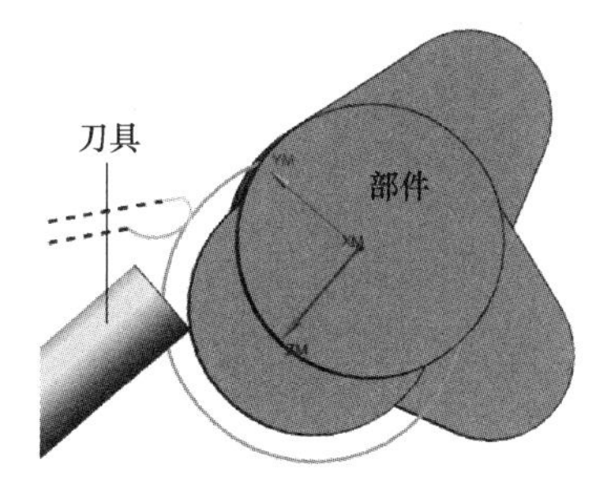

图 2-194　刀轴旋转 30°示意图

活动五　任务评价

请对上述活动过程进行内容的评价，见表 2-8。

表 2-8　任务评价表

任务名称		凸轮轴的加工	评价人员	
序号	评价项目	要求	配分	得分
1	零件建模	(1)创建圆柱	2	
		(2)创建凸轮 1	5	
		(3)创建凸轮 2	5	
		(4)创建偏心轴	5	
		(5)倒角	4	
2	工艺分析	(1)零件结构分析	2	
		(2)精度分析	2	
		(3)加工刀具分析	3	
		(4)零件装夹方式分析	3	
3	程序编制	(1)添加辅助线、面、体	5	
		(2)进入加工环境，完成加工准备	5	
		(3)创建粗加工工序	10	
		(4)创建半精加工工序	15	
		(5)创建精加工工序	10	
4	仿真加工	(1)程序后处理	3	
		(2)导出 STL 格式毛坯	3	
		(3)建立 VERICUT 项目	10	
5	职业素养	团队合作	8	
6	总计		100	

活动六　课 后 拓 展

分析图 2-195 所示凸轮轴零件图，完成其曲面造型及加工编程。

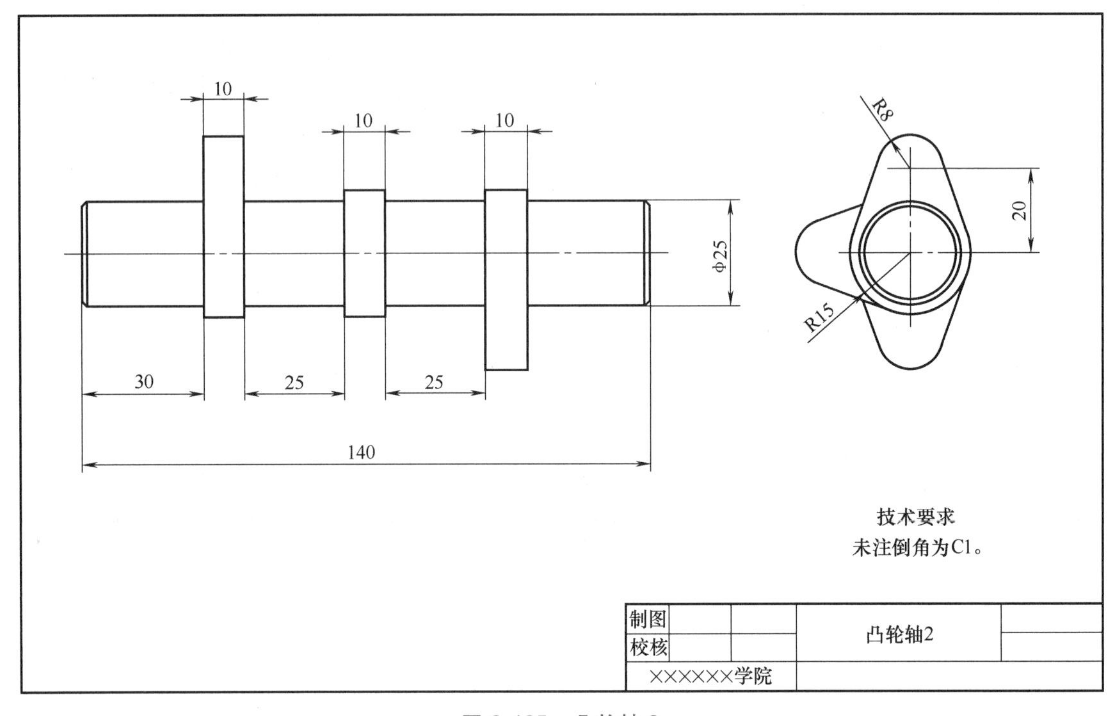

图 2-195　凸轮轴 2

项目三

叶片的加工

活动一　确立目标

【知识目标】

1. 了解简单叶片的建模特点。
2. 掌握加工公共安全设置的参数设置方法。
3. 掌握可变轮廓铣削加工“曲面”驱动的参数设置方法。
4. 掌握投影矢量“垂直/朝向驱动体”的原理。

【能力目标】

1. 具备识读叶片零件图及3D造型能力。
2. 能够对叶片零件进行工艺设计和程序编制。
3. 能通过VERICUT软件对叶片零件进行仿真加工。

【素养目标】

1. 培养职业兴趣，明确职业目标。
2. 培养精益求精的工匠精神。

叶片的加工质量会直接影响其气动性能，在加工时，对加工质量精益求精的态度，便是工匠精神的体现。

活动二　领取任务

叶片在机械行业中一般指对气流起导向作用的零件，它的曲面形状有呈直纹状的，也有带曲率的，用四轴加工的叶片刀具与曲面不发生干涉。

请查阅表 2-9，了解任务详情。

表 2-9　“叶片”任务书

<table>
<tr><th>序号</th><th colspan="3">内　容</th></tr>
<tr><td>1</td><td>工作任务:“叶片”的加工
(1)“叶片”模型如右图所示
(2)叶片零件图如图 2-196 所示</td><td colspan="2">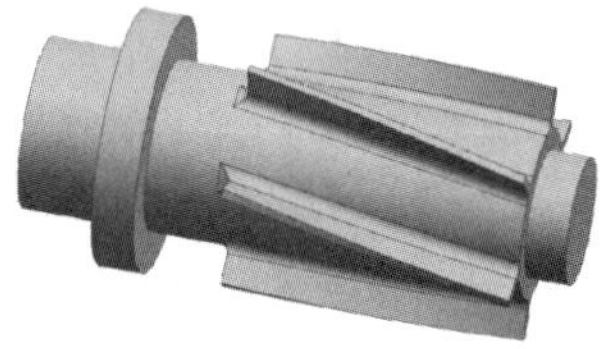</td></tr>
<tr><td rowspan="2">2</td><td colspan="3">毛坯形状</td></tr>
<tr><td>毛坯尺寸为 ϕ60mm×130mm,材料自定义</td><td colspan="2">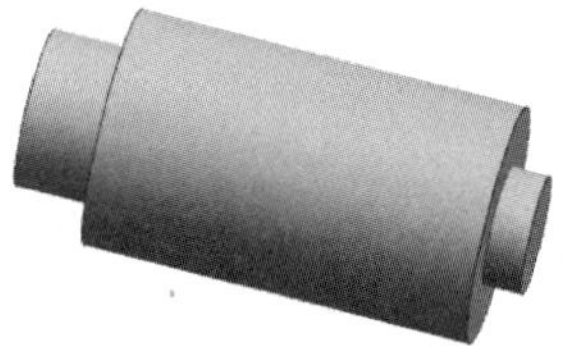</td></tr>
<tr><td rowspan="2">3</td><td colspan="3">工作要求</td></tr>
<tr><td colspan="3">(1)完成叶片模型的创建
(2)制定叶片的加工工艺表
(3)编制叶片的多轴加工程序
(4)对程序代码进行仿真验证
(5)上机制造</td></tr>
<tr><td rowspan="6">4</td><td>验收标准</td><td>符合</td><td>不符合</td></tr>
<tr><td>(1)建模模型体积检测对比</td><td></td><td></td></tr>
<tr><td>(2)工艺(工序步骤)合理</td><td></td><td></td></tr>
<tr><td>(3)NX 工序仿真加工结果正确</td><td></td><td></td></tr>
<tr><td>(4)使用 VERICUT 软件模型加工仿真结果特征正确</td><td></td><td></td></tr>
<tr><td>(5)使用 VERICUT 软件仿真加工结束无任何警告</td><td></td><td></td></tr>
</table>

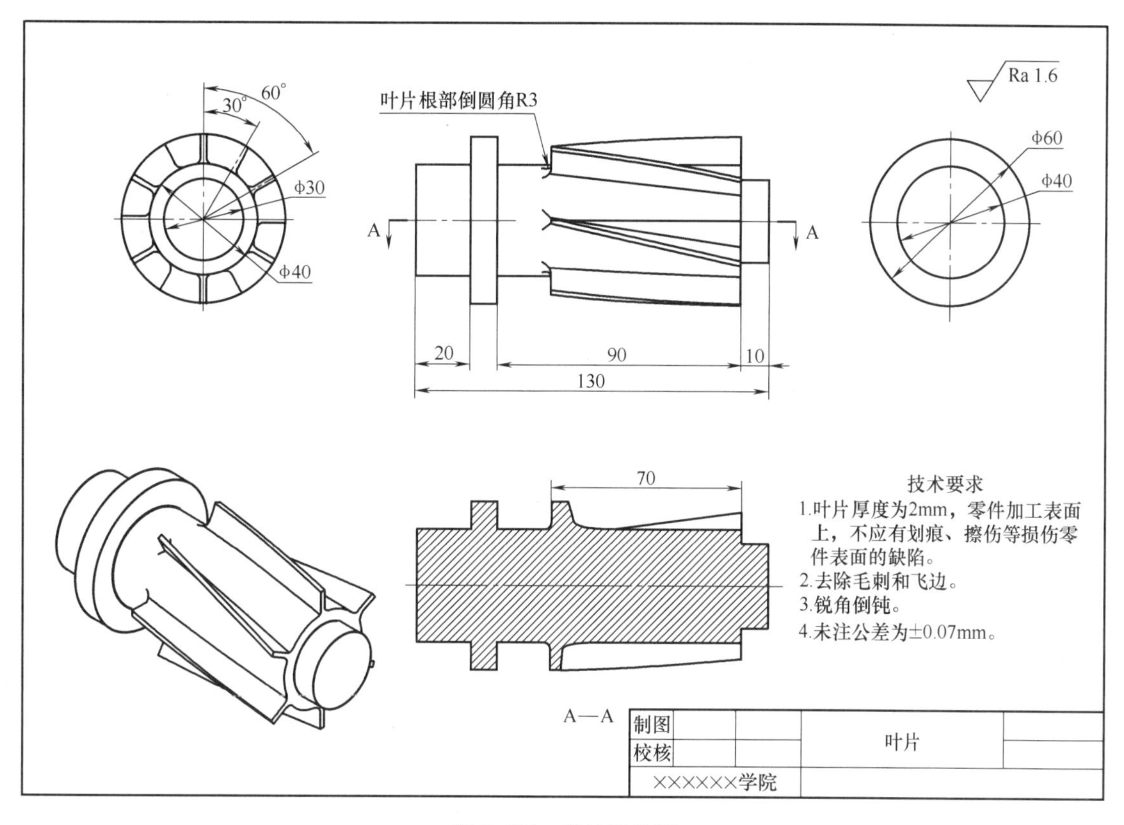

图 2-196 叶片零件图

活动三 任务实施

流程 1 零件建模

打开 UG 软件，单击“新建”→“模型”选项卡，在选项组“名称”文本框对文件名进行自定义，例如“2-03 叶片 . prt”。创建叶片模型的整体思路如图 2-197 所示。

图 2-197 创建叶片模型的整体思路

步骤 1 创建圆柱 1

1）在建模环境下单击“草图”命令图标，在弹出的图 2-198 所示“创建草图”对话框中，设置“草图类型”为“在平面上”，在绘图区单击 YZ 平面，设置“平面方法”为“自动判断”，“参考”为“水平”，“原点方法”为“使用工作部件原点”，单击“确定”按钮进入草图。

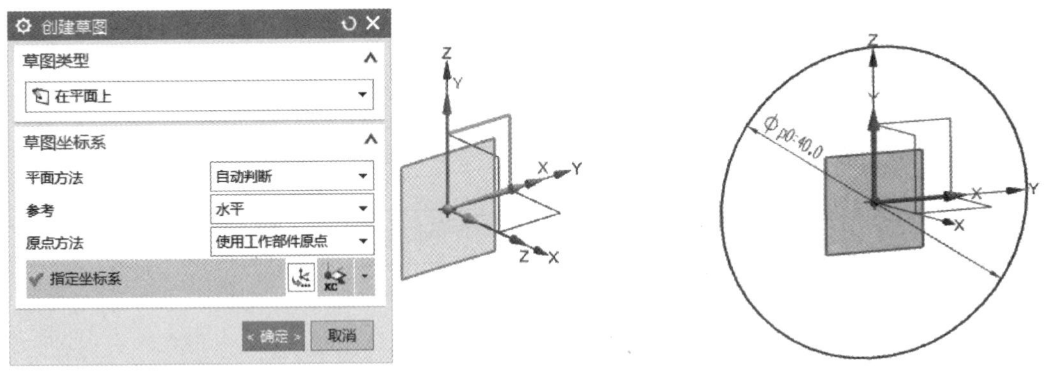

图 2-198 “创建草图”对话框　　　　图 2-199 绘制整圆

2）依据图 2-196 所示叶片零件图绘制图 2-199 所示的 ϕ40mm 整圆，然后结束草图。

3）选择“拉伸”命令，选择建立的整圆草图为表区域驱动，“方向”指定为 X 轴正方向，“距离”为“120mm”，单击“确定”按钮，如图 2-200 所示，完成建模第一步。

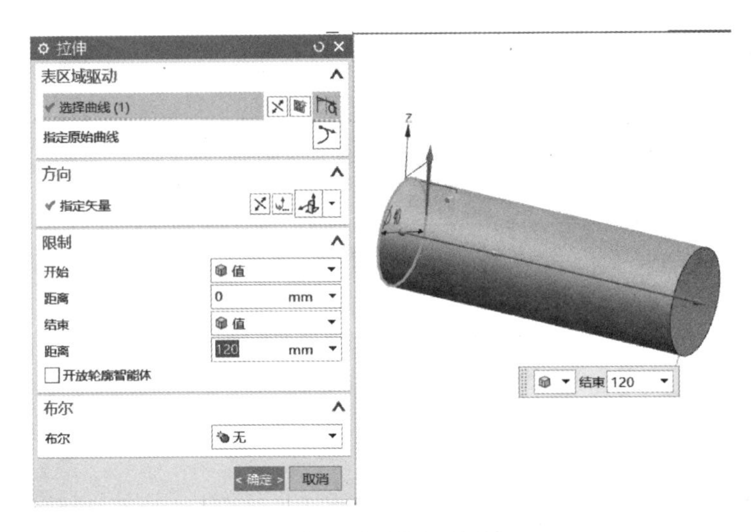

图 2-200 “拉伸”对话框

步骤 2　创建圆柱 2

1）在常用快捷命令中，单击“基准平面”命令图标，在弹出的图 2-201 所示“基准平面”对话框中设置“类型”为“自动判断”，“要定义平面的对象”为 YZ 平面，“偏置距离”为“20mm”，“平面的数量”为“1”，其余默认。单击“确定”按钮，以创建新的平面。

2）选择“草图”命令图标，如图 2-202 所示，选择新建的基准平面作为草图平面，原点指定为坐标原点，单击“确定”按钮，进入草图绘制界面。

3）依据图 2-196 所示叶片零件图绘制图 2-203 所示的 ϕ60mm 整圆，然后结束草图。

4）在快捷菜单中单击“拉伸”命令图标，弹出如图 2-204 所示对话框，“表区域驱动”为 ϕ60mm 整圆，“方向”为 X 轴正方向，“距离”为“10mm”，“布尔”为“合并”，其余默认。单击“确定”按钮，完成叶片的拉伸建模。

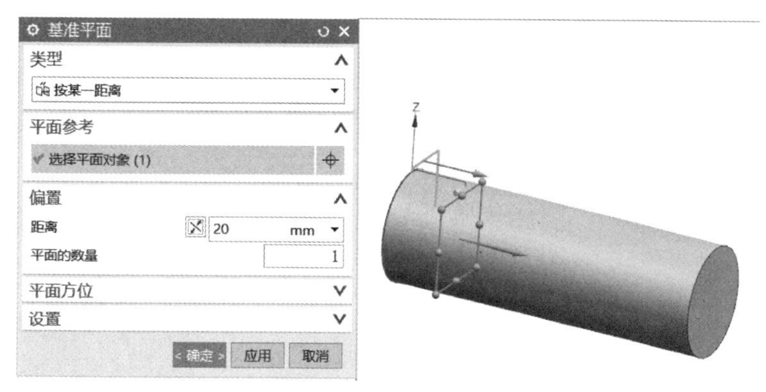

图 2-201 “基准平面”对话框

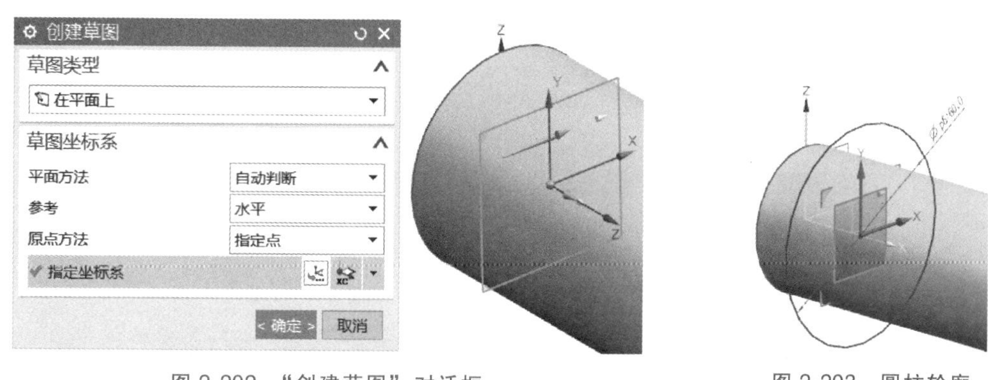

图 2-202 “创建草图”对话框　　　　图 2-203 圆柱轮廓

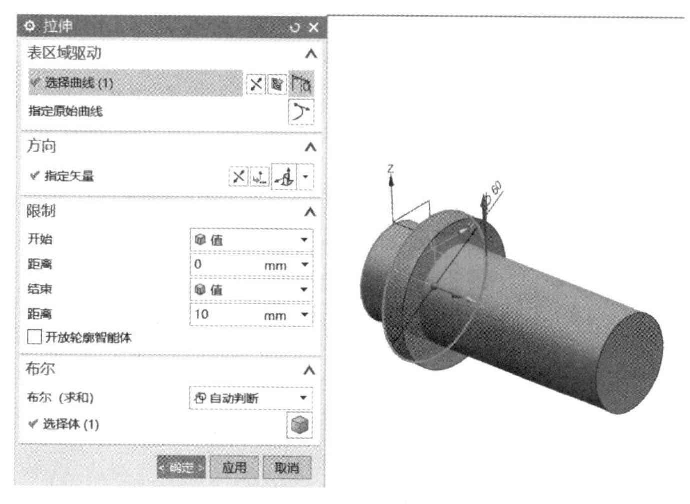

图 2-204 “拉伸”对话框

步骤 3　创建圆柱 3

1）单击“草图”图标，在弹出的图 2-205 所示“创建草图”对话框中，设置“草图类型”为“在平面上”，在绘图区单击 ϕ40mm 圆柱体右端面，设置“平面方法”为“自动判断”，“参考”为“水平”，“原点方法”为“使用工作部件原点”，单击“确定”按钮进入草图。

2）依据叶片零件图绘制图 2-206 所示的 ϕ30mm 整圆，然后结束草图。

3）在快捷菜单栏单击“拉伸”图标，选择建立的整圆草图作为表区域驱动，“方向”指定为 X 轴正方向，“距离”为“10mm”，单击“确定”按钮，如图 2-207 所示，完成建模第三步。

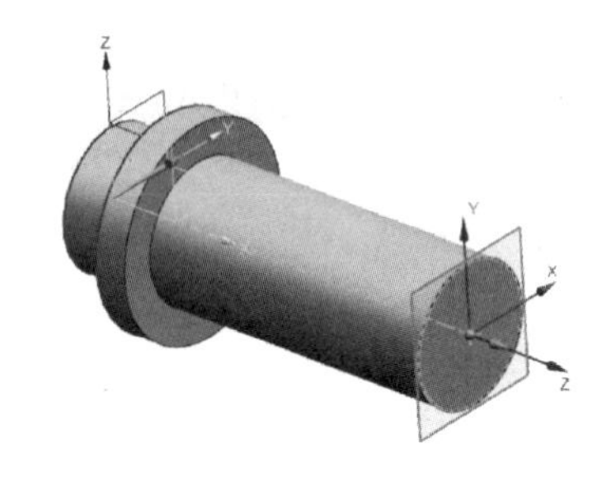

图 2-205 “创建草图”对话框

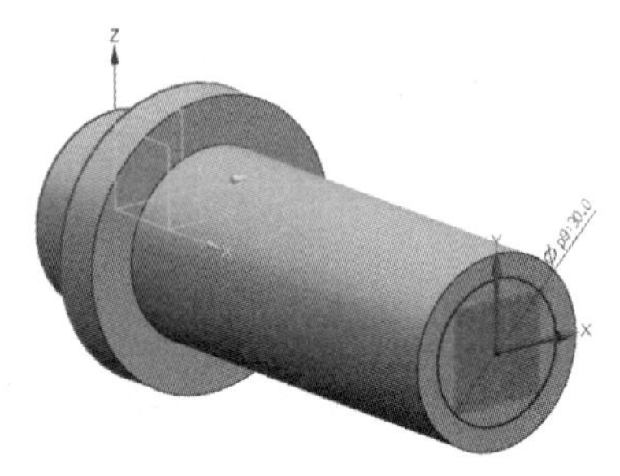

图 2-206 绘制整圆

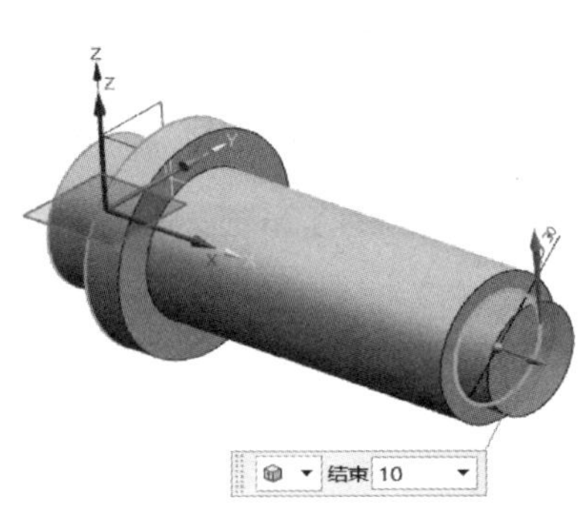

图 2-207 “拉伸”对话框

步骤 4 创建叶片

1）单击“草图”图标，在弹出的图 2-208 所示的“创建草图”对话框中，设置“草图类型”为“在平面上”，在绘图区单击 ϕ40mm 圆柱体右端面，然后再在草图坐标系中调整以下参数，设置“平面方法”为“自动判断”，“参考”为“水平”，“原点方法”为“使用工作部件原点”，单击“确定”按钮进入草图。

2）在草图中通过“直线”命令，完成叶片导线的绘制，结果为图 2-209 所示轮廓，单击鼠标右键选择“完成草图”命令。

3）在常用快捷命令中，单击“基准平面”图标，在弹出的图 2-210 所示“基准平面”对话框中设置“类型”为“自动判断”，“要定义平面的对象”为 YZ 平面，“偏置距离”为“50mm”，“数量”为“1”，其余默认。单击“确定”按钮，以创建新的平面。

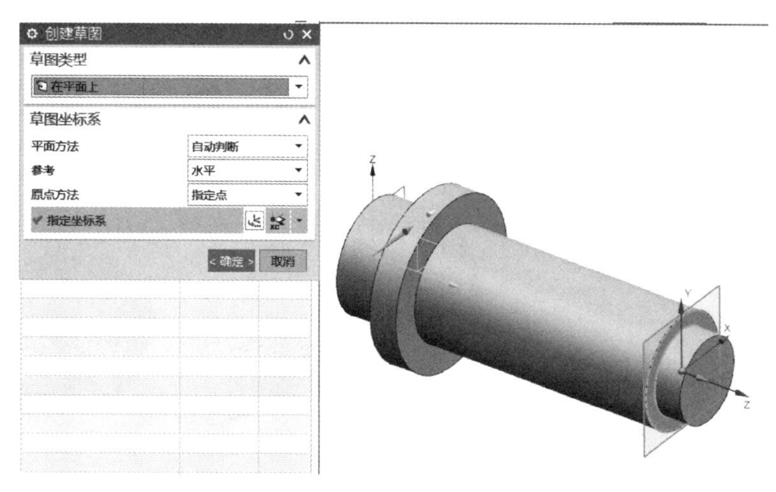

图 2-208　“创建草图”对话框

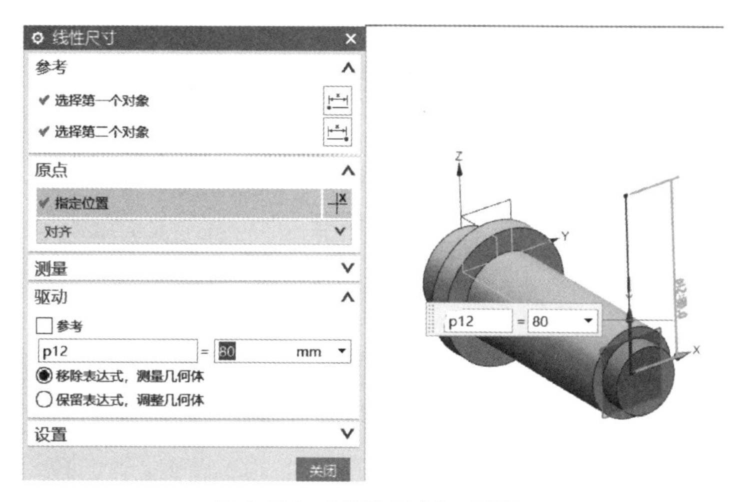

图 2-209　“线性尺寸”对话框

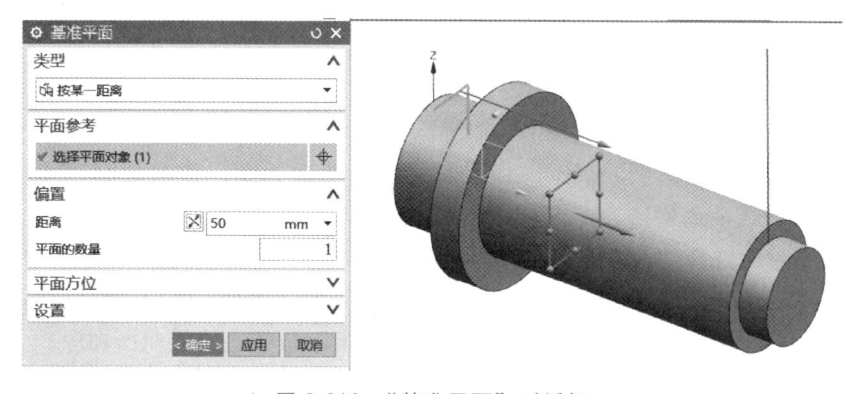

图 2-210　“基准平面”对话框

4）单击“草图”图标，弹出图 2-211 所示对话框，选择新建的基准平面作为草图平面，原点指定为坐标原点，单击“确定”按钮，进入草图绘制界面。

5）在草图中通过“直线”命令，完成叶片导线（长度为80mm、角度为30°）的绘制，如图2-212所示，单击鼠标右键选择“完成草图”命令。

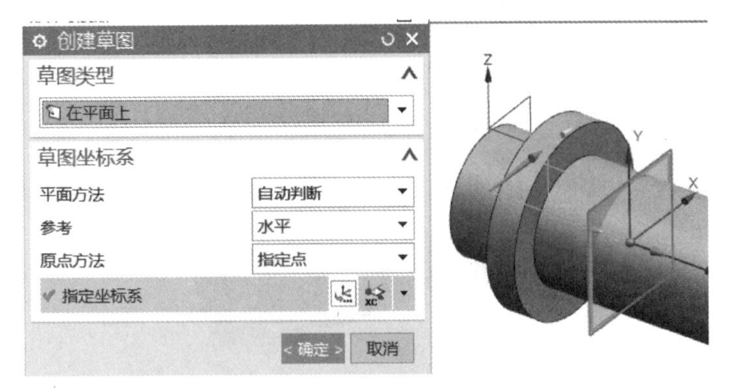

图2-211 “创建草图”对话框

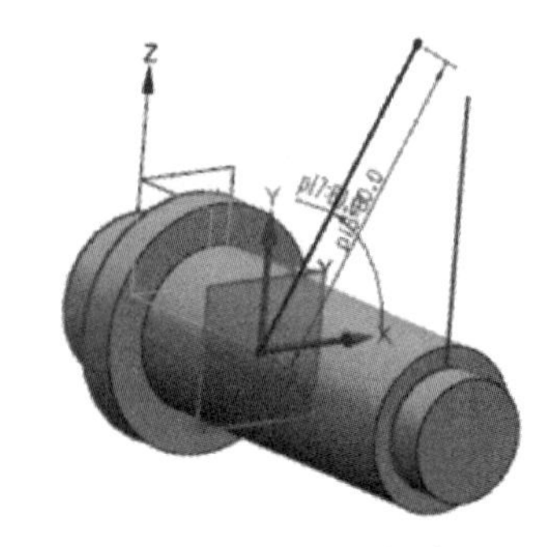

图2-212 导线轮廓

6）选择“视图”→“全部通透显示”命令，如图2-213所示。

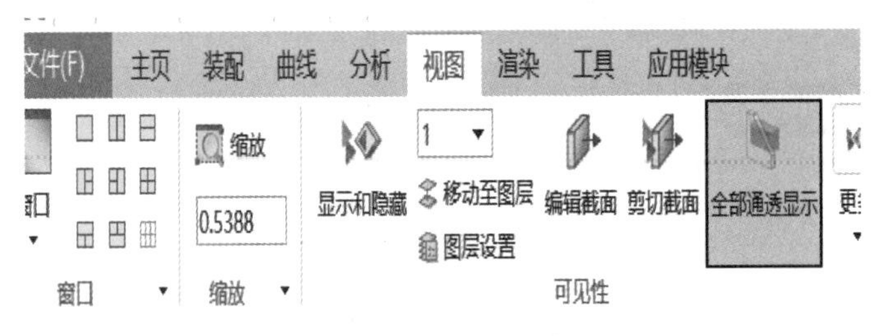

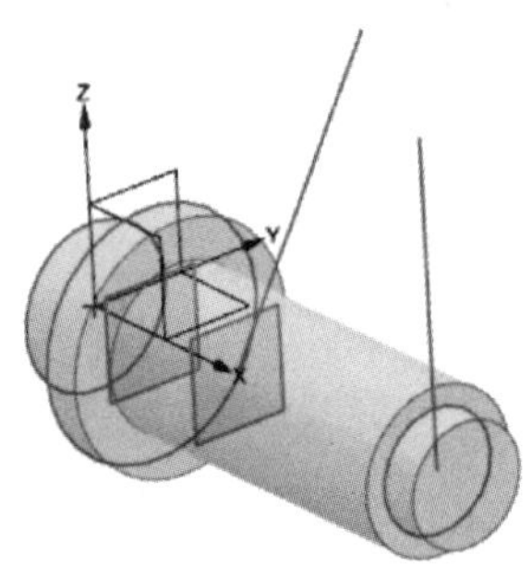

图2-213 通透显示

7）在主菜单中选择“菜单（M）”→“插入”→“曲面（R）”→“四点曲面（F）”命令，在弹出的图2-214所示“四点曲面”对话框中设置曲面拐角，依次选择四个指定点单击“确定”按钮，完成曲面构造。

8）在主菜单中选择“菜单（M）”→“插入”→“偏置/缩放（O）”→“加厚（T）”命令，在弹出的图2-215所示“加厚”对话框中设置“面”为“曲面”，“偏置1”为“-1mm”，“偏置2”为“1mm”，“布尔”为“无”，单击“确定”按钮，完成曲面加厚。

9）单击“替换面”命令图标，弹出图2-216所示对话框，“原始面”为叶片右端面，“替换面”为ϕ40mm圆柱端面，“距离”为“0mm”，单击“确定”按钮。

10）继续单击“替换面”命令图标，“原始面”选择叶片左端面，“替换面”为ϕ60mm圆柱端面，“距离”为“10mm”，单击“确定”按钮，如图2-217所示。

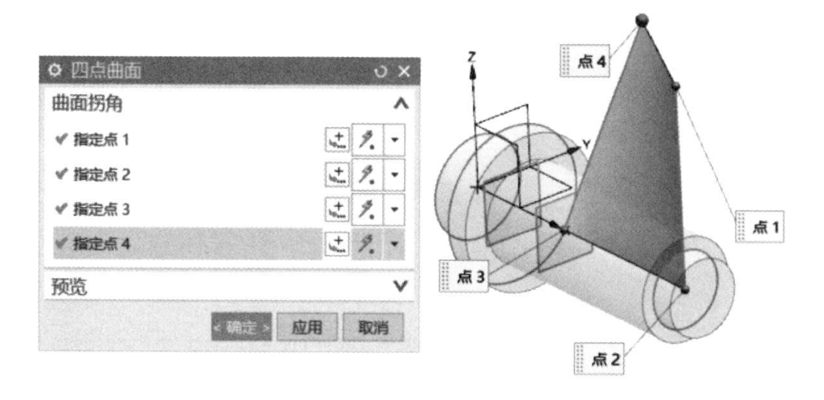

图 2-214　“构造曲面”对话框

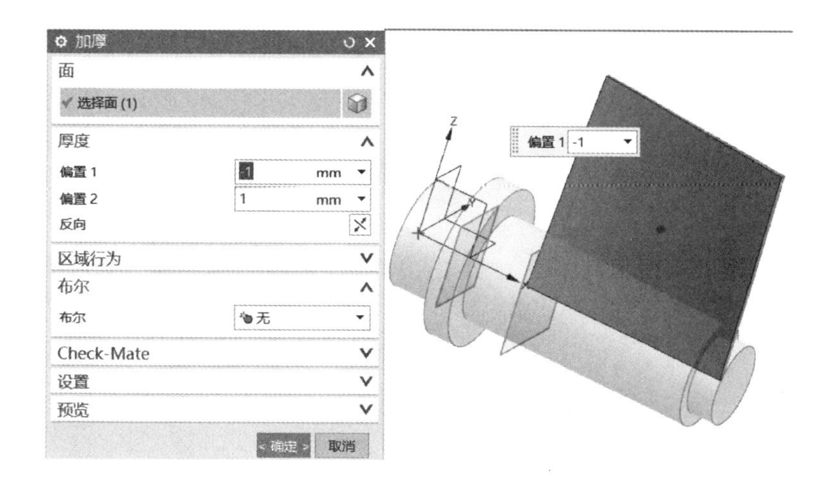

图 2-215　“加厚”对话框

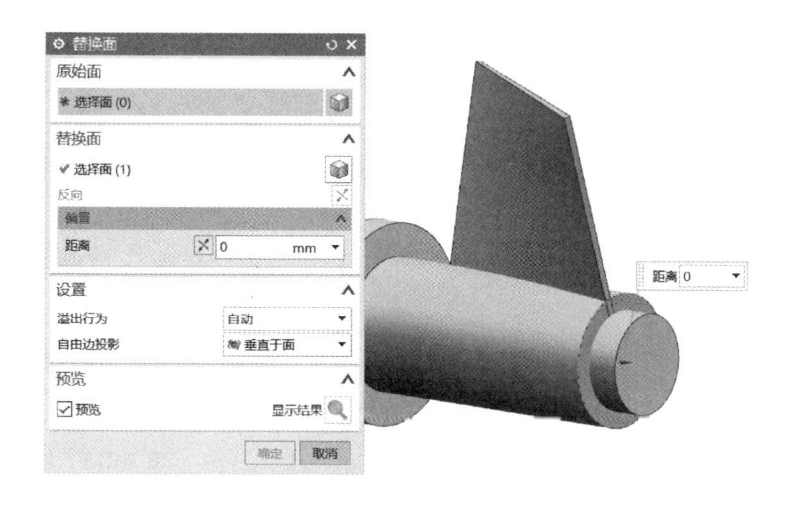

图 2-216　“替换面”对话框 1

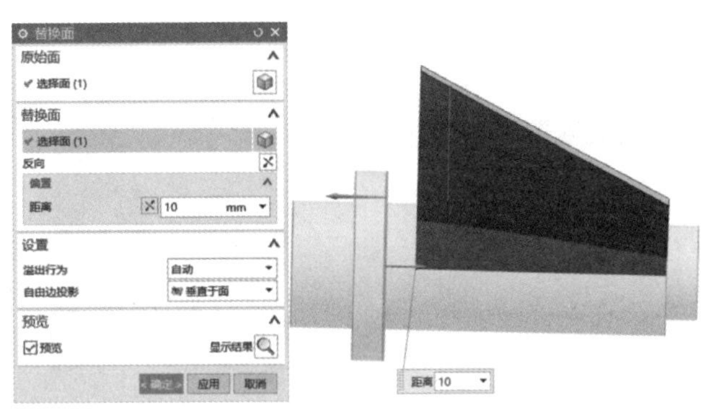

图 2-217 “替换面”对话框 2

11）单击“移动面”命令图标，“面”选择叶片左端面，“距离”指定为 X 轴正方向 10mm，单击“确定”按钮，如图 2-218 所示。

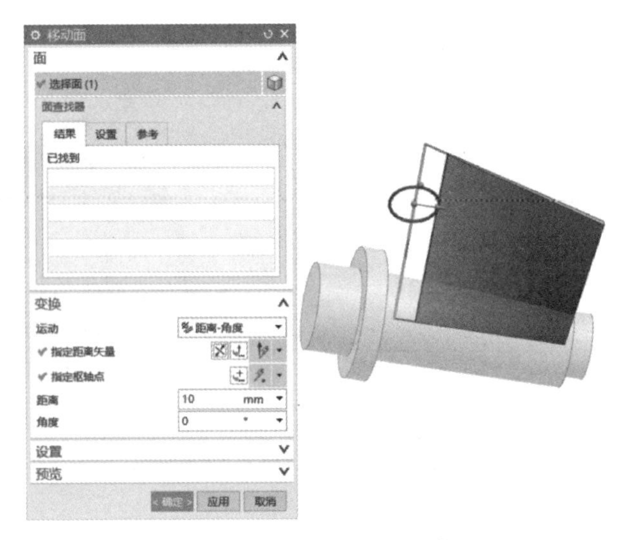

图 2-218 “移动面”对话框

12）在零件右端面建立草图，通过“圆弧”命令，完成草图的绘制，内圆直径为 60mm，外圆直径大于 80mm，如图 2-219 所示，单击鼠标右键选择“完成草图”命令。继续使用“拉伸”命令，选中草图来驱动，“方向”为 X 轴负方向，“距离”为“100mm”，“布尔”为“减去”，选择体为加厚叶片，单击“确定”按钮，如图 2-220 所示。

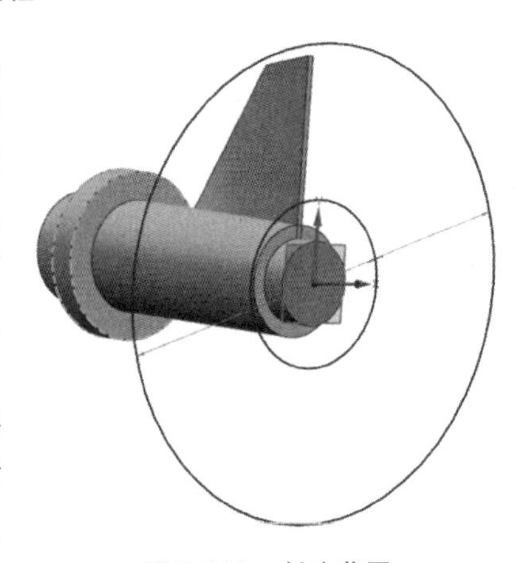

图 2-219 创建草图

13）在主菜单中选择“菜单（M）”→“编辑”→“移动对象”命令，在弹出的图 2-221 所示“移动对象”对话框中设置“对象”为叶片，“变换运动”为“角度”，“指定矢量”为 X 轴，“指定轴点”为原点，“角度”为“60°”，选中“复制原先的”单选按钮，设置“非关联副本数”为“5”，单击“确定”按钮完成叶片的复制。

图 2-220　拉伸减材

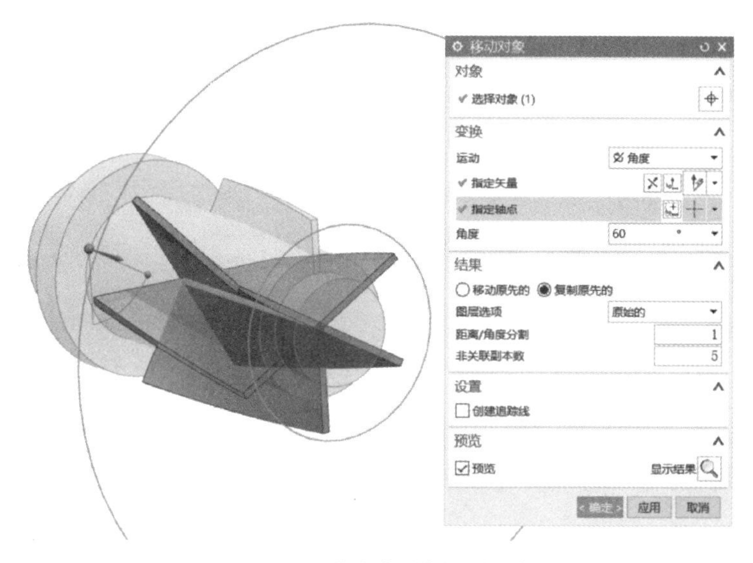

图 2-221　“移动对象”对话框

14）在图 2-222 快捷菜单中单击“合并”图标，在弹出的图 2-223 所示“合并”对话框中设置“目标”为圆柱本体，“工具”为叶片新特征，其余默认，单击“确定”按钮，完成合并。

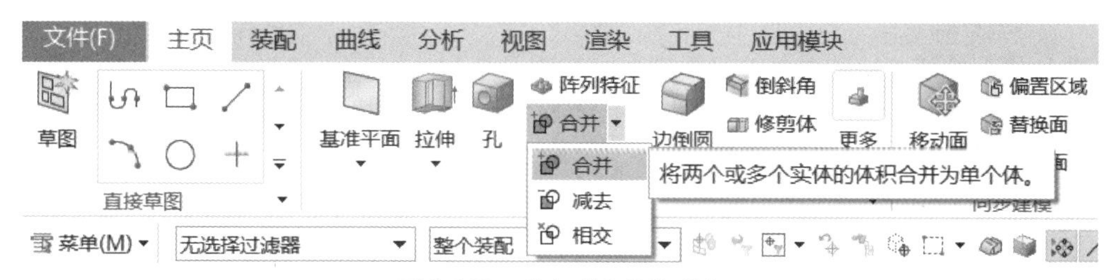

图 2-222　单击“合并”按钮

图 2-223 “合并”对话框

步骤 5 边倒圆

1）单击“边倒圆”图标，如图 2-224 所示，在弹出的图 2-225 所示“边倒圆”对话框中设置“目标”为叶片根部，“形状”为“圆形”，“半径 1”为“3mm”，其余默认，单击“确定”按钮。

2）单击“测量体”图标，在弹出的图 2-226 所示“测量体”对话框中，设置“对象”为最终模型，测量得到体积为 183369. 5116mm^3。

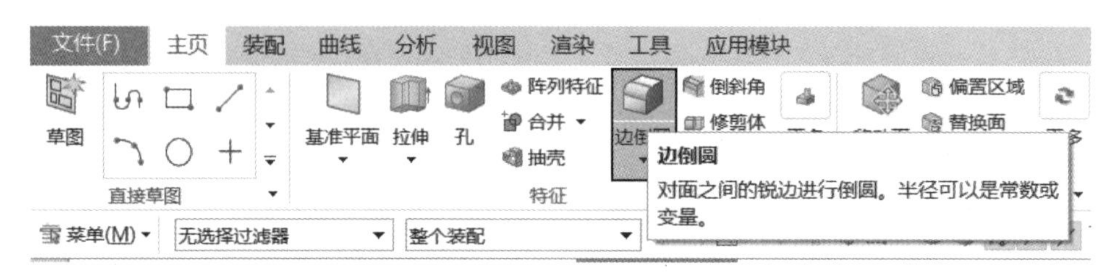

图 2-224 单击“边倒圆”图标

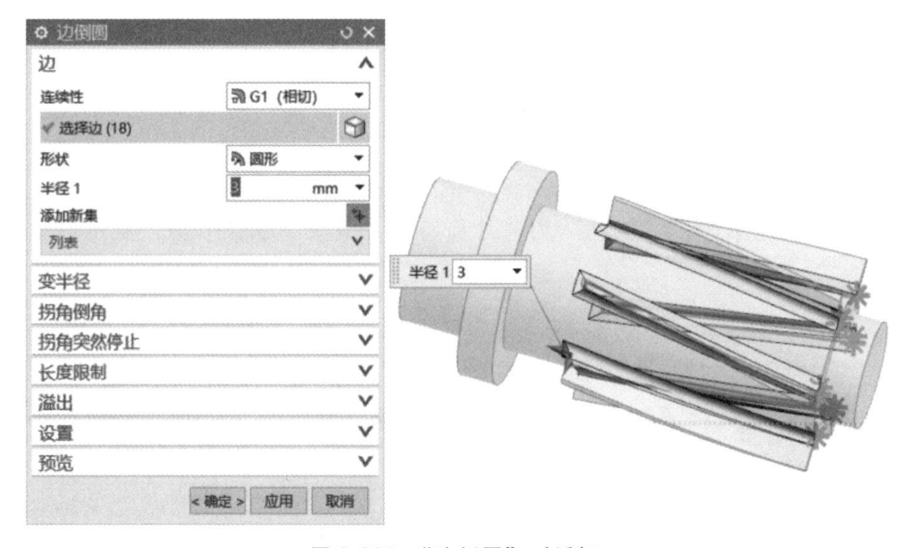

图 2-225 “边倒圆”对话框

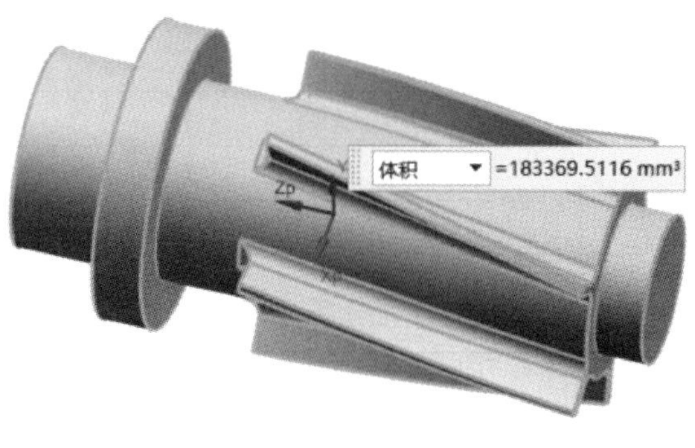

图 2-226　模型体积

流程 2　工艺分析

步骤 1　零件结构分析

分析零件图样，请在下方列出四轴叶片零件的特征轮廓。

步骤 2　精度分析

分析零件图样，并在表 2-10 中写出该零件的主要加工尺寸、几何公差要求及表面质量要求。

表 2-10　四轴叶片数据

序号	项目	内容	备注
1			
2			
3			
4	主要加工尺寸		
5			
6			
7			
8			
9	几何公差要求		
10	表面质量要求		

步骤 3　加工刀具分析

根据零件图样选择合适的数控刀具并填入表 2-11。

表 2-11　刀具表

刀具序号	刀具名称	刀具规格	刀具类型
1			
2			
3			
4			
5			

步骤 4　零件装夹方式分析

分析零件图样并思考：为保证基座加工位置精度，应采用什么装夹方法？

流程 3　程序编制

叶片加工程序编制的整体思路如图 2-227 所示。

图 2-227　叶片加工程序编制的整体思路

步骤 1　添加辅助线、面、体

1）选择主菜单中的“曲线”→“派生曲线”→“在面上偏置曲线”命令，弹出图 2-228 所示对话框，将光标移至相应圆弧处，捕捉圆心位置作为圆心点，设置偏置距离为 17mm，单击“确定”按钮，绘制第一条辅助曲线。重

图 2-228　绘制辅助线

复操作，设置偏置距离为0mm，单击“确定”按钮，绘制第二条辅助曲线。

2）选择主菜单中的“曲面”→“曲面操作”→“抽取几何特征”命令，选择叶片底面作为面选项，如图2-229所示，单击“确定”按钮。

3）选择主菜单中的“曲面”→“曲面操作”→“修剪片体”命令，选择抽取面作为目标片体，选择辅助线作为边界，放弃上部区域曲面，如图2-230所示，单击“确定”按钮。

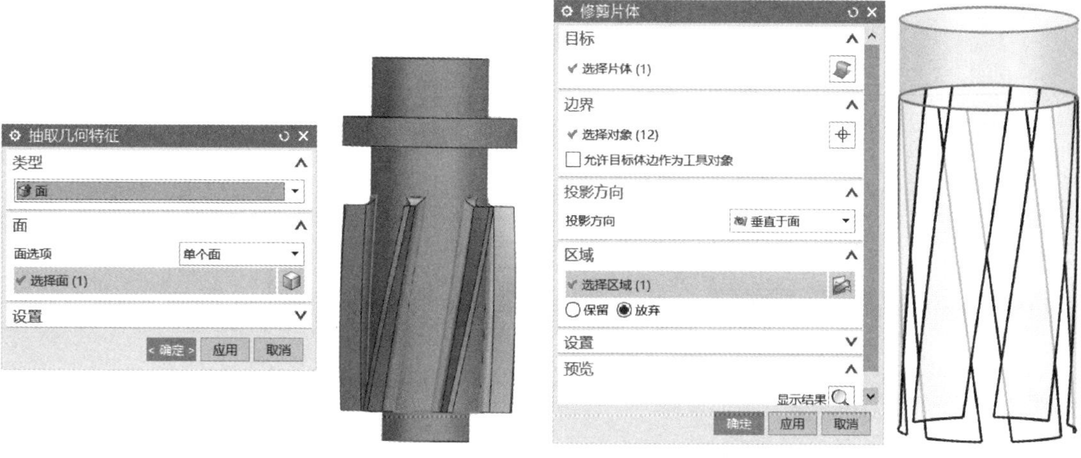

图2-229　抽取几何特征　　　　图2-230　修剪曲面

4）选择主菜单中的“主页”→“同步建模”→“删除面”命令，选择叶片两处圆角，如图2-231所示，单击“确定”按钮。继续通过“抽取几何特征”命令，把叶片侧片抽取出来。

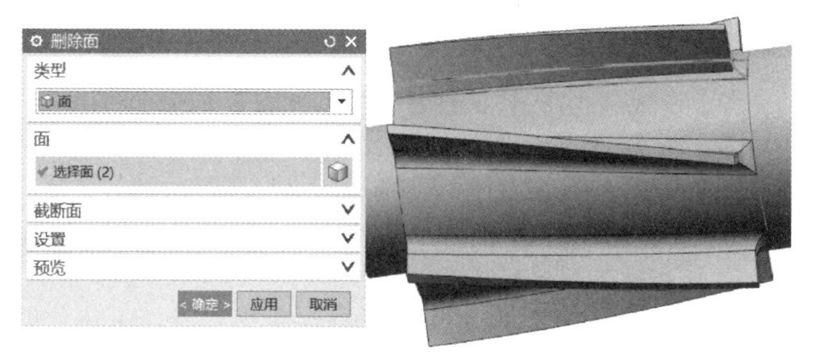

图2-231　删除圆角

5）在主菜单中选择“菜单（M）”→“编辑”→“移动对象”命令，在弹出的图2-232所示对话框中选择抽取的叶片曲面作为对象，设置“变换运动”为“角度”，“指定矢量”为X轴，“指定轴点”为原点，“角度”为“30°”，选中“复制原先的”单选按钮，设置“非关联副本数”为“1”，单击“确定”按钮完成叶片曲面的复制。

6）创建毛坯实体，选择“草图”命令，创建图2-233所示草图，尺寸以包裹住部件为准；在特征快捷菜单中，选择“旋转”命令，拾取草图并旋转360°，“布尔”为“无”，“体类型”为“实体”，其余默认，单击“确定”按钮完成毛坯体的准备。

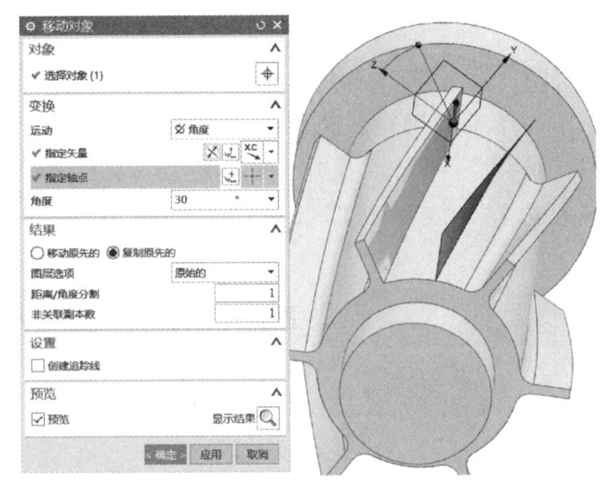

图 2-232　旋转叶片辅助面

图 2-233　毛坯草图与实体

步骤 2　加工环境准备

1）选择“应用模块”→“加工”快捷键图标，或者使用快捷键<Ctrl+Alt+M>进入加工环境。

2）参考前面的任务，设置“程序组”，接着在弹出对话框中进行命名。

3）在机床视图中创建刀具，在主菜单中单击“创建刀具”按钮，创建一号刀具 ϕ10mm 立铣刀与二号刀具 ϕ6mm 球头铣刀。

4）进入几何体视图，双击“MCS_MILL”加工坐标系，弹出“MCS 铣削”对话框，参数设置如图 2-234 所示。

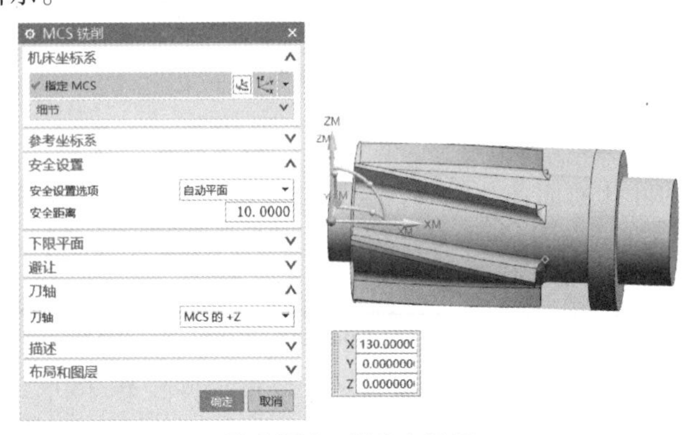

图 2-234　创建坐标系

5）继续双击“WORKPIECE”图标，在“工件”对话框中将建模模型设定为部件，“指定毛坯”为“毛坯”，如图 2-235 所示，单击“确定”按钮，将第一个工件重命名为“WORKPIECE 带部件”，在坐标系上单击鼠标右键，选择“插入”→“几何体”命令，在弹出的对话框中选择“WORKPIECE”，只设置毛坯，不设置部件，并重命名为“WORKPIECE 不带部件”，最终完成图 2-236 所示几何体设置。

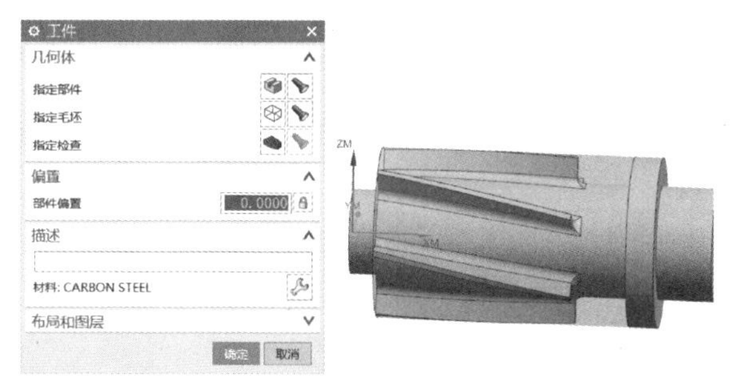

图 2-235　工件设定

图 2-236　创建几何体

6）在工序导航器空白处单击鼠标右键，在弹出的快捷菜单中选择“加工方法视图”命令，在“加工方法”列表中双击“MILL_ROUGH”，在弹出的“铣削粗加工”对话框中将“部件余量”设置为“0.3mm”，双击“MILL_SEMI_FINISH”，在弹出的“铣削半精加工”对话框中将“部件余量”设置为“0.05mm”，将内、外公差设置为“0.02mm”；双击“MILL_FINISH”，在弹出的“铣削精加工”对话框中将“部件余量”设置为“0mm”，将内、外公差设置为“0.01mm”。

步骤 3　创建粗加工程序

1）在主菜单中单击“创建工序”图标，在弹出的“创建工序”对话框中设置“类型”为“mill_multi-axis”，“工序子类型”为“可变轮廓铣”，“程序”为“01 粗加工”，“刀具”为 ϕ10mm 立铣刀，“几何体”为“WORKPIECE_不带部件”，“方法”为“粗加工”，最后自定义程序名称为“01 叶片粗加工-1”，如图 2-237 所示，单击“确定”按钮。

2）进入图 2-238 所示对话框，设置“驱动方法”为“曲面区域”，其他参数设置如

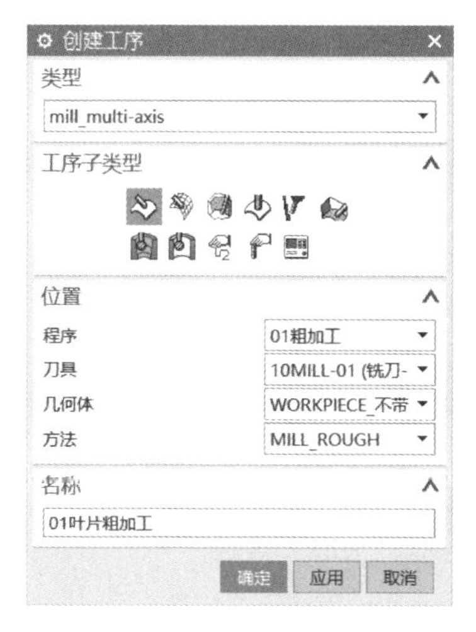

图 2-237　创建可变轮廓铣工序

图 2-238　可变轮廓铣参数

图 2-239 所示，选择 30°旋转辅助面作为驱动几何体，再次设置“切削区域”为“曲面%”，会弹出“曲面百分比方法”对话框，设置起点至终点参数为 0~105，设置起止步长参数为 0~95，“刀具位置”为“对中”，“切削模式”为“单向”，“数量”为“10”，其余默认。

3）如图 2-238 所示，设置“投影矢量”为“朝向驱动体”，“刀轴”为“远离直线”，直线为 X 轴，切削参数默认。

4）在“非切削移动”对话框中，设置“转移/快速”选项卡中的参数，如图 2-240 所示，设置“安全设置选项”为“圆柱”，指定圆柱中心点为“X80、Y0、Z0”，“半径”为“50mm”，单击“确定”按钮结束。

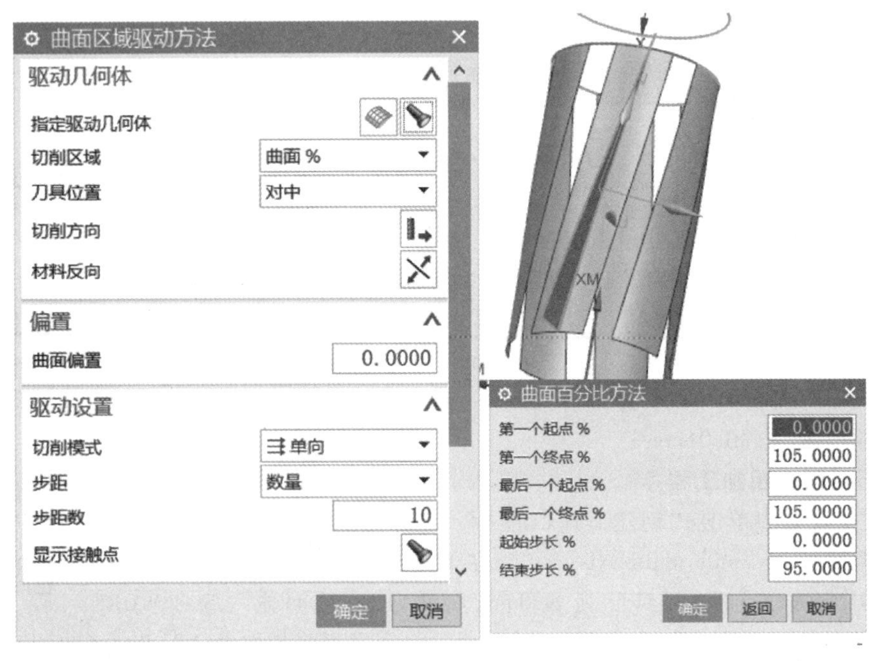

图 2-239　曲面区域驱动方法

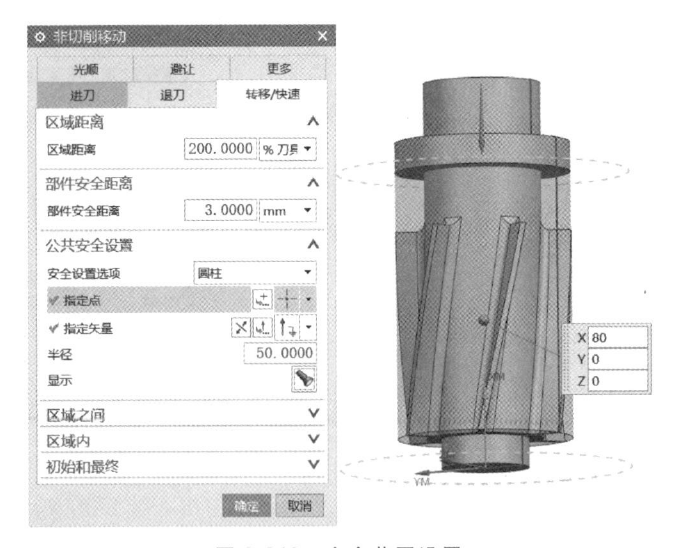

图 2-240　安全范围设置

5）继续单击“进给率和速度”图标，设置“主轴速度和进给率”，单击“确定”按钮结束，在主菜单中单击“生成程序”按钮，得到图 2-241 所示粗加工刀路。

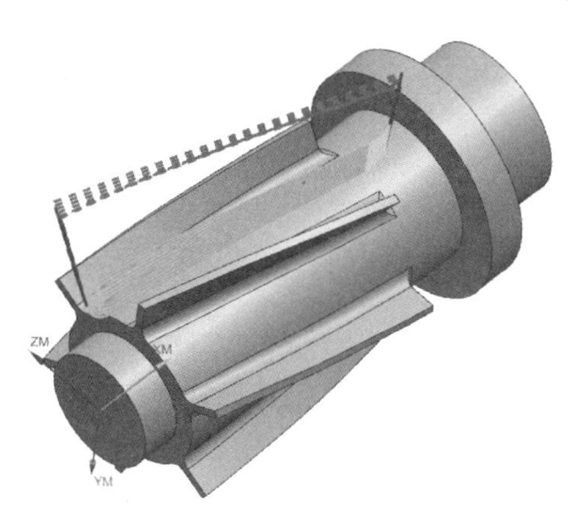

图 2-241　粗加工刀路 1

6）在主菜单中单击“创建工序”图标，在弹出的“创建工序”对话框中设置“类型”为“mill_multi-axis”，“工序子类型”为“可变轮廓铣”“程序”为“01 粗加工”，“刀具”为 ϕ10mm 立铣刀，“几何体”为“WORKPIECE _ 不带部件”，“方法”为“粗加工”，最后自定义程序名称为“01 叶片粗加工-2”，如图 2-242 所示，单击“确定”按钮。

7）进入图 2-243 所示对话框，设置“驱动方法”为“曲面区域”，单击“设置”按钮进行设置，如图 2-244 所示，选择叶片一侧面作为驱动几何体，再次选择“切削区域”中的“曲面%”，会弹出“曲面百分比方法”对话框，设置起点至终点参数为-5~103，设置起止步长参数为 0~100，“刀具位置”为“相切”，“切削模式”为“单向”，“数量”为“10”，其余默认。

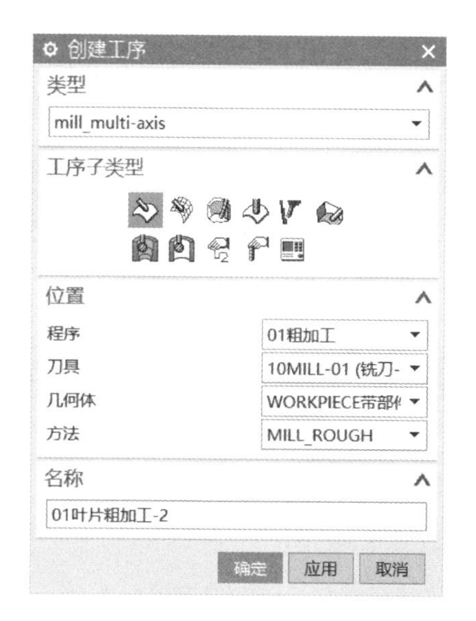

图 2-242　创建可变轮廓铣工序

图 2-243　可变轮廓铣参数

8）如图 2-243 所示，设置“投影矢量”为“朝向驱动体”，“刀轴”为“远离直线”，切削参数默认。

9）在“非切削移动”对话框中，设置“转移/快速”选项卡中的参数，方法参考上一刀路的生成。

10）继续单击“进给率和速度”按钮，设置切削参数，方法参考上一刀路，得到图 2-245 所示刀路。

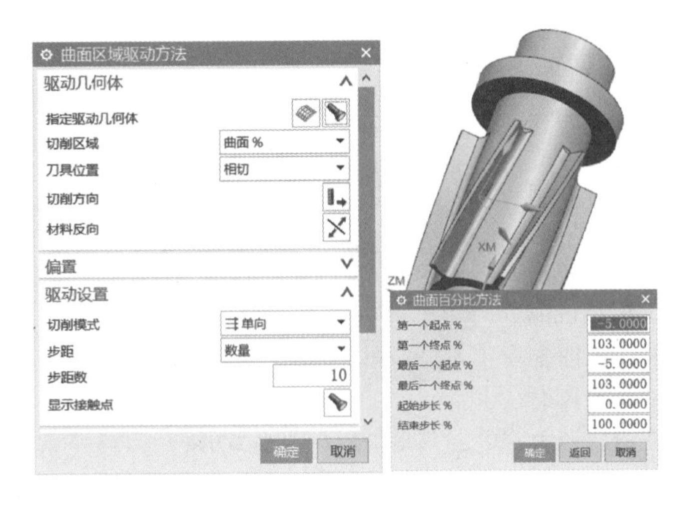

图 2-244　曲面区域驱动方法

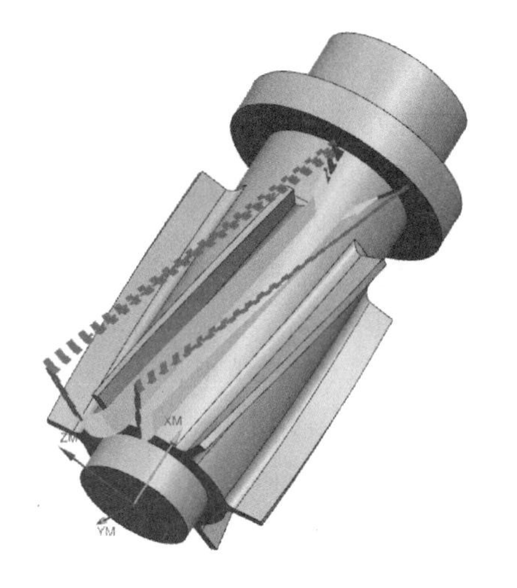

图 2-245　粗加工刀路 2

11）重复“01 叶片粗加工-1-3”操作，参数设置如图 2-246 所示，选择叶片另一侧面作为驱动面，创建“01 叶片粗加工-3”刀路，设置切削参数，完成刀路，叶片粗加工刀路 1~3 如图 2-247 所示。

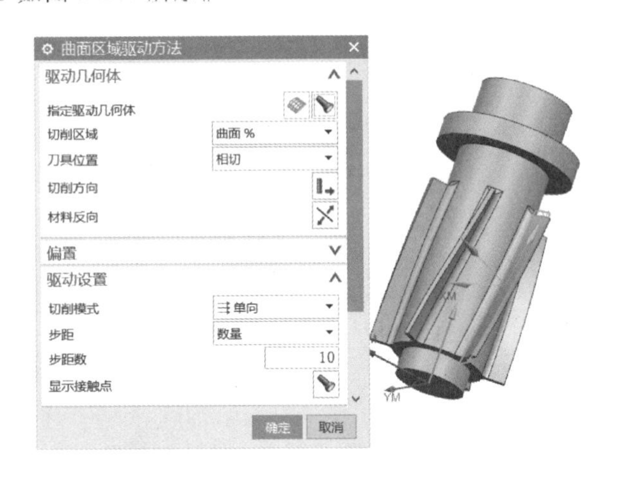

图 2-246　曲面区域驱动方法修改

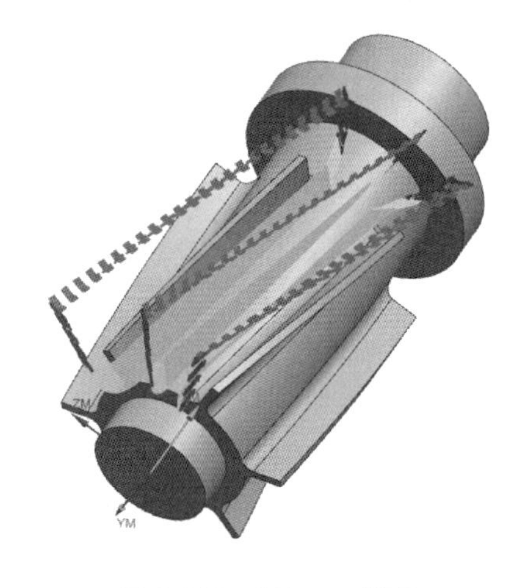

图 2-247　粗加工刀路 3

12）按住<Ctrl>键的同时选择“01 叶片粗加工-1”～“01 叶片粗加工-3”，单击鼠标右键选择“对象”→“变换”命令，弹出“变换”对话框，设置“类型”为“绕直线旋转”，设置变换参数点和直线为“原点与 X 轴”，“角度”为“60°”，“非关联副本数”为“5”，如图 2-248 所示，最终得到图 2-249 所示复制程序。

13）在主菜单中单击“创建工序”图标，在弹出的“创建工序”对话框中设置“类型”为“mill_multi_axis”，“工序子类型”为“可变轮廓铣”，“程序”为“02 半精加工”，“刀具”为 ϕ10mm 立铣刀，“几何体”为“WORKPIECE 带部件”，“方法”为“粗加工”，最后自定义程序名称为“01 四轴回转面-1”，如图 2-250 所示，单击“确定”按钮。

14）在弹出的图 2-251 所示对话框中，设置“指定切削区域”为四轴叶片底面，设置

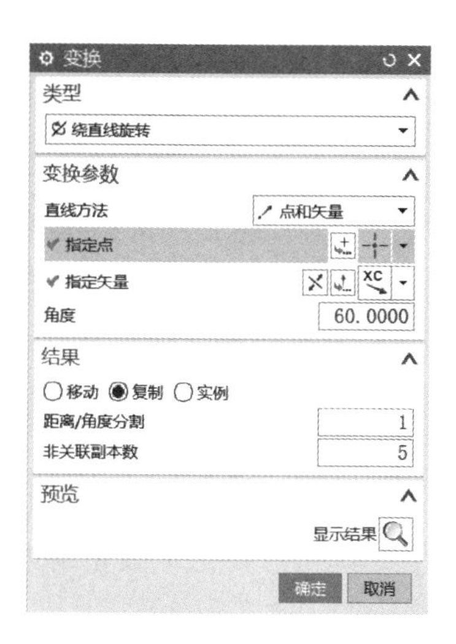

图 2-248　“变换”对话框

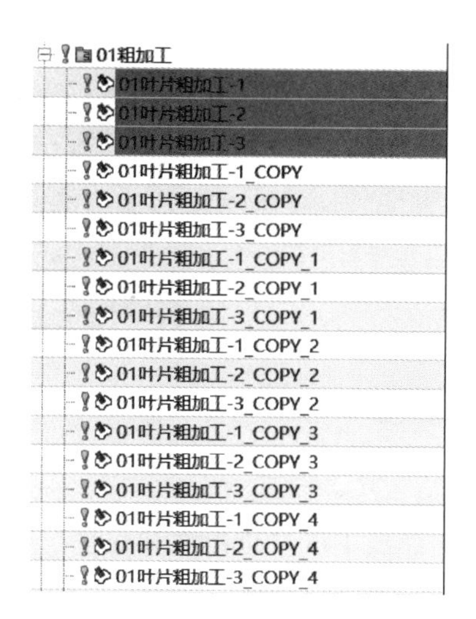

图 2-249　复制刀路

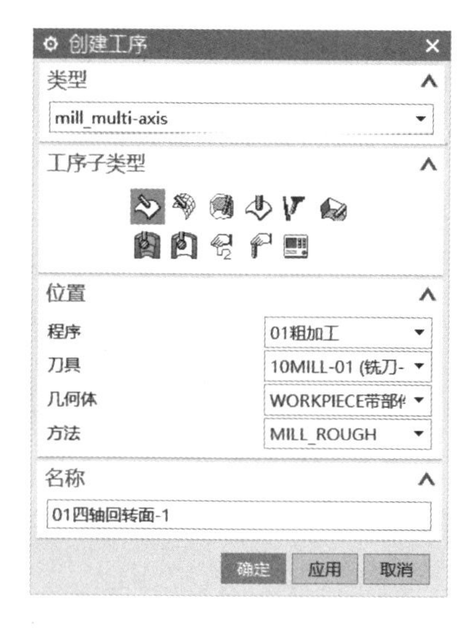

图 2-250　创建可变轮廓铣工序

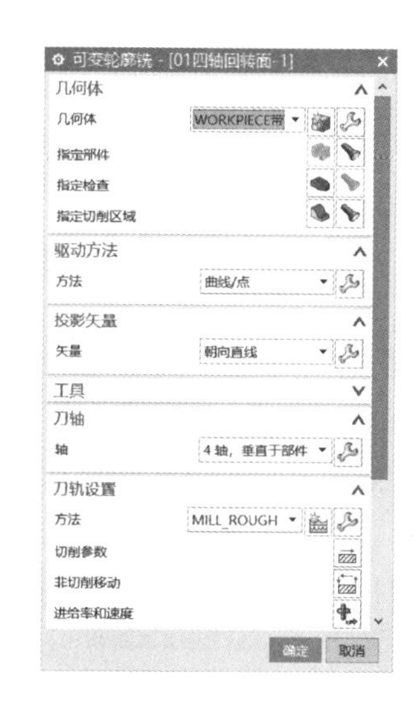

图 2-251　可变轮廓铣参数

“驱动方法”为“曲线/点”，在弹出的图 2-252 所示“曲线/点驱动方法”对话框中设置“指定驱动几何体”为图 2-252 所示辅助线，单击“切削方向”，相对于侧面设为顺铣方向，将“左偏置”设置为“5.2mm”，“切削步长”改为“公差 0.01mm”，“刀具接触偏移”为“0mm”，单击“确定”按钮结束。

15）在图 2-251 所示对话框中，设置“投影矢量”为“朝向直线”，指定矢量为 X 轴正方向，指定点为原点，继续在图 2-251 所示对话框中更改刀轴选项，如图 2-253 所示，将“刀轴”更改为“4 轴，垂直于部件”，指定矢量为 X 轴正方向，单击“确定”按钮。

16）在图 2-251 所示对话框进行刀轨设置，单击“切削参数”按钮，弹出图 2-254 所示对话框，设置“多刀路”选项卡中的“部件余量偏置”为“10mm”，勾选“多重深度切削”复选框，“刀路数”设置为“5”，单击“确定”按钮结束。

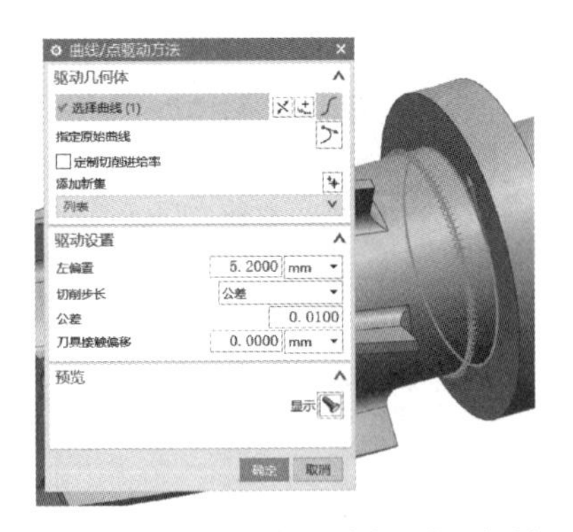

图 2-252 “曲线/点驱动方法”对话框

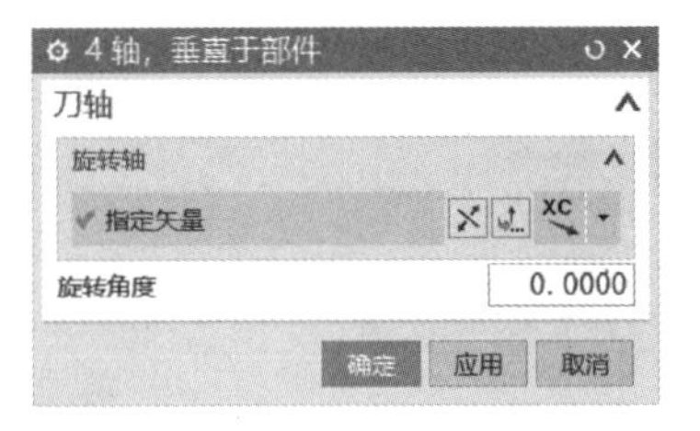

图 2-253 “4 轴，垂直于部件”对话框

17）继续单击“进给率和速度”图标，进行参数设置，单击“确定”按钮结束，在主菜单中单击“生成程序”按钮，得到图 2-255 所示粗加工刀路。

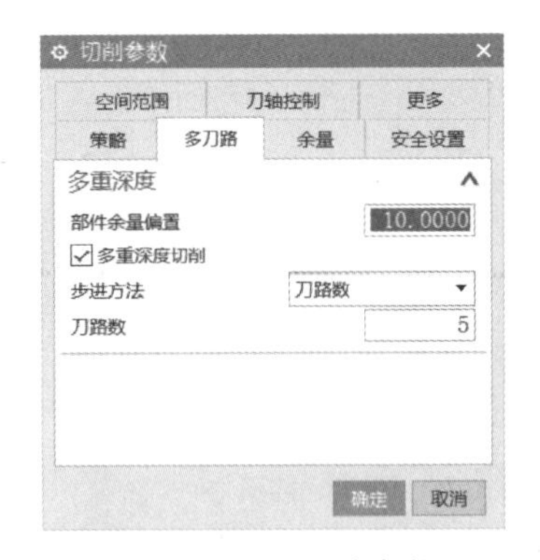

图 2-254 多刀路参数

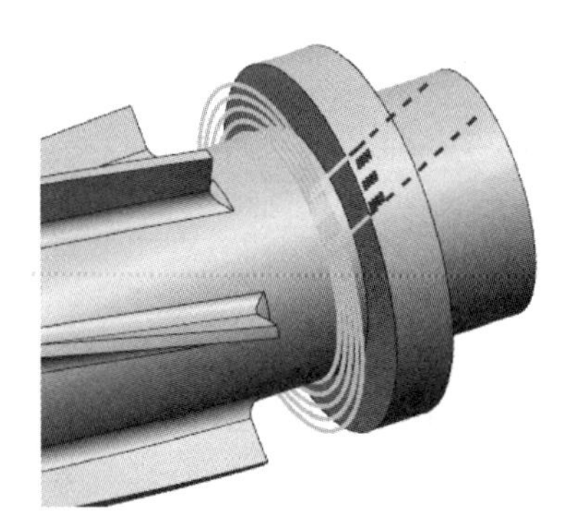

图 2-255 四轴回转面加工

18）重复上述步骤或者单击鼠标右键选择“复制”命令，在“曲线/点驱动方法”对话框中选择图 2-256 所示辅助线，其余与上一程序一致，单击“确定”按钮结束，在主菜单中单击“生成程序”按钮，得到图 2-257 所示回转面粗加工刀路。

图 2-256 曲线/点驱动方法

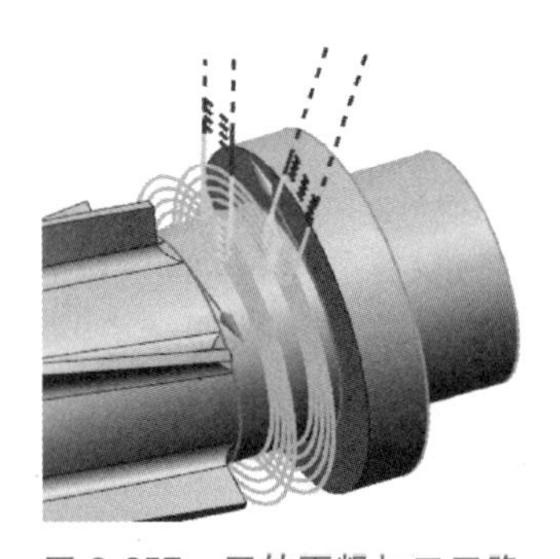

图 2-257 回转面粗加工刀路

19）重复上述步骤，如图 2-258 所示，在“曲线/点驱动方法”对话框中设置“左偏置”为“0.3mm”，在主对话框中将刀具改为 ϕ6mm 球头铣刀，其余与上一程序一致，单击

“确定”按钮结束，在主菜单中单击“生成程序”按钮，得到第三个回转面粗加工刀路，最终全部粗加工程序如图 2-259 所示。

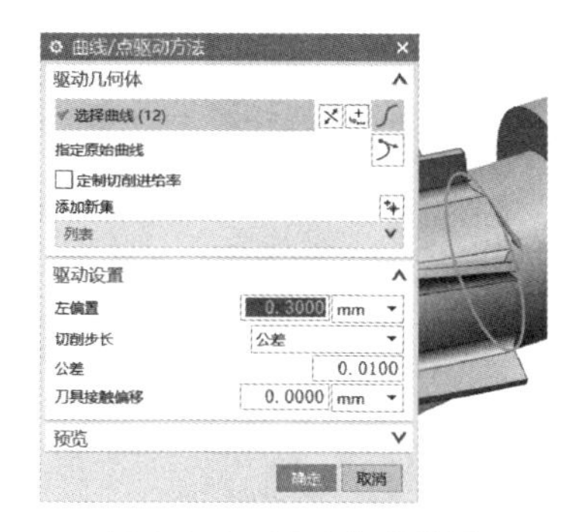

图 2-258　驱动参数设置

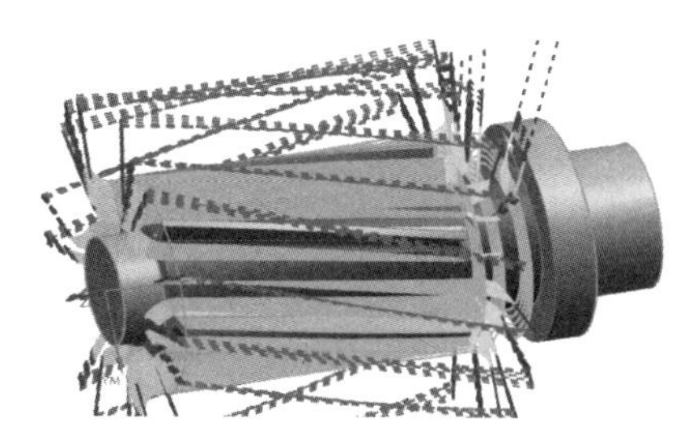

图 2-259　四轴叶片粗加工刀路 1

步骤 4　创建半精加工程序

1）复制粗加工程序“01 四轴回转面-1”~“01 四轴回转面-3”到半精加工程序组，在“曲线/点驱动方法”对话框中，设置“左偏置”为“0.1mm”，如图 2-260 所示。设置“切削参数”对话框中的“多刀路”选项卡的参数，取消勾选“多重深度切削”复选框，如图 2-261 所示。

图 2-260　驱动参数修改

图 2-261　多刀路参数

2）在三个程序的主对话框中，统一把刀轨设置中的“方法”调整至“半精加工”，单击“确定”按钮结束后，分别将程序重命名为“02 四轴回转面-1_COPY”~“02 四轴回转面-3_COPY”，得到图 2-262 所示半精加工刀路。

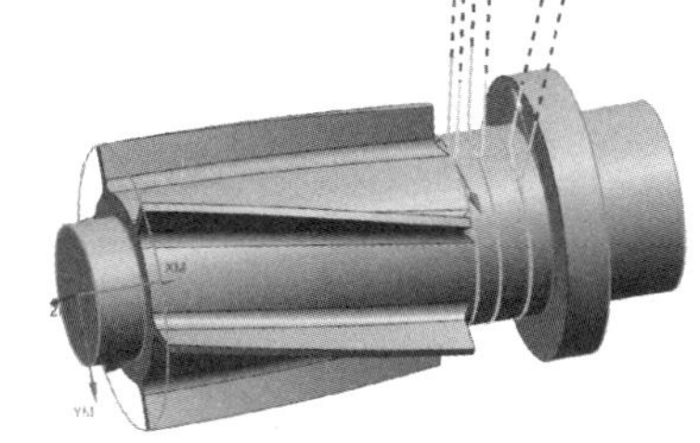

图 2-262　四轴叶片粗加工刀路 2

3）复制粗加工程序“01 叶片粗加工-2”~“01 叶片粗加工-3”至半精加工程序组，双击工序调整参数，在“曲面区域驱动方法”对话框中，调整“切削区域”为“曲面%”，如图 2-263 所示，设置起止点为 1~103，设置起止步长为 1~99.9，设置“切削模式”为“往复”，“步距”为“残余高度”，“最大残余高度”为“0.01mm”，单击“确定”按钮结束。

4）在复制工序的主对话框中，调整刀具为 ϕ6mm 球立铣刀，重新设置切削转速与进

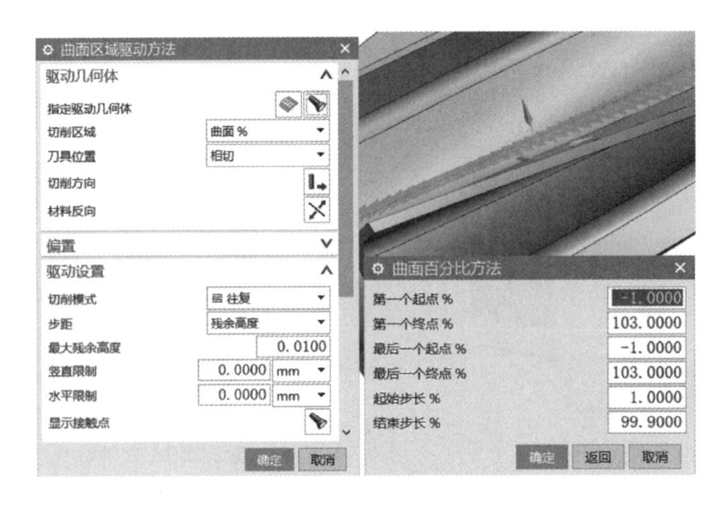

图 2-263　曲面驱动参数

给，设置加工方法为“半精加工”，单击“确定”按钮完成修改，将程序重命名为“02 叶片半精加工-1”与“02 叶片半精加工-2”，最终得到图 2-264 所示刀路。

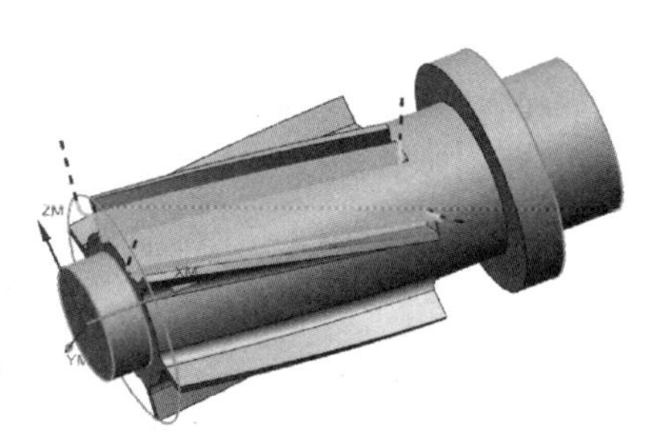

图 2-264　四轴叶片粗加工刀路 3

5）在主菜单中单击“创建工序”图标，在弹出的“创建工序”对话框中设置“类型”为“mill_multi_axis”，“工序子类型”为“可变轮廓铣”，“程序”为“02 半精加工”，“刀具”为 ϕ6mm 球头铣刀，“几何体”为“WORKPIECE 带部件”，“方法”为“半精加工”，最后自定义程序名称为“02 四轴底面半精加工-1”，如图 2-265 所示，单击“确定”按钮。

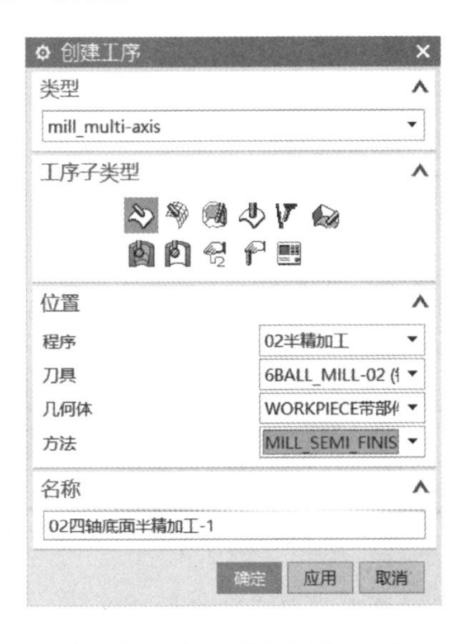

图 2-265　创建可变轮廓铣工序

图 2-266　可变轮廓铣参数

6）在弹出的图 2-266 所示对话框中，“指定切削区域”为辅助曲面，设置“驱动方法”为“曲面区域”，在弹出的图 2-267 所示“曲面区域驱动方法”对话框中设置“指定驱动几何体”为图 2-267 所示辅助曲面，再次设置“切削区域”为“曲面%”，会弹出“曲面百分比方法”对话框，设置起点至终点参数为-3～103，设置起止步长参数为 0～100，“刀具位置”为“相切”，沿着叶片侧面方向，将“左偏置”设置为“0mm”，“切削模式”为“往复”，“步距”为“数量”，“步距数”为“10”，单击“确定”按钮结束。

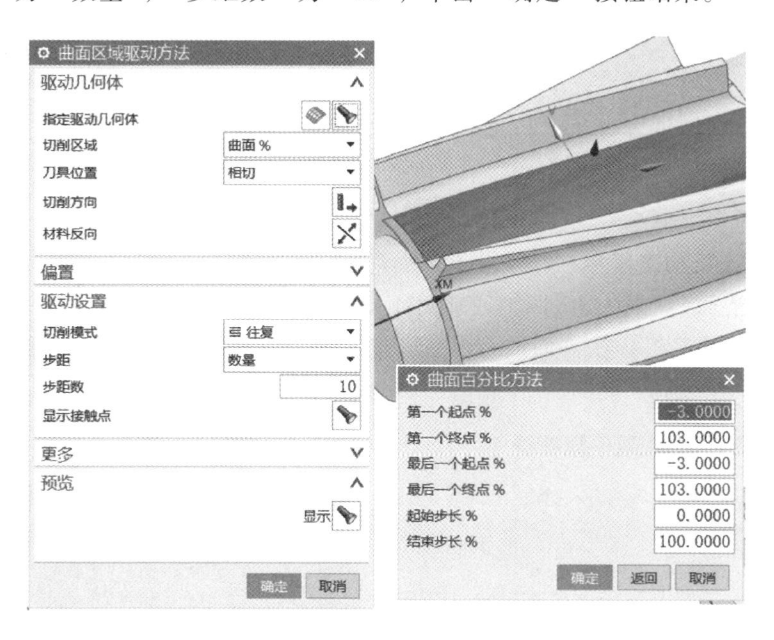

图 2-267　曲面区域参数

7）在主对话框中，设置“投影矢量”为“垂直于驱动体”，在主对话框中更改刀轴选项，如图 2-266 所示，设置“刀轴”为“4 轴，相对于部件”，“指定矢量”为 X 轴正向，其余默认，单击“确定”按钮。

8）继续单击“进给率和速度”图标，设置“主轴速度与进给率”，单击“确定”按钮结束，在主菜单中单击生成程序按钮，得到图 2-268 所示四轴底面半精加工刀路。

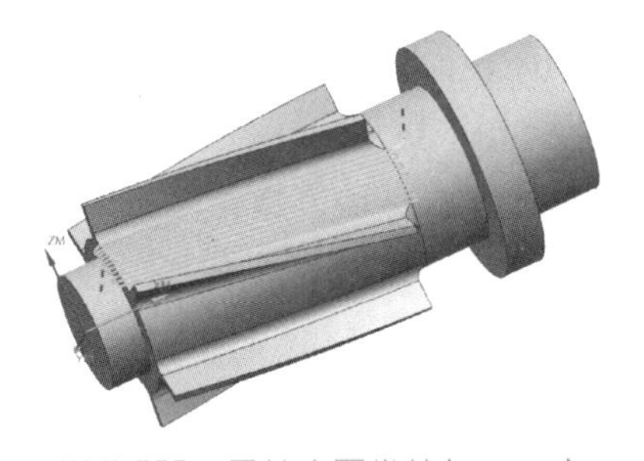

图 2-268　四轴底面半精加工刀路

9）再次选择“变换”功能，选择叶片与底面半精加工程序，进行复制与旋转，在主菜单中单击“生成程序”图标，得到图 2-269 所示半精加工刀路。

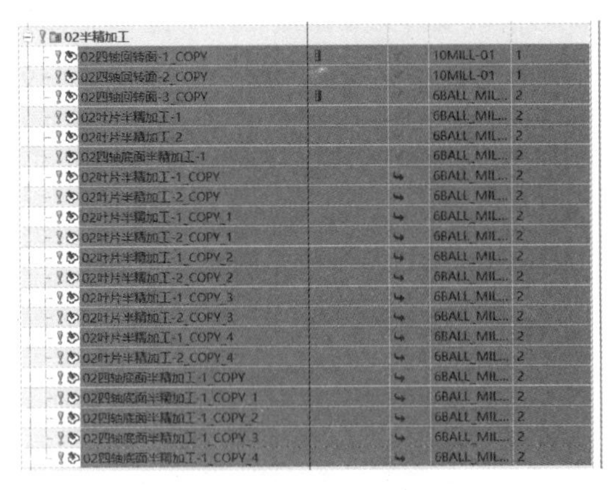

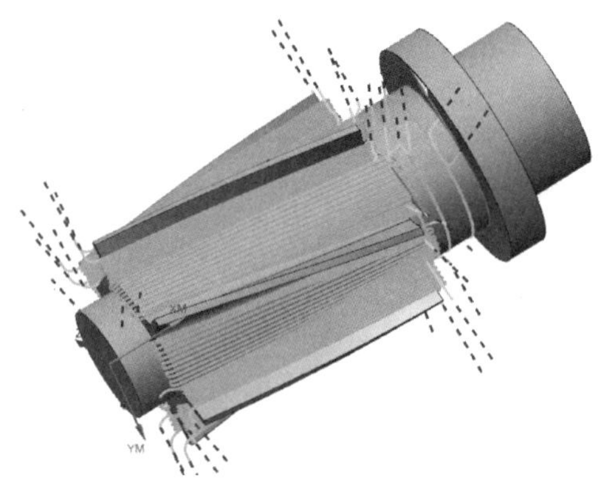

图 2-269　四轴叶片半精加工刀路

步骤 5　创建精加工程序

1）复制半精加工程序“02 四轴回转面-1_COPY”～“02 四轴回转面-3_COPY”到精加工程序组，在“曲线/点驱动方法”对话框中，将偏置余量都去除，如图 2-270 所示。

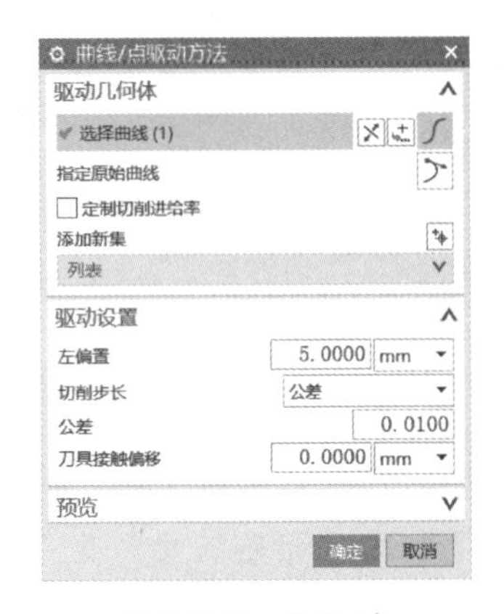

图 2-270　曲线/点

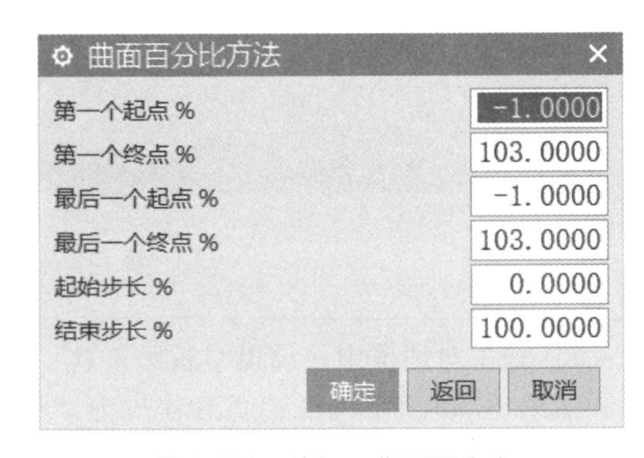

图 2-271　被加工曲面百分比

2）在三个程序的主对话框中，统一把刀轨设置中的“方法”调整至“精加工”，同时调整切削参数，单击“确定”按钮结束后，分别将程序重命名为“03 四轴回转面-1_COPY”～“03 四轴回转面-3_COPY”，得到回转面的最终精加工程序。

3）复制半精加工程序“02 叶片半精加工-1”与“02 叶片半精加工-2”至精加工程序组，双击工序调整参数，在“曲面区域驱动方法”对话框中，调整“曲面%”参数，如图 2-271 所示，起止步长设置为 0～100，其余不变，单击“确定”按钮结束。

4）在复制工序的主对话框中，重新设置切削转速与进给，设置加工方法为“MILL_FINISH”，单击“确定”按钮完成修改，将程序重命名为“03 叶片精加工-1”与“03 叶片精加工-2”，最终得到图 2-272 所示刀路。

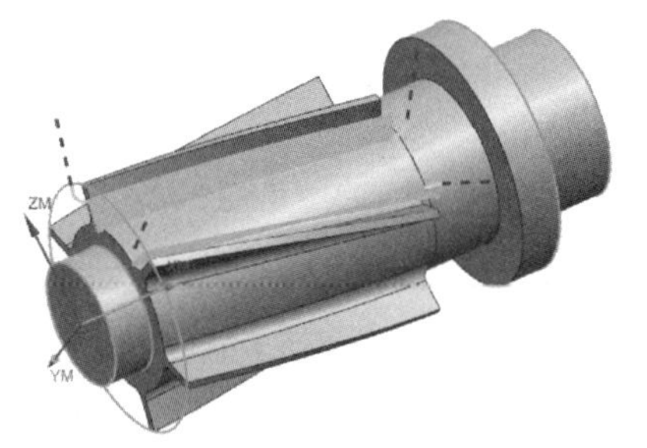

图 2-272　四轴叶片精加工刀路

5）复制半精加工程序“02 四轴底面半精加工-1”至精加工程序组，在主对话框中，重新设置切削转速与进给，设置加工方法为“MILL_FINISH”，单击“确定”按钮完成修改，将程序重命名为“03 四轴底面精加工-1”。

6）再次选择“变换”功能，选择叶片与底面精加工程序，进行复制与旋转，在主菜单中单击“生成程序”按钮，得到图 2-273 所示精加工刀路。

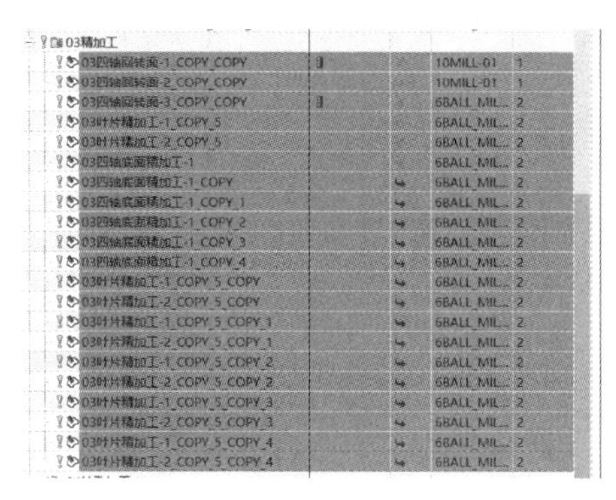

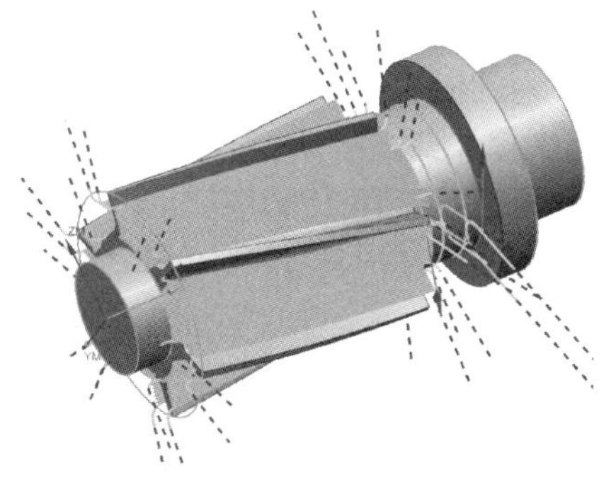

图 2-273　四轴叶片精加工

流程 4　仿真加工

步骤 1　程序后处理

1）在工序导航器中选择所有粗加工程序，单击主菜单中的“后处理”按钮。

2）在弹出的“后处理”对话框中设置，“后处理器”为四轴的后处理模板，自定义输出文件名，单位选择公制，单击“确认”按钮。

3）重复上述步骤，选择不同的程序生成程序，得到图 2-274 所示程序序列。

01四轴叶片粗加工程序6-2.NC
01四轴叶片粗加工程序10-1.NC
02四轴叶片半精加工程序6-4.NC
02四轴叶片半精加工程序10-3.NC
03四轴叶片精加工程序6-6.NC
03四轴叶片精加工程序10-5.NC

图 2-274　程序序列

步骤 2　导出 STL 格式毛坯

进入建模模块，选择“文件”→“导出”→“STL 格式”命令，弹出图 2-275 所示对话框，单击“确定”按钮，得到 STL 格式的毛坯。

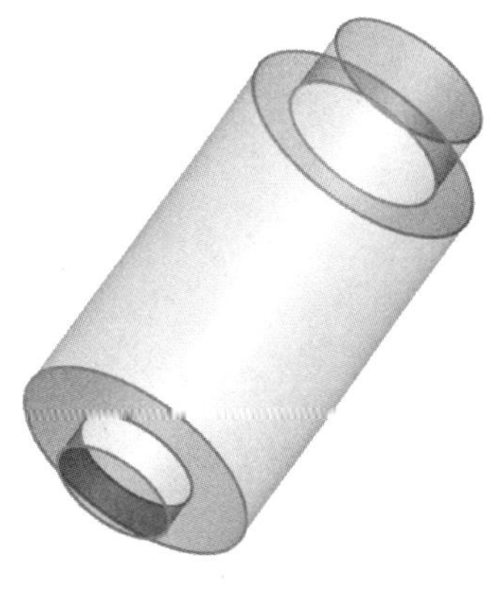

图 2-275　导出毛坯

步骤 3　建立 VERICUT 项目

1）打开 VERICUT 软件四轴机床“项目 X：\多轴加工技术-VERICUT-机床模板\四轴机床模板”，得到图 2-276 所示项目树。

2）另存为“项目 X：\多轴加工技术-VERICUT-机床模板\凸轮轴模板\四轴叶片”。

3）“机床”默认“ALV850”，“控制”默认“fan30im”。在“Stock”处添加备用毛坯，调整毛坯和夹具位置，得到图 2-277 所示装夹方案。

4）单击坐标系统中的“Csys1”，在项目树底部调整栏中将坐标原点设置在毛坯的左端圆心位置，如图 2-278 所示。

5）单击坐标系统中的“G-代码偏置”，单击“添加”，设置“子系统名”为“1”，“寄存器”为“54”，“坐标系”为“Csys1”，单击“添加”按钮，设置从“组件”“spindle”到“坐标原点”“Csys1”。

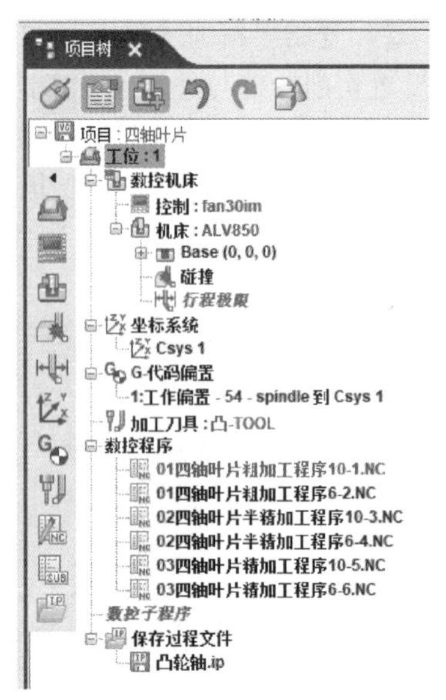

图 2-276　Vericut 项目树

6）双击“加工刀具”，单击“添加”，添加 ϕ10mm 的立铣刀，“刀具号”为“1”；添加 ϕ6mm 球头刀，“刀具号”为“2”。

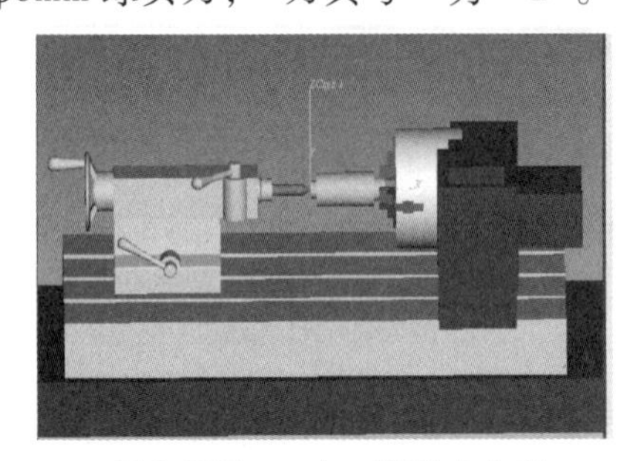

图 2-277　一夹一顶装夹方案

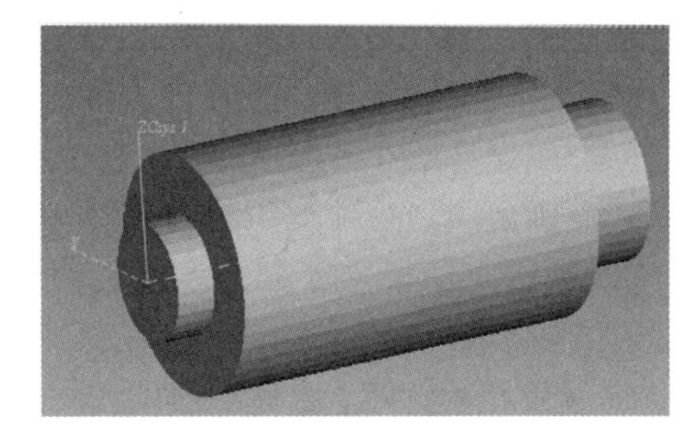

图 2-278　Csys 坐标系

7）单击“数控程序”，单击底部的“添加数控程序文件”按钮，在弹出的对话框中添加后处理完的程序。

8）单击“播放”按钮，开始仿真加工，检查仿真加工过程，最终得到图 2-279 所示仿真结果。

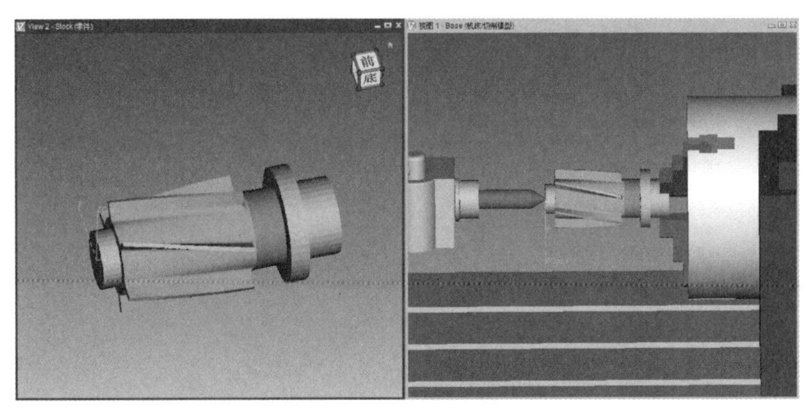

图 2-279　凸轮轴仿真结果

活动四　知识点提示

1. 投影矢量：垂直/朝向驱动体

垂直于驱动体原理：驱动线、面、体上的所有驱动点，以面的法向方向投射到加工面上。如图 2-280 所示，原本刀路点位呈圆形，投射至驱动面上后变成椭圆形。

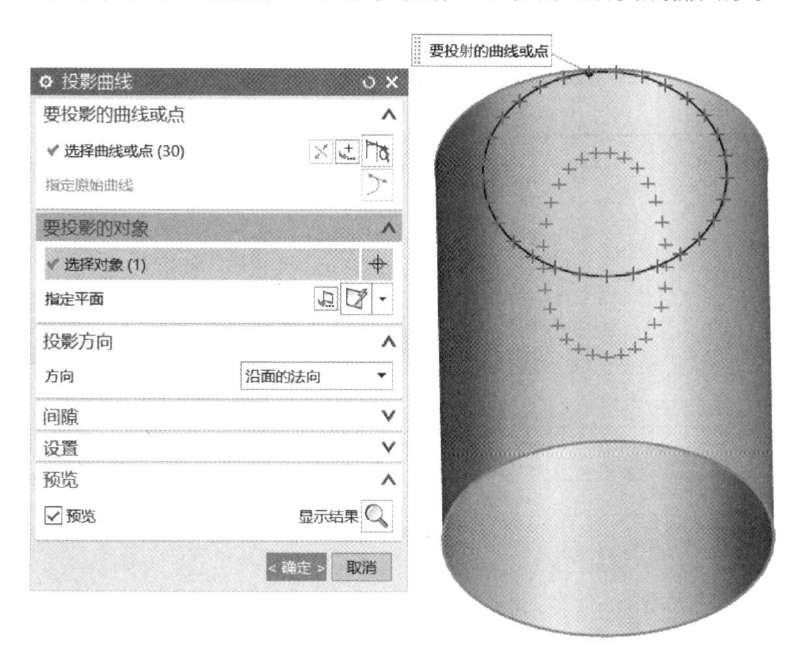

图 2-280　投影矢量-垂直于驱动体

朝向驱动体原理：驱动线、面、体上的所有驱动点，以最近路径且方向一致，投射到加工面上。如图 2-281 所示，以朝向曲面的方向看去，刀路点位形状基本不变。

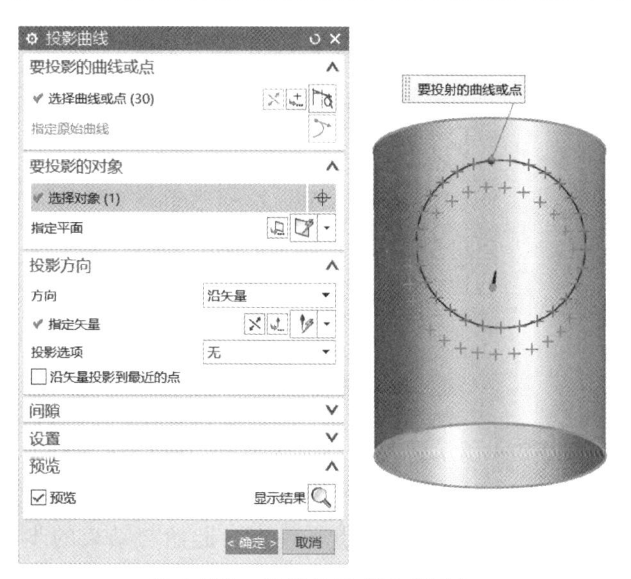

图 2-281　投影矢量-朝向驱动体

技巧：不管是垂直于驱动体还是朝向驱动体，这两种投射方式都会把刀位点投射到驱动体上，只是最后呈现的形状会有所不同，如果一时不能理解，可以在使用时依次选择，然后生成刀路，在观察生成的刀路后来确定使用哪一种投影方式。

2. 公共安全设置

原理：在实际加工中，刀具在程序启动与结束后，都会停留在一个安全的高度位置，这样做可以有效避免下一次移动因刀具位置过低而造成撞机事故，因此，在软件中就有必要进行公共安全设置（图 2-282），以统一所有程序下刀以及抬刀的安全高度。

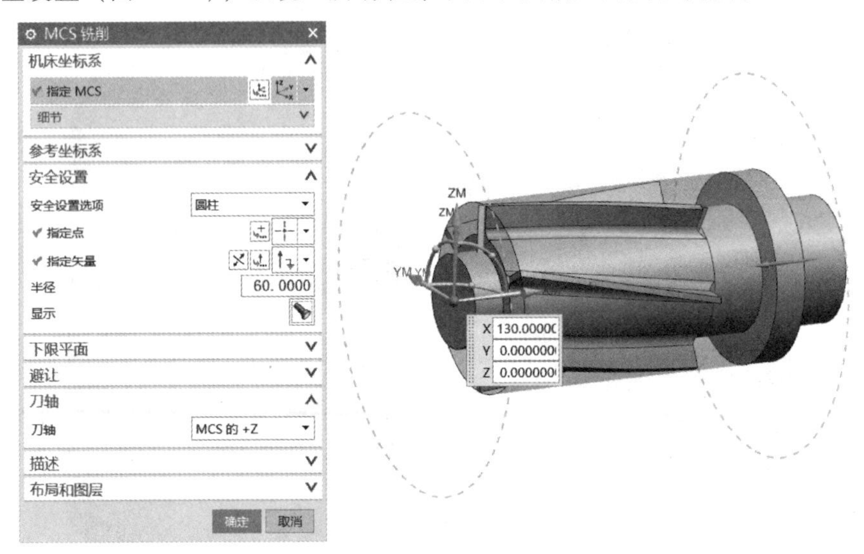

图 2-282　公共安全设置

3. 可变轮廓铣→曲面驱动

原理：若可变轮廓铣的驱动方法设置为“曲面区域”，则可以通过设置走刀方向、“曲面%”来调整驱动曲面的面积大小等，进而形成刀路。图 2-283 所示为在默认参数下，起始点与曲面面积大小关系。

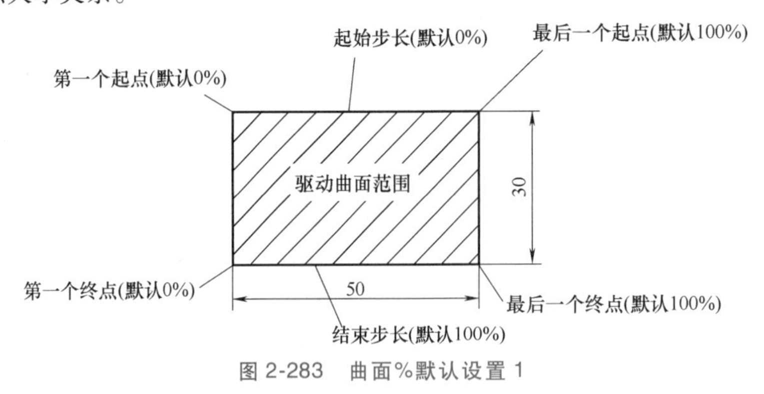

图 2-283　曲面%默认设置 1

改变默认参数，如图 2-284 所示，各个点位会根据原驱动曲面长度百分比进行变动，例如将第一个起点与终点都设置成-20%，驱动曲面的起点则会向左偏移曲面长度 50mm 的 20%距离，也就是 10mm，同理，最后的起点与终点，起始与结束的步长也一样，注意步长参数影响的是曲面上、下边的位置。

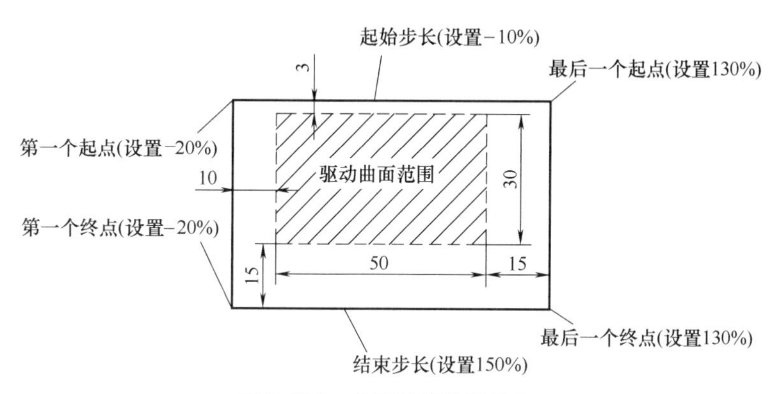

图 2-284　曲面%默认设置 2

技巧：通过控制曲面百分比，调整刀路的加工范围，间接控制加工余量，同时避免一些欠缺与过切的发生。

活动五　任 务 评 价

请对上述活动过程进行内容的评价，见表 2-12。

表 2-12　任务评价表

任务名称		叶片的加工	评价人员	
序号	评价项目	要　　求	配分	得分
1	零件建模	(1)创建圆柱 1	2	
		(2)创建圆柱 2	5	
		(3)创建圆柱体 3	5	
		(4)创建叶片	5	
		(5)边倒圆	2	
2	工艺分析	(1)零件结构分析	2	
		(2)精度分析	2	
		(3)加工刀具分析	3	
		(4) 零件装夹方式分析	3	
3	程序编制	(1)添加辅助线、面、体	5	
		(2)加工环境准备	5	
		(3)创建粗加工工序	10	
		(4)创建半精加工工序	15	
		(5)创建精加工工序	10	
4	仿真加工	(1)程序后处理	3	
		(2)导出 STL 格式毛坯	3	
		(3)建立 VERICUT 项目	10	
5	职业素养	团队合作	10	
6	总计		100	

活动六　课后拓展

分析图 2-285 所示四轴叶片零件图，完成其曲面造型及加工编程。

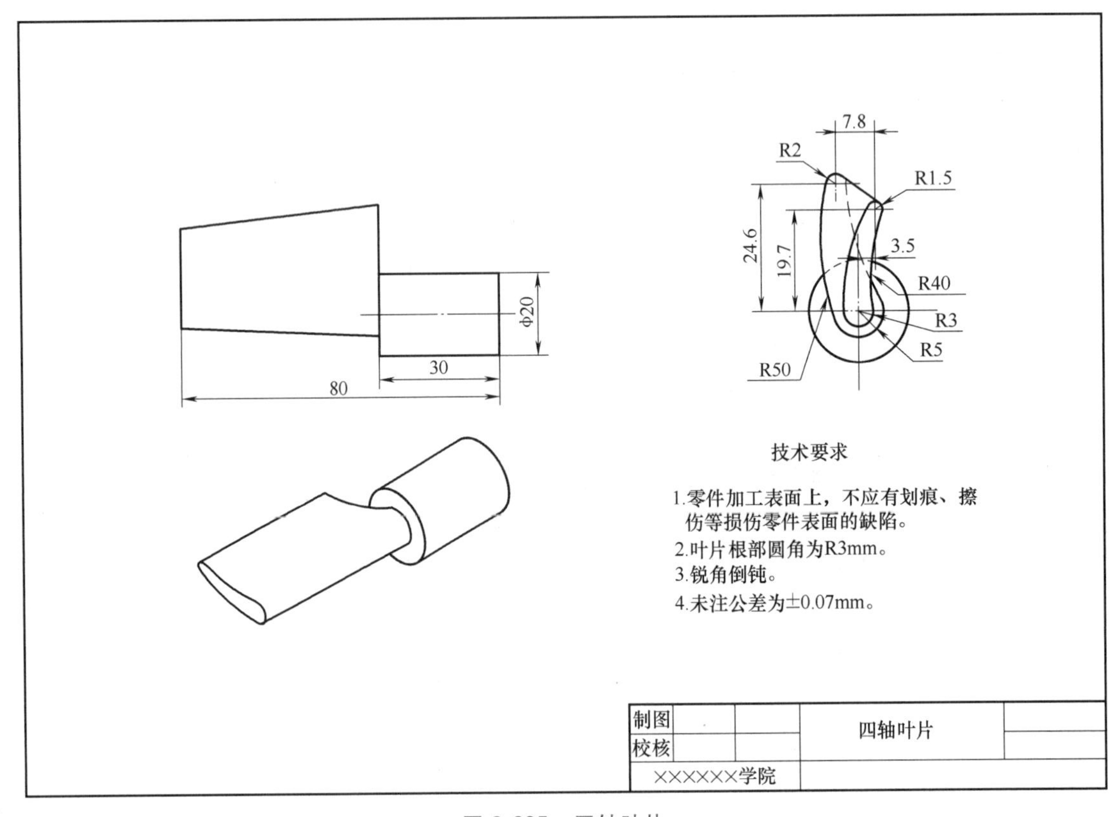

图 2-285　四轴叶片

模块三

五轴加工中心加工

项目一 底座的加工

活动一　确立目标

【知识目标】

1. 了解平面轮廓铣削加工与精铣壁的区别。
2. 掌握五轴定向加工程序的编制方法。
3. 掌握精铣壁工序参数优化的方法。
4. 掌握五轴钻孔的参数设置方法。

【能力目标】

1. 具备识读底座零件图及3D造型能力。
2. 能够对底座零件进行工艺设计和程序编制。
3. 能通过VERICUT软件对底座零件进行仿真加工。

【素养目标】

1. 培养劳动意识。
2. 培养团队合作精神。

底座作为一个基础件，在机械设备中“服务”着其他部件。我们在学习过程中，只有夯实基础，才能稳步提升专业技能。

活动二　领取任务

底座在机械行业中一般指机器或设备的底承块，将其他零件安装在上面的部件。请查阅表 3-1，了解任务详情。

表 3-1　“底座”任务书

<table>
<tr><th>序号</th><th colspan="3">内　容</th></tr>
<tr><td>1</td><td>工作任务:“底座”的加工
(1)“底座”模型如右图所示
(2)底座零件图如图 3-1 所示</td><td colspan="2"></td></tr>
<tr><td rowspan="2">2</td><td colspan="3">毛坯形状</td></tr>
<tr><td>毛坯尺寸为 150mm×100mm×100mm</td><td colspan="2"></td></tr>
<tr><td rowspan="2">3</td><td colspan="3">工作要求</td></tr>
<tr><td colspan="3">(1)完成底座模型的创建
(2)制定底座的加工工艺
(3)编制底座的五轴定向加工程序
(4)对程序代码进行仿真验证
(5)上机制造</td></tr>
<tr><td rowspan="6">4</td><td>验收标准</td><td>符合</td><td>不符合</td></tr>
<tr><td>(1)建模模型体积检测对比</td><td></td><td></td></tr>
<tr><td>(2)工艺(工序步骤)合理</td><td></td><td></td></tr>
<tr><td>(3)NX 工序仿真加工结果正确</td><td></td><td></td></tr>
<tr><td>(4)使用 VERICUT 软件模型加工仿真结果特征正确</td><td></td><td></td></tr>
<tr><td>(5)使用 VERICUT 软件仿真加工结束无任何警告</td><td></td><td></td></tr>
</table>

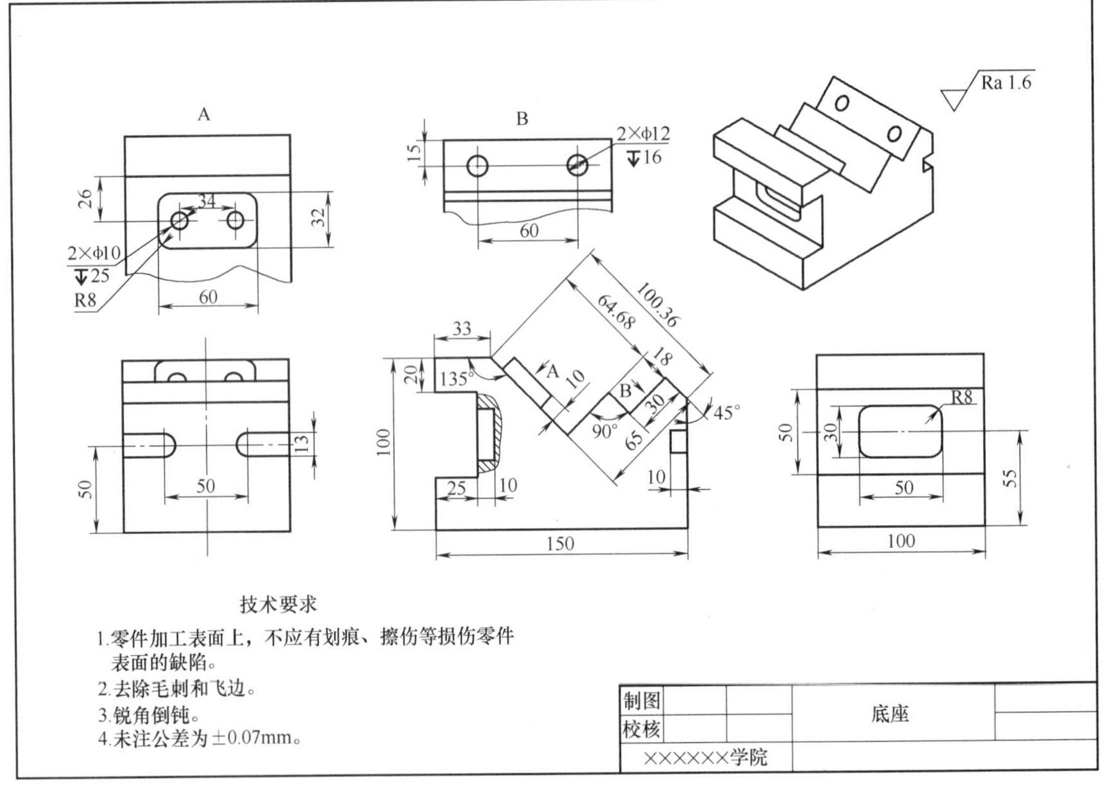

图 3-1　底座零件图

活动三　任务实施

流程 1　零件建模

打开 NX 软件，单击“新建”→“模型”选项卡，在选项组“名称”文本框对文件名进行自定义，例如“3-01 底座 . prt”。创建底座模型的整体，步骤如图 3-2 所示。

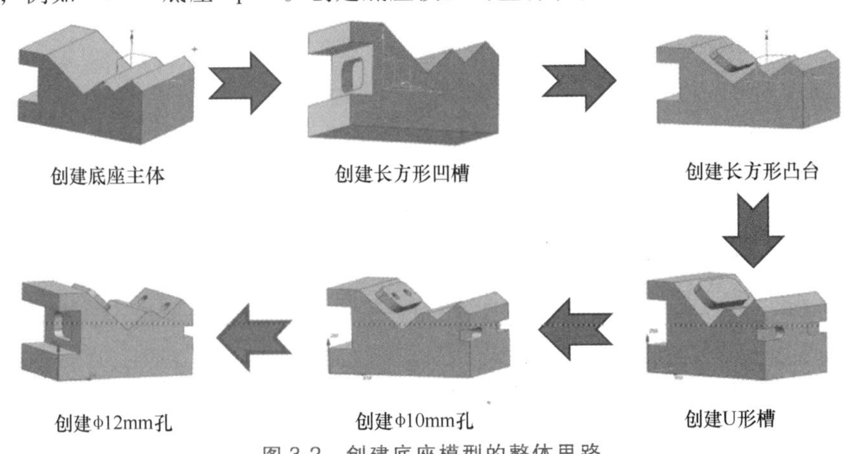

图 3-2　创建底座模型的整体思路

步骤 1 创建底座主体

1）在建模环境下，在图 3-3 所示常用快捷命令中，单击“草图”命令图标。

2）在弹出的图 3-4 所示“创建草图”对话框中，设置“草图类型”为“在平面上”，在绘图区单击 XY 平面，设置“平面方法”为“自动判断”，“参考”为“水平”，“指定点方法”为“指定坐标系”，单击“确定”按钮进入草图。

3）依据图 3-1 所示零件图，通过“直线”“矩形”“快速修剪”“制作拐角”命令绘制图 3-5 所示零件主体轮廓，绘制完成后单击鼠标右键选择“完成草图”命令。

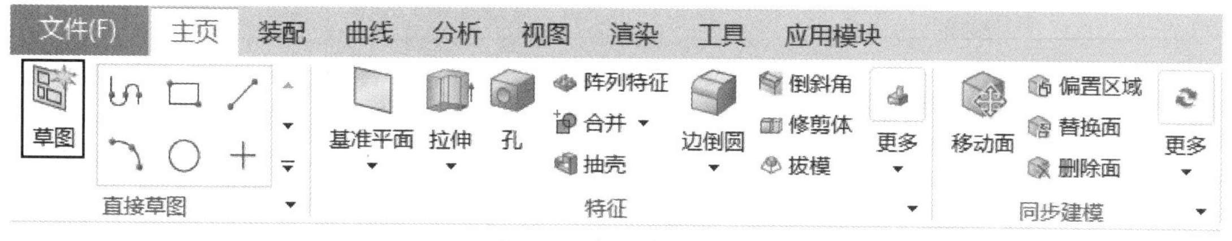

图 3-3 常用快捷命令

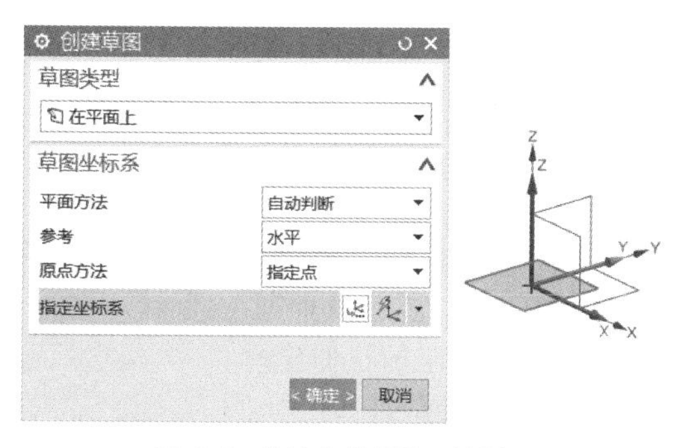

图 3-4 “创建草图”对话框

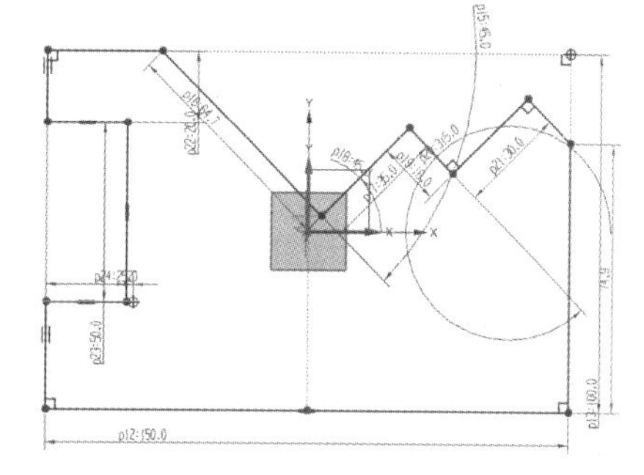

图 3-5 绘制零件主体轮廓

4）单击“拉伸”命令图标，选择建立的零件主体草图作为驱动对象，方向指定为 Z 轴正方向，“结束距离”为“100mm”，单击“确定”按钮，如图 3-6 所示，完成建模第一步。

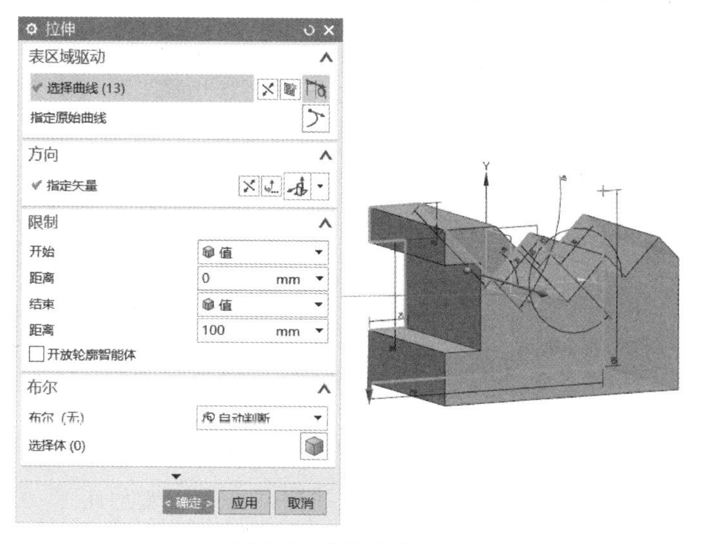

图 3-6 拉伸命令设置

步骤 2　创建长方形凹槽

1）在常用快捷命令中，单击“草图”命令图标，在弹出的图 3-7 所示“创建草图”对话框中设置“草图类型”为“在平面上”，单击要创建草图的平面，单击“确定”按钮完成草图的创建。

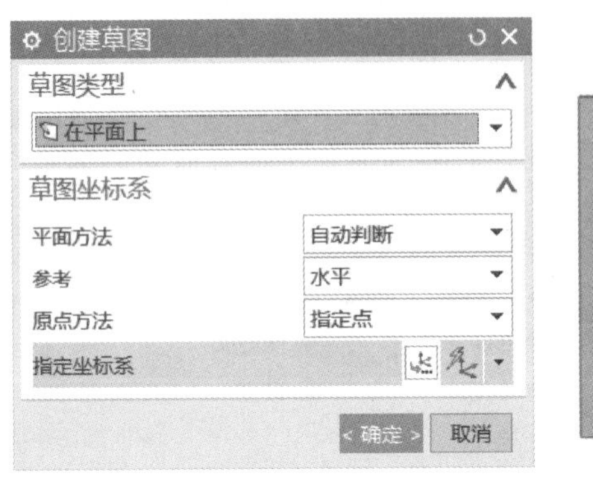

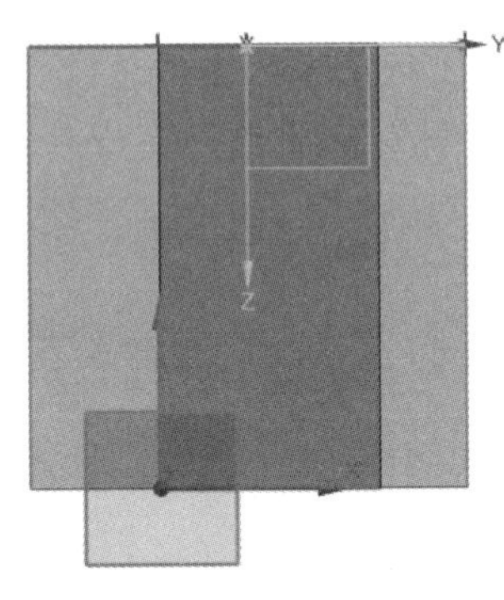

图 3-7　“创建草图”对话框

2）在草图环境中通过“角焊”“矩形”命令绘制图 3-8 所示的长方形凹槽轮廓，绘制完成后单击鼠标右键选择“完成草图”命令。

3）在快捷菜单中选择“拉伸”命令，弹出图 3-9 所示“拉伸”对话框，设置驱动对象为长方形凹槽轮廓草图，方向选择 X 轴正方向，“结束距离”为“10mm”，“布尔”为“减去”，选择零件主体，其余默认。单击“确定”按钮，完成底座的拉伸建模。

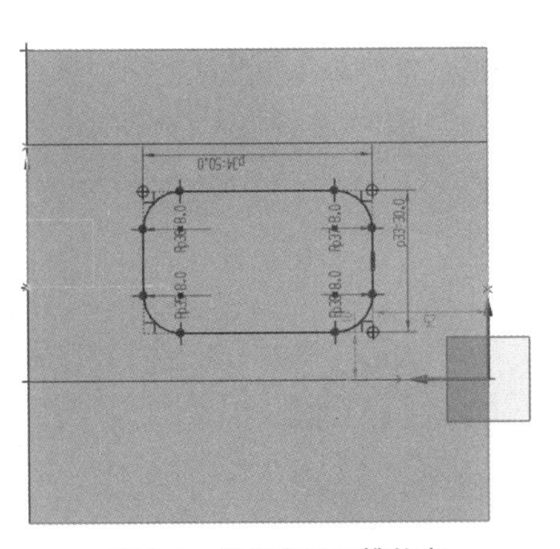

图 3-8　绘制方形凹槽轮廓

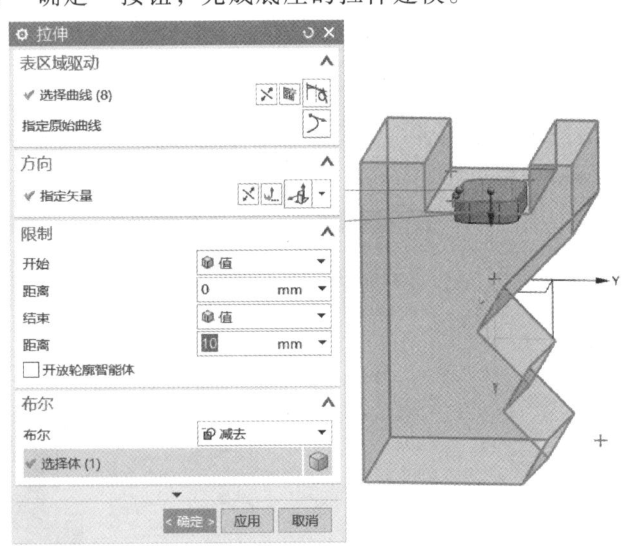

图 3-9　长方形凹槽“拉伸”对话框

步骤 3　创建长方形凸台

1）使用“草图”功能在新的平面上创建草图，参数设置如图 3-10 所示，在绘图区单击选择平面，完成后单击“确定”按钮创建草图。

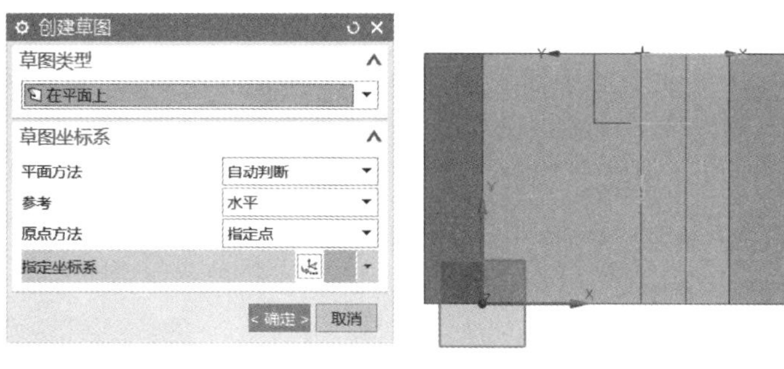

图 3-10 “创建草图”对话框

2）在草图中通过“矩形”和“角焊”命令绘制图 3-11 所示的长方形凸台轮廓，绘制完成后单击鼠标右键选择“完成草图”命令。

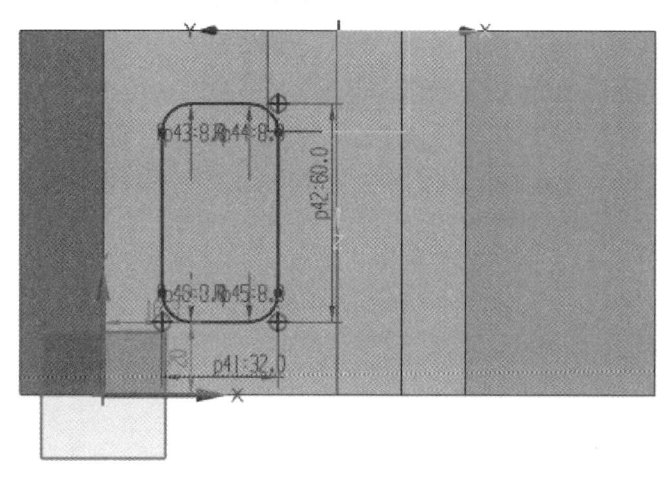

图 3-11 绘制长方形凸台轮廓

3）选择“拉伸”命令，参数设置如图 3-12 所示，选择斜面的法向进行拉伸，“结束距离”为“10mm”，“布尔”为“合并”，选择零件主体，其余默认。单击“确定”按钮，完成拉伸建模。

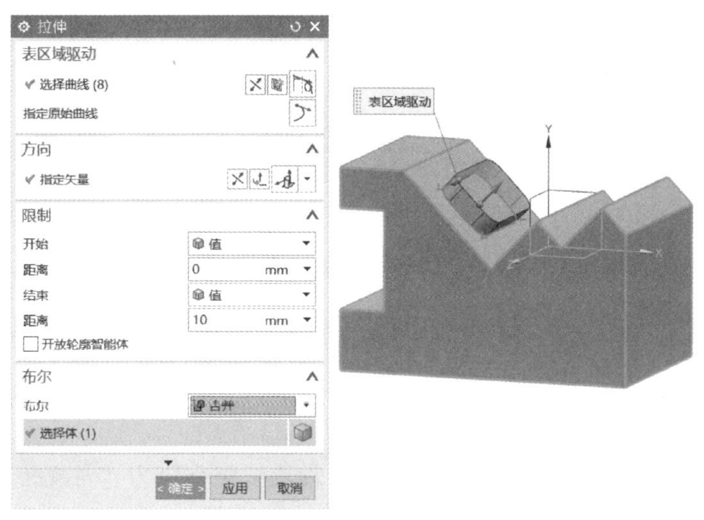

图 3-12 长方形凸台“拉伸”对话框

步骤 4　创建 U 形槽

1）使用“草图”功能在新的平面上创建草图，参数设置如图 3-13 所示，根据零件图样，选择绘图平面，完成后单击“确定”按钮创建草图。

2）在草图中通过选择“直线”“圆弧”“镜像曲线”“快速修剪”命令绘制图 3-14 所示的 U 形槽轮廓，绘制完成后单击鼠标右键选择“完成草图”命令。

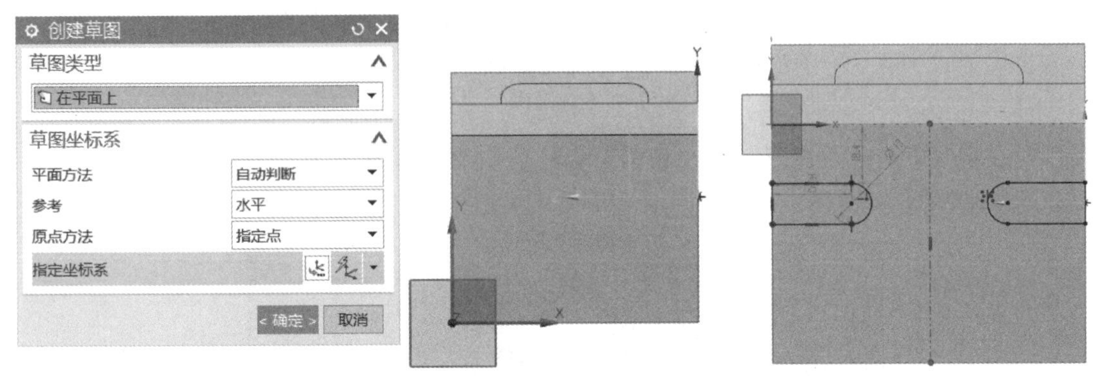

图 3-13　“创建草图”对话框　　　　图 3-14　绘制 U 形槽轮廓

3）选择“拉伸”命令，参数设置如图 3-15 所示，选择 X 轴负方向拉伸，“结束距离”为 10mm，“布尔”为减去，选择零件主体，其余默认，单击“确定”按钮，完成拉伸（裁剪）建模。

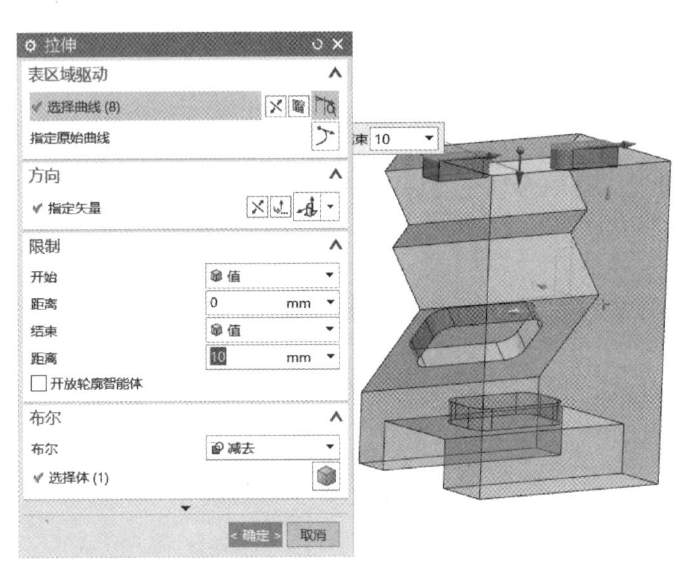

图 3-15　U 形槽“拉伸”对话框

步骤 5　创建 ϕ10mm 孔

1）选择“孔”命令如图 3-16 所示。

2）在弹出的图 3-17 所示“孔”对话框中，设置“类型”为“常规孔”，单击“绘制截面”按钮确定孔的位置。

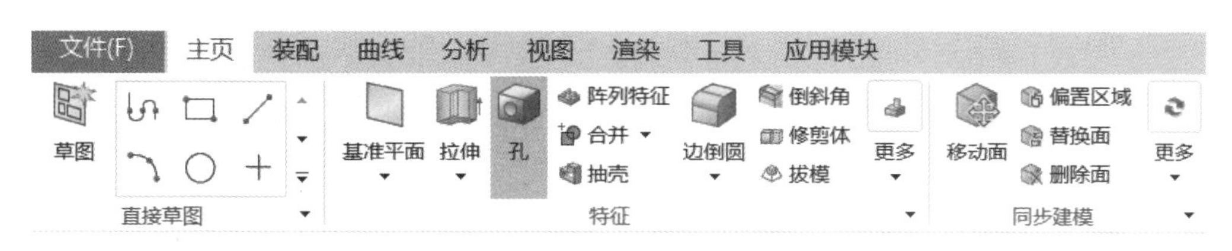

图 3-16　选择“孔”命令

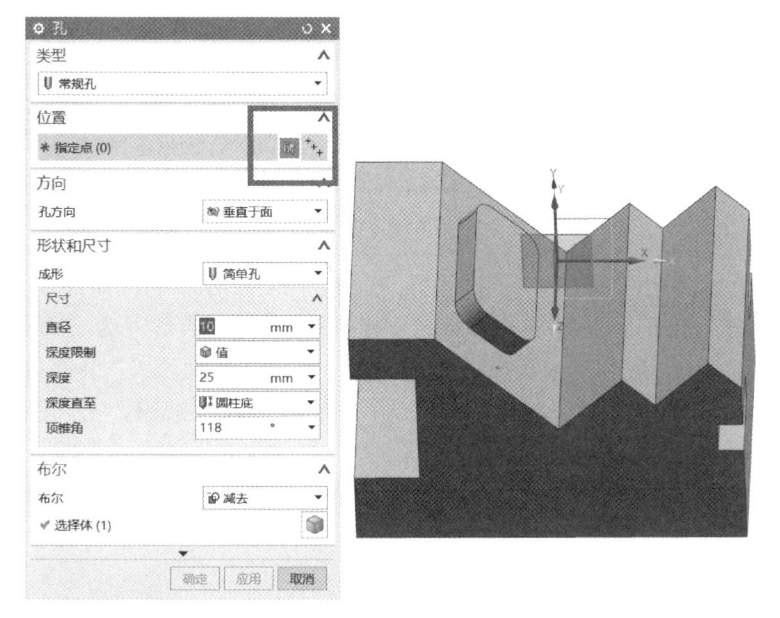

图 3-17　“孔”对话框

3）弹出图 3-18 所示对话框，选择需要打孔的平面，单击“确定”按钮，开始绘制草图。

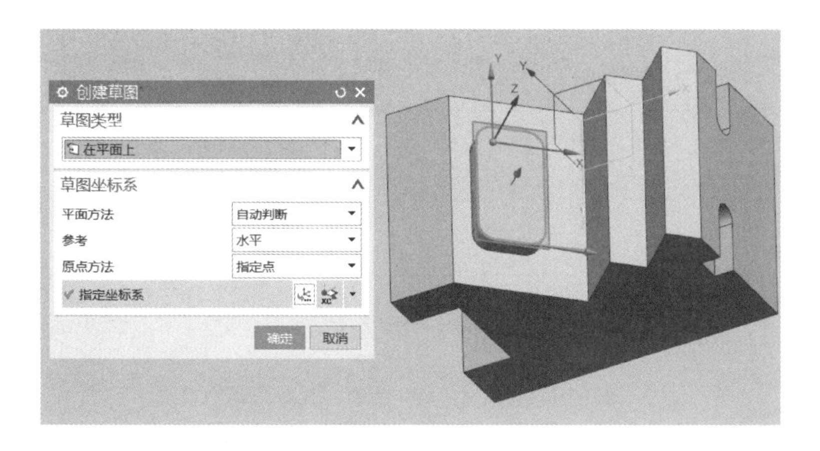

图 3-18　绘制截面界面

4）根据零件图样通过“直线”和“圆”命令绘制图 3-19 所示的图形并确定草图点，草图点即孔的中心点，在绘图区单击选择中心点。

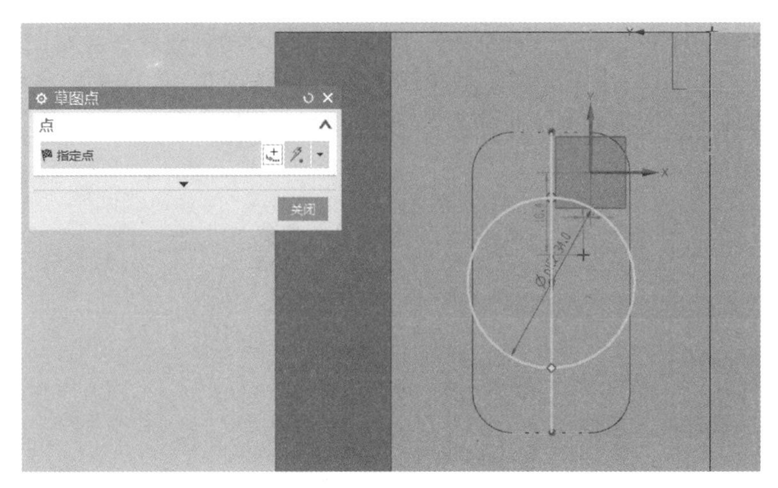

图 3-19　绘制 ϕ10mm 孔位

5）选择完毕后关闭“草图点”对话框，回到“孔”对话框，如图 3-20 所示，设置“孔方向”为“垂直于面”，形状和尺寸根据图样进行调整，“成形”为“简单孔”，“直径”为“10mm”、“深度”为“25mm”，“深度直至”为“圆柱底”，“顶锥角”为“118°”，“布尔”为“减去”，选择零件主体，其余默认，单击“确定”按钮，完成拉伸建模。

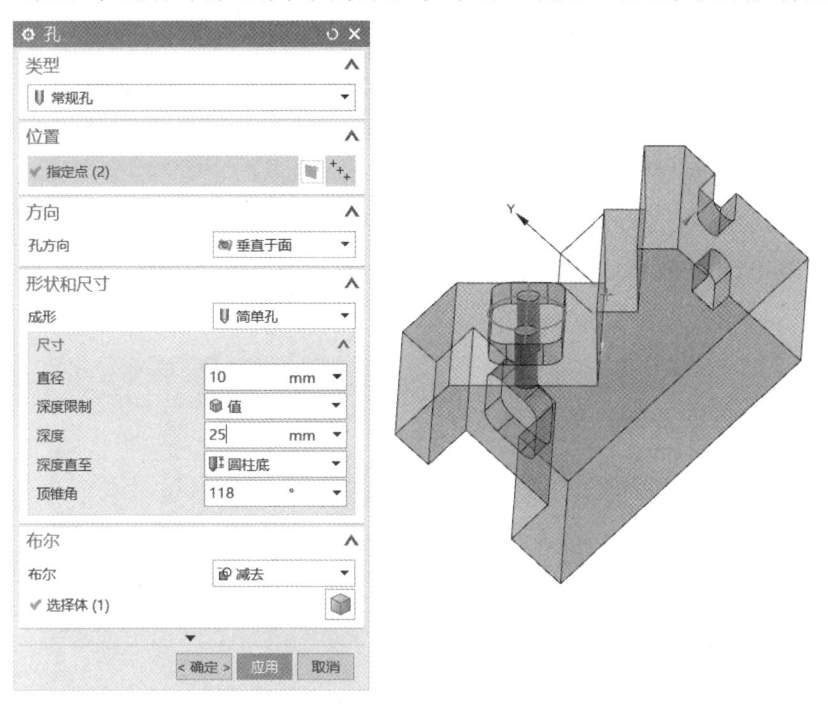

图 3-20　创建 ϕ10mm 孔的“孔”对话框

步骤 6　创建 ϕ12mm 孔

1）重复上述步骤，根据底座零件图样绘制和创建 ϕ12mm 孔，如图 3-21 所示，尺寸根据图样进行调整，设置“直径”为“12mm”　“深度”为“16mm”，“深度直至”为“圆柱底”，“顶锥角”为“118°”，“布尔”为

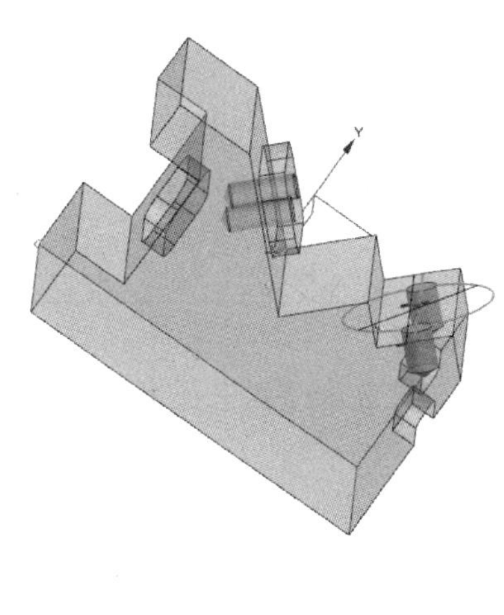

图 3-21　创建 ϕ12mm 孔的“孔”对话框

“减去”，选择零件主体，其余默认，单击“确定”按钮，完成 ϕ12mm 孔的拉伸建模。

2）在主菜单中选择“分析”→“更多”→“测量体”命令，如图 3-22 所示。

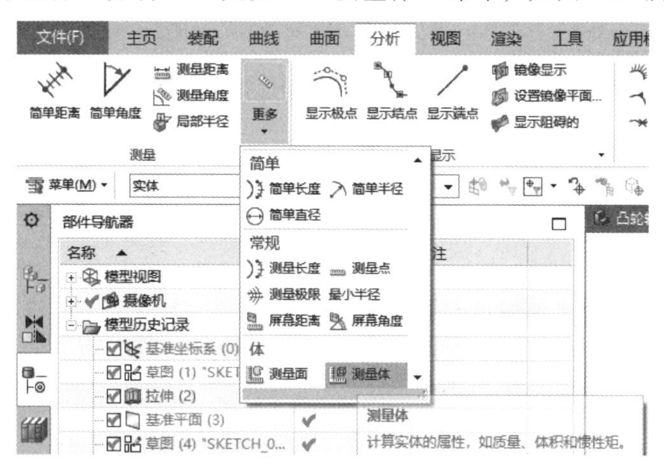

图 3-22　选择“测量体”命令

3）在“测量体”对话框中，设置“对象”为最终模型，测量得到体积为 1066892.3853mm^3，如图 3-23 所示。

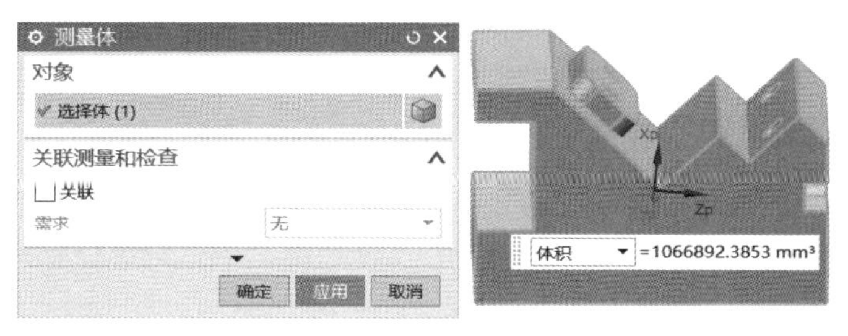

图 3-23　模型体积

流程 2　工艺分析

步骤 1　零件结构分析

分析零件图样，请在下方列出底座零件的特征轮廓。

____

____

____

步骤 2　精度分析

分析零件图样，并在表 3-2 中写出该零件的主要加工尺寸、几何公差要求及表面质量要求。

表 3-2　底座数据

序号	项目	内容	备注
1	主要加工尺寸		
2			
3			
4			
5			
6			
7			
8			
9	几何公差要求		
10	表面质量要求		

步骤 3　加工刀具分析

根据零件图样选择合适的数控刀具并填入表 3-3。

表 3-3　刀具表

刀具序号	刀具名称	刀具规格	刀具类型
1			
2			
3			
4			
5			

步骤 4　零件装夹方式分析

分析零件图样并思考：为保证底座加工位置精度，应采用什么装夹方法？

____

____

____

流程 3　程序编制

底座加工程序编制的整体思路如图 3-24 所示。

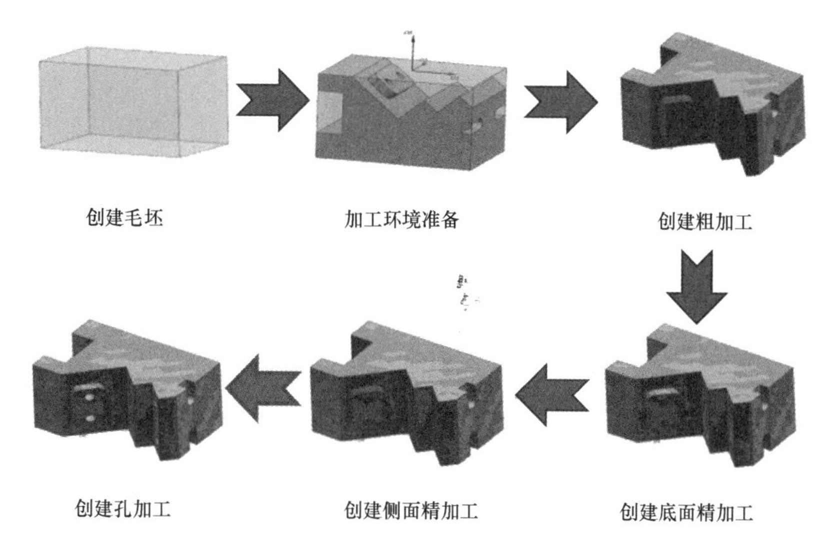

图 3-24　底座加工程序编制的整体思路

步骤 1　添加辅助线、面、体

1）选择“更多”→“包容体”命令，如图 3-25 所示。

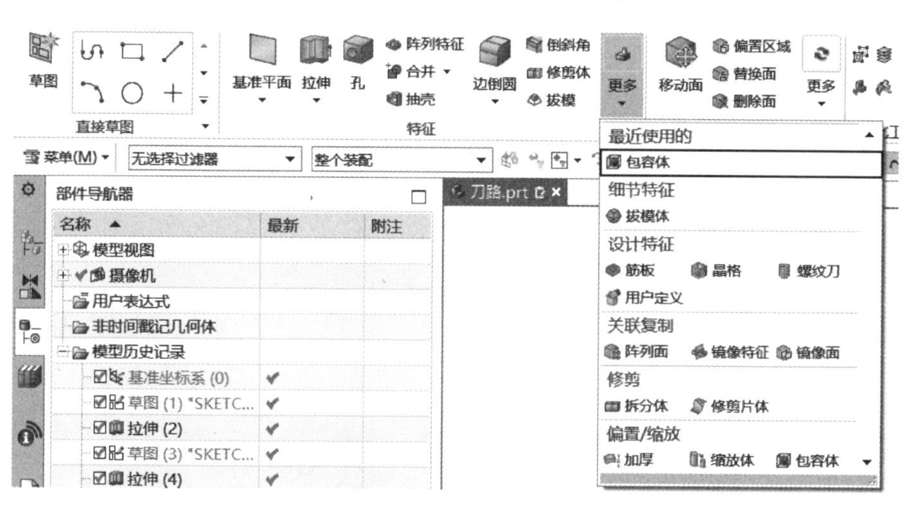

图 3-25　选择“包容体”命令

2）在弹出的图 3-26 所示对话框中，设置“类型”为“块”，然后依次单击底座零件最大外轮廓的三个表面获得包容体，参数设置如图 3-26 所示，单击“确定”按钮成功创建包容体。包容体的尺寸为 100mm×100mm×150mm。

3）将包容体设置为半透明。如图 3-27 所示，单击“编辑对象显示”图标，弹出图 3-28 所示对话框，在绘图区单击选择包容体，再单击“确定”按钮，弹出图 3-29 所示对话框，拖动“透明度”滑块可修改包容体的透明度，将包容体透明度设置为“50”，单击“确定”按钮完成毛坯准备步骤。

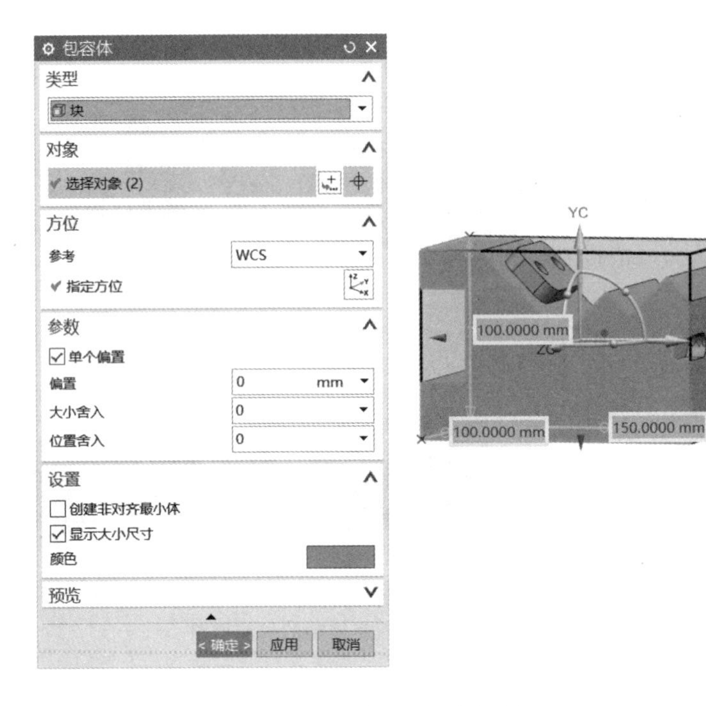

图 3-26　包容体参数设置

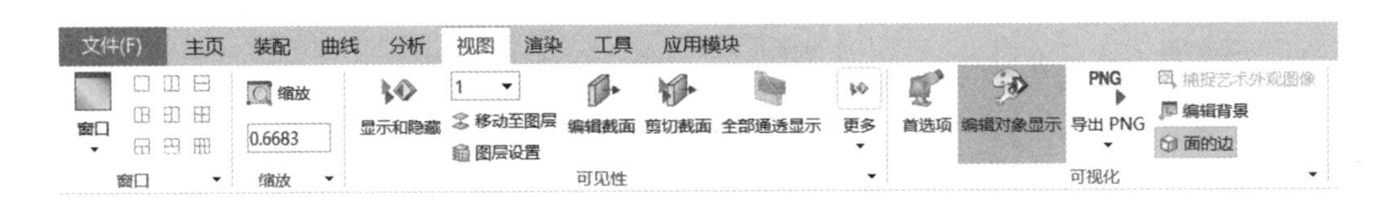

图 3-27　单击“编辑对象显示”图标

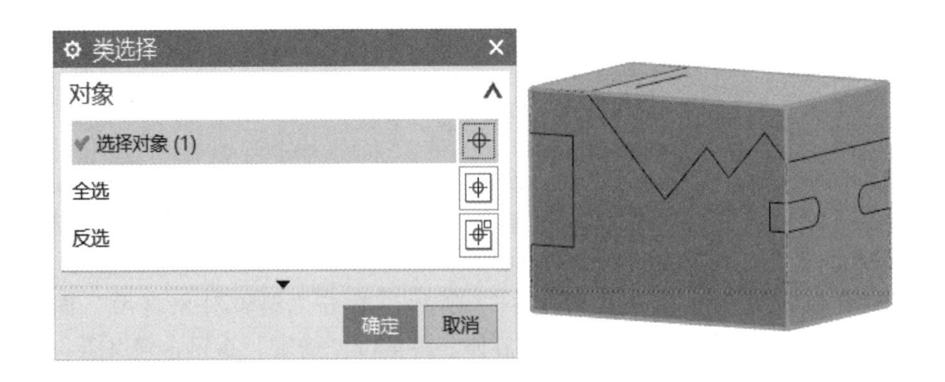

图 3-28　“类选择”对话框

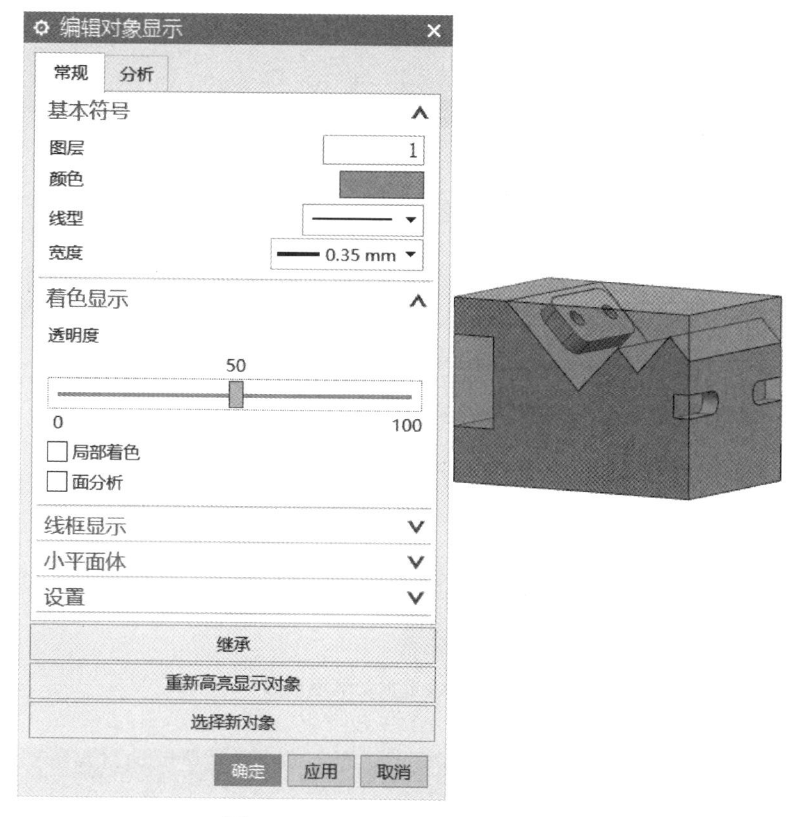

图 3-29 “编辑对象显示”对话框

步骤 2　加工环境准备

1）单击“加工”图标，如图 3-30 所示或者使用快捷键<Ctrl+Alt+M>进入加工环境。

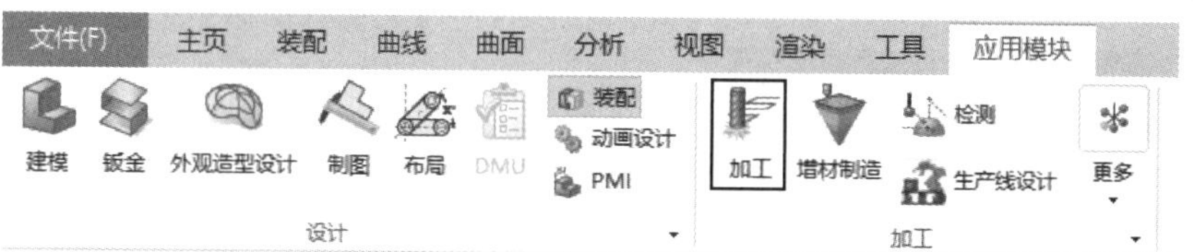

图 3-30 单击“加工”图标

2）进入加工环境后弹出图 3-31 所示对话框，在该对话框中设置“CAM 会话配置”为“cam_general”，“要创建的 CAM 组装”为“mill_planr”，选择完毕后单击“确定”按钮进入加工。

3）如图 3-32 所示，“创建刀具”“创建几何体”“创建工序”命令分别对应的功能是：创建加工刀具、创建工件坐标系、创建加工工序。

4）单击“创建刀具”图标，弹出图 3-33 所示对话框，设置“刀具类型”为默认，“刀具子类型”选择第一项 MILL，刀具名称根据刀具直径和用途进行设置。例如，图中刀具为粗加工使用的 ϕ10mm 立铣刀，单击“确定”按钮弹出图 3-34 所示对话框，设置立铣刀“直径”为“10mm”，“刀刃”为“4”，其余默认，“编号”均设置为 1，单击“确定”按

钮完成第一把刀具的设置，再以同样的参数创建一把精加工刀，刀具编号为 2，“名称”为“10J”。

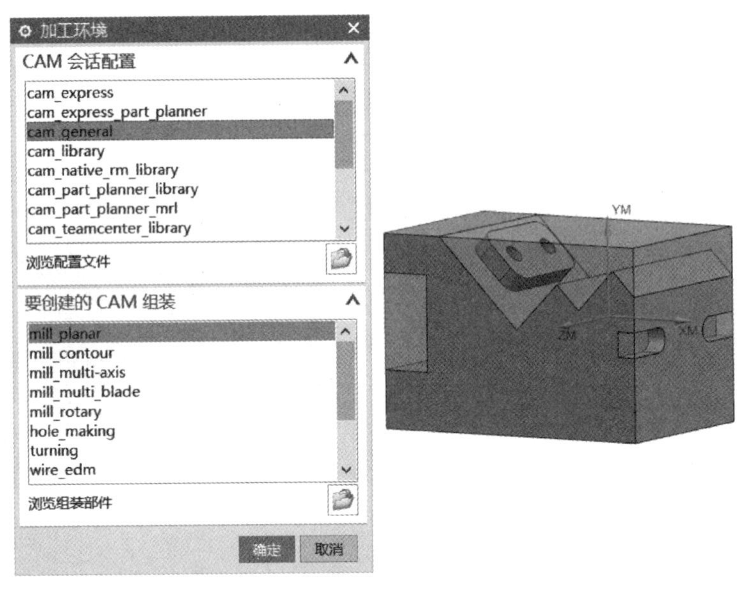

图 3-31　设置加工环境参数

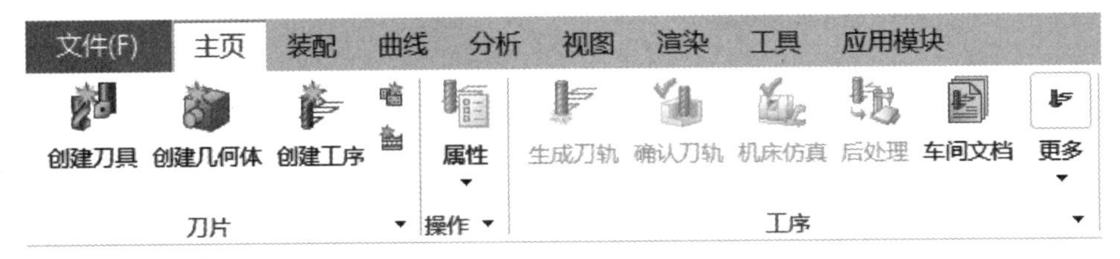

图 3-32　加工菜单

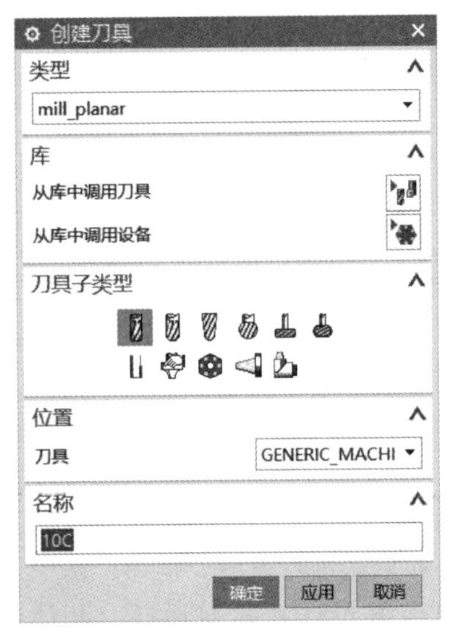

图 3-33　创建 ϕ10mm 立铣刀

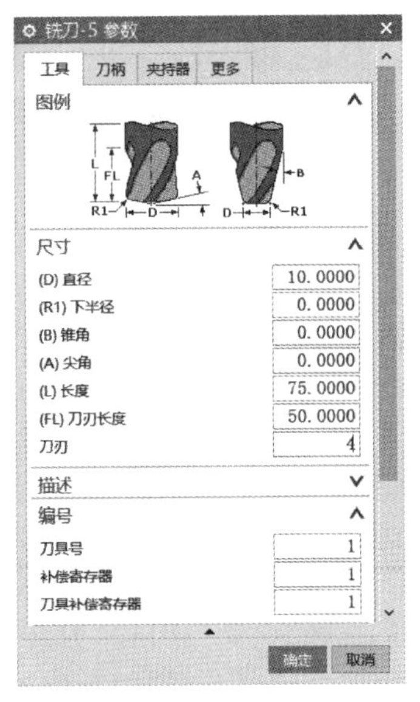

图 3-34　立铣刀参数

5）继续在主菜单中单击“创建刀具”图标，在弹出的“创建刀具”对话框中设置“类型”为“hole_making”，“刀具子类型”自动切换成钻刀类型，选择第一个，“名称”为“10Z”，如图3-35所示，单击“确定”按钮，在弹出的“钻刀”对话中设置刀具“直径”为“10mm”，“刀刃”为“2”，编号统一设置为“3”，如图3-36所示，单击“确定”按钮完成创建。

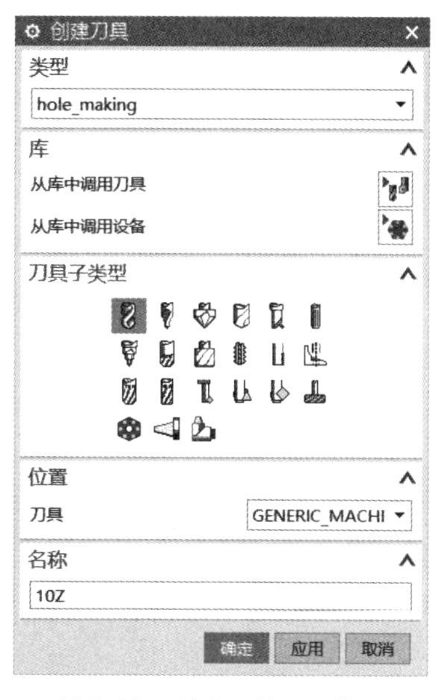

图 3-35　创建 ϕ10mm 钻刀

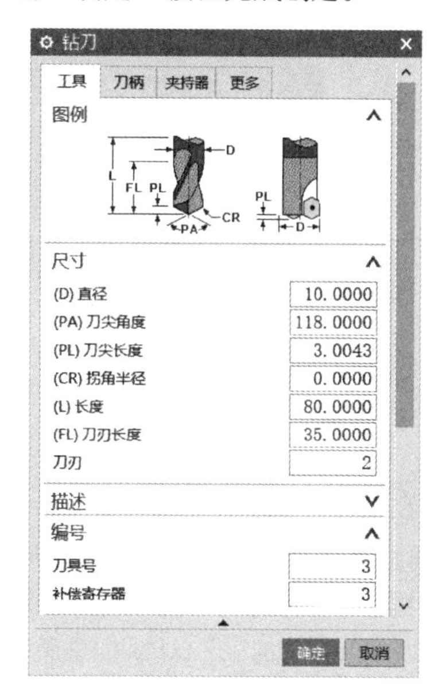

图 3-36　钻刀参数

6）重复上述步骤完成 ϕ12mm 钻刀的创建。单击左侧工序导航器，再在空白处单击鼠标右键，选择“机床视图”即可查看并选择创建完的刀具，如图3-37所示；选择“程序顺序视图”即可查看选择创建的工序程序；选择“几何视图”即可查看选择设置的几何坐标系；选择“加工方法视图”即可对工序程序按照粗加工、半精加工、精加工、钻加工归类，并进行加工。

7）在主菜单单击“创建几何体”图标，在弹出的“创建几何体”对话框中设置“几何体子类型”为“MCS”，“名称”默认为“MCS”，单击“确定”按钮，弹出图3-38所示

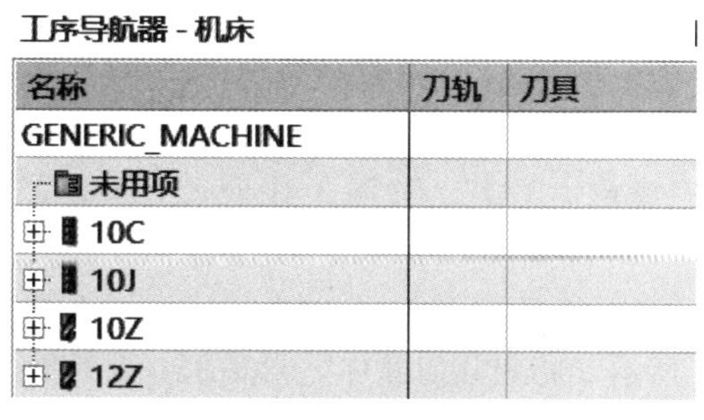

图 3-37　机床视图

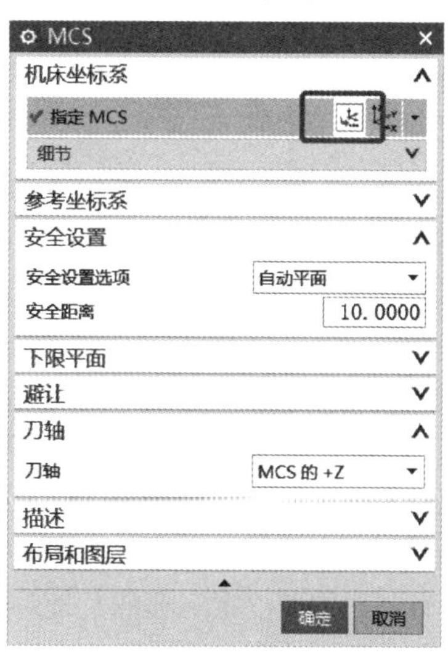

图 3-38　创建坐标系

“MCS”对话框，单击红色方框所示图标，弹出图 3-39 所示对话框，修改“类型”为“自动判断”，在绘图区单击包容体上表面即可自动判断中心位置。

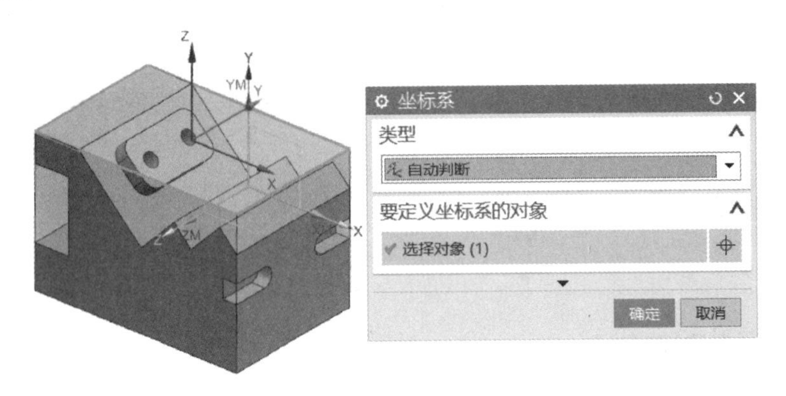

图 3-39　设置坐标系位置

8）在工序导航器空白处单击鼠标右键，在弹出的快捷菜单中选择“加工方法视图”命令，在加工方法列表中双击“MILL_ROUGH”，在弹出的“铣削粗加工”对话框中将“部件余量”设置为“1mm”，将内、外公差设置为“0. 08mm”；双击“MILL_SEMI_FINISH”，在弹出的“铣削半精加工”对话框中将“部件余量”设置为“0. 3mm”，将内、外公差设置为“0. 3mm”；双击“MILL_FINISH”，在弹出的“铣削精加工”对话框中将“部件余量”设置为“0mm”，将内、外公差设置为“0. 01mm”，如图 3-40 所示。

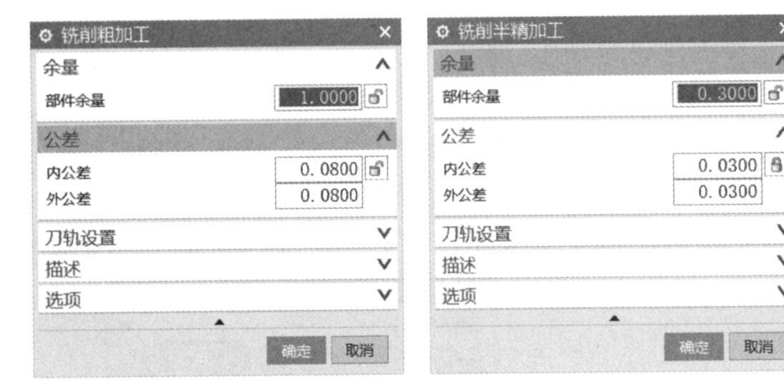

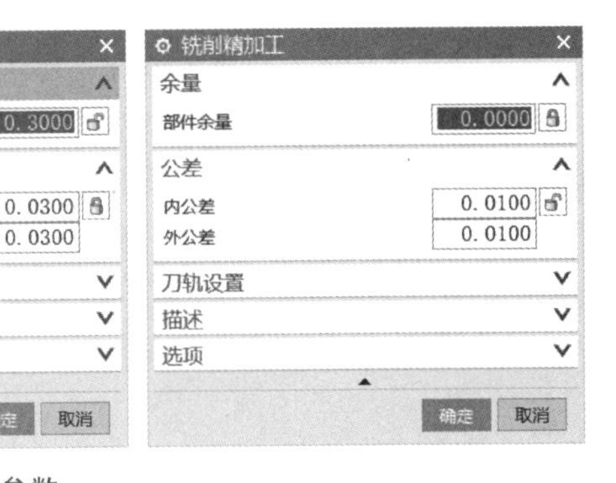

图 3-40　加工方法参数

步骤 3　创建粗加工工序

1）在主菜单中单击“创建工序”图标，在弹出的“创建工序”对话框中设置“类型”为“mill_planar”，“工序子类型”为“型腔铣”，“程序”为“PROGRAM”，“刀具”为 ϕ10mm 粗加工立铣刀，“几何体”为“MCS”，“方法”为“粗加工”，最后自定义程序名称为“01 底座粗加工-1”，如图 3-41 所示，单击“确定”按钮。

2）在弹出的图 3-42 所示对话框中，设置“平面直径百分比”为 35%，每层切削最大距离为 3mm，单击“指定部件”图标进入图 3-43 所示“指定几何部件”对话框，在绘图区单击零件，单击“确定”按钮完成选择。

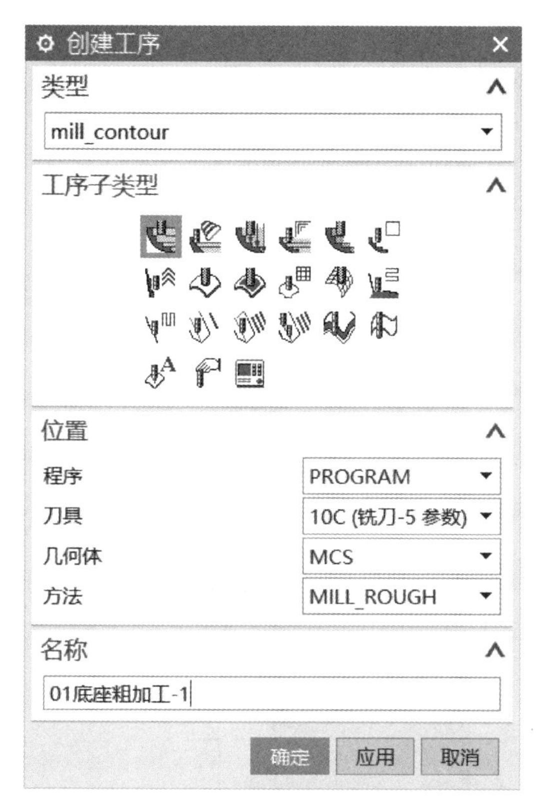

图 3-41　创建型腔铣工序

图 3-42　型腔铣参数

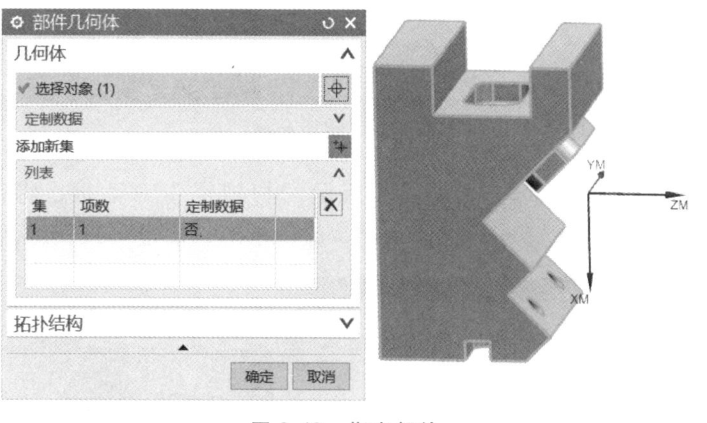

图 3-43　指定部件

3）单击“指定毛坯”图标，进入图 3-44 所示“毛坯几何体”对话框，当显示为底座零件时，可以按下快捷键<Ctrl+Shift+B>切换显示零件，然后显示包容体，单击包容体，单击“确定”按钮回到图 3-42 所示对话框，再次按下快捷键<Ctrl+Shift+B>把显示实体切换回底座零件。

4）在“刀轴”选项组中选择“指定矢量”里的“矢量”选项，进入图 3-45 所示“矢量”对话框，设置“类型”为“自动判断的矢量”，主界面上会跳出 X、Y、Z 三个方向的箭头，选择所需要的 X 向的箭头，观察黄色箭头方向是否正确，如不正确，单击“反向”按钮即可，调整完毕后单击“确定”按钮，回到图 3-42 所示对话框。

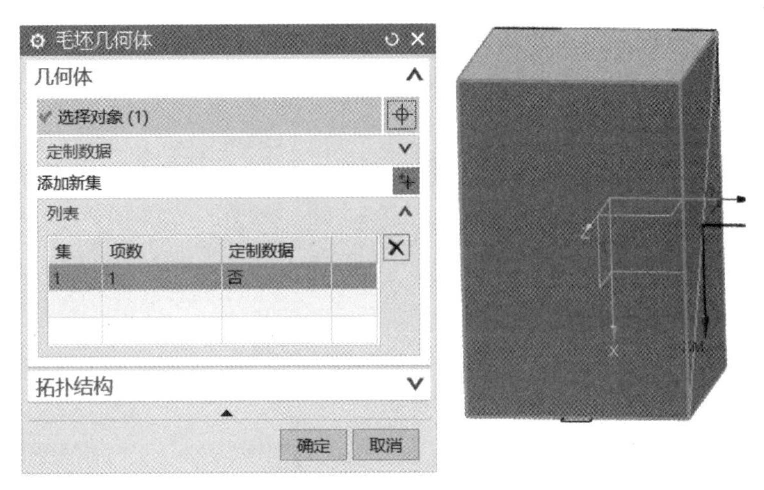

图 3-44　指定毛坯

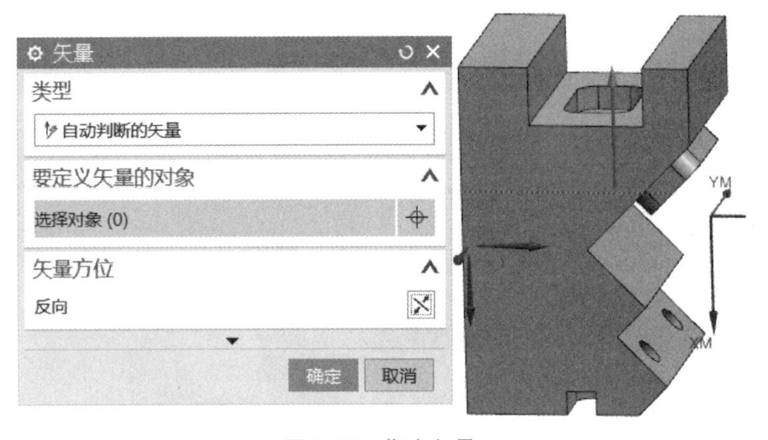

图 3-45　指定矢量

5）单击“切削层”图标进入图 3-46 所示“切削层”对话框，将范围深度设置为 35mm，“每刀切削深度”为“5mm”，其余默认值，单击“确定”按钮退出。

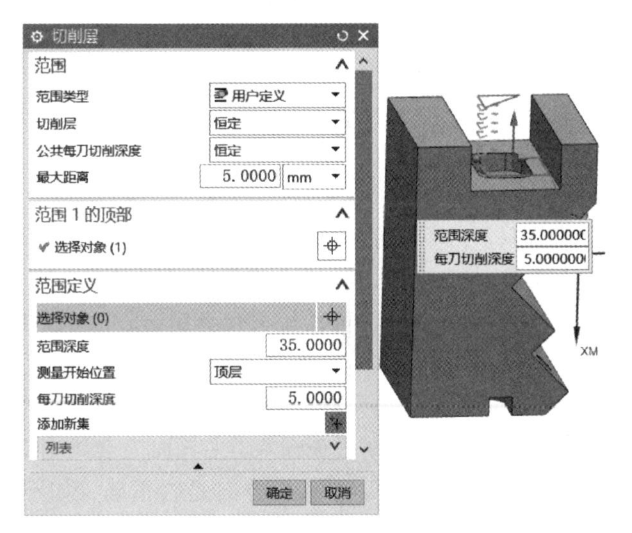

图 3-46　切削层参数

6）继续单击“切削参数”图标，在弹出的图3-47所示对话框中修改拐角的参数，设置光顺所有刀路，“半径”为刀具的40%，“步距限制”为100%刀具直径，单击“确定”按钮结束。

7）单击“非切削移动参数”图标，在弹出的图3-48所示对话框中修改安全平面，单击最高表面“距离”为“100mm”（设置安全平面的目的是为防止五轴转台在转动过程中和主轴以及刀具的干涉），其余区域之间和区域内都设置为毛坯平面距离3mm，单击“确定”按钮结束。

图3-47　“切削参数”对话框

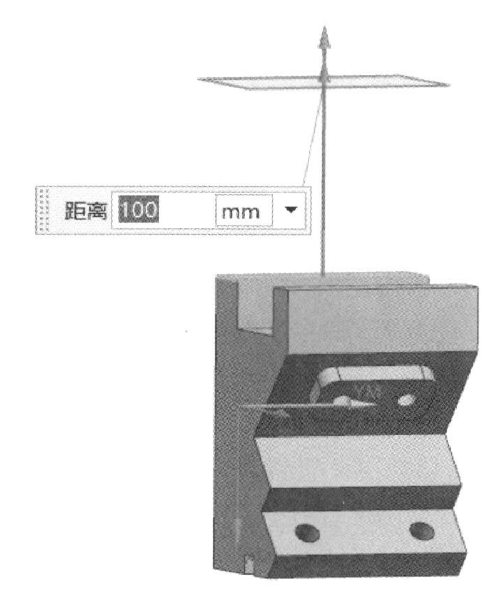

图3-48　非切削移动参数

8）单击“进给率和速度”图标，设置“主轴速度和进给率”如图3-49所示，单击右侧计算按钮，单击“确定”按钮结束，最后在主菜单中单击“生成程序”按钮，得到图3-50粗加工刀路。

图3-49　进给率和速度参数

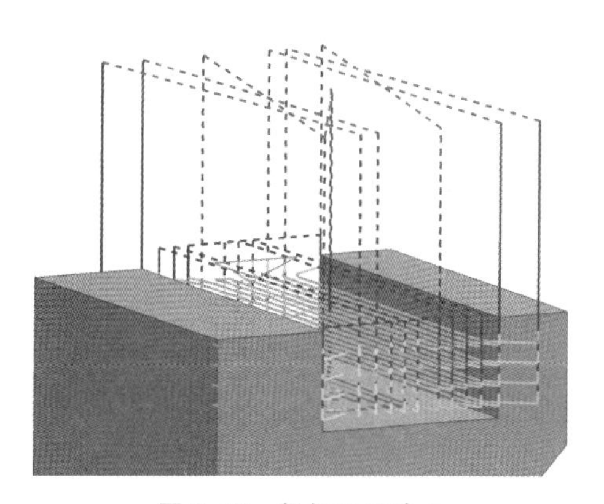

图3-50　粗加工刀路1

9）在工序导航器中选择“01底座粗加工-1”，单击鼠标右键，如图3-51所示在弹出的快捷菜单中选择“复制”命令，再重新单击鼠标右键，如图3-52所示，在弹出的快捷菜单中选择“粘贴”命令，得到“01底座粗加工-1 COPY”程序，修改程序名为“01底座粗加工-2”。

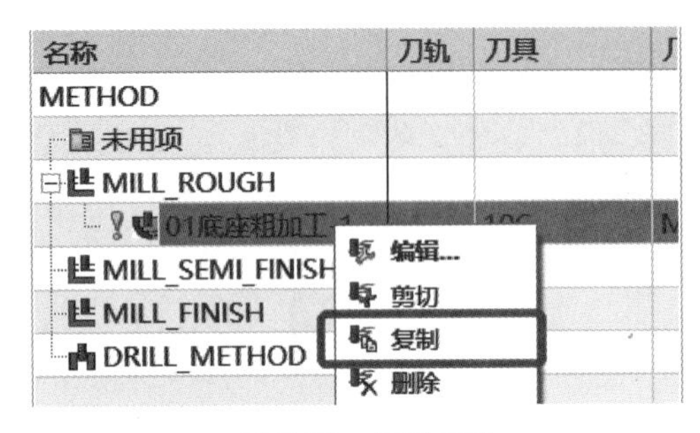

图3-51　复制刀路

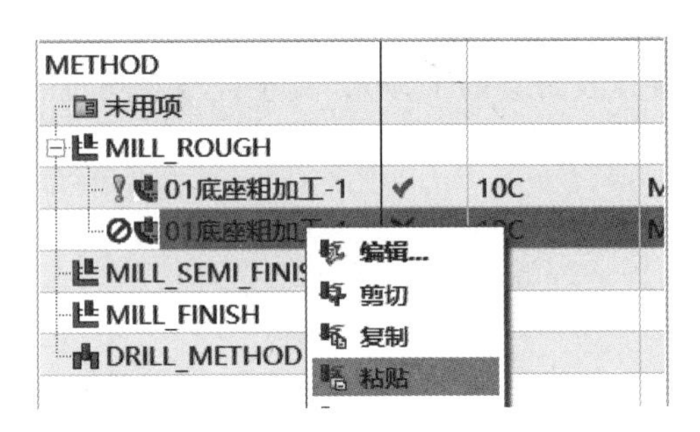

图3-52　粘贴刀路

10）双击“01底座粗加工-2”程序，在弹出的对话框中修改刀轴，设置矢量“类型”为“自动判断”，在绘图区单击所要朝向的斜面的边即可指定矢量方向，如图3-53所示，单击“确定”按钮后回到图3-42所示对话框，会弹出“警告”切削层设置错误，单击“切削层”按钮重新设置切削层参数。

图3-53　修改刀轴

11）继续单击“切削层”图标，弹出图3-54所示对话框，设置“范围类型”为“用户自定义”，在绘图区单击要切削的最低面，其余默认，单击“确定”按钮，退回图3-42所示对话框。继续单击“非切削移动”命令图标重新设置安全平面，设置完成单击“确定”按钮，退回图3-42所示对话框。

12）在“型腔铣”对话框中单击“指定切削区域”图标，如图3-55所示。

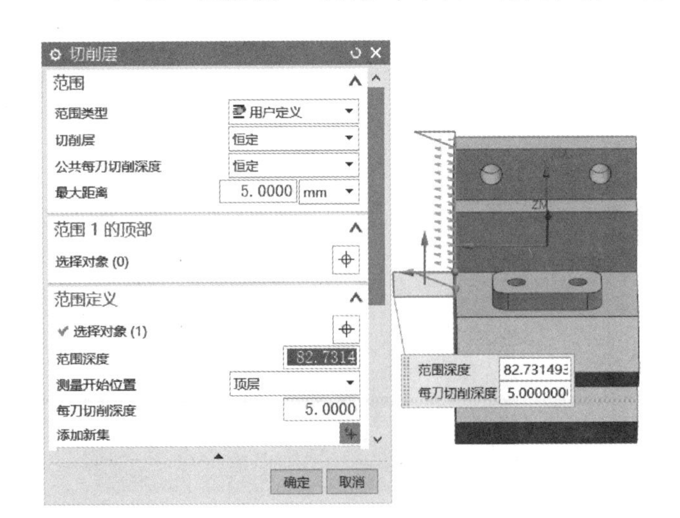

图3-54　修改切削层

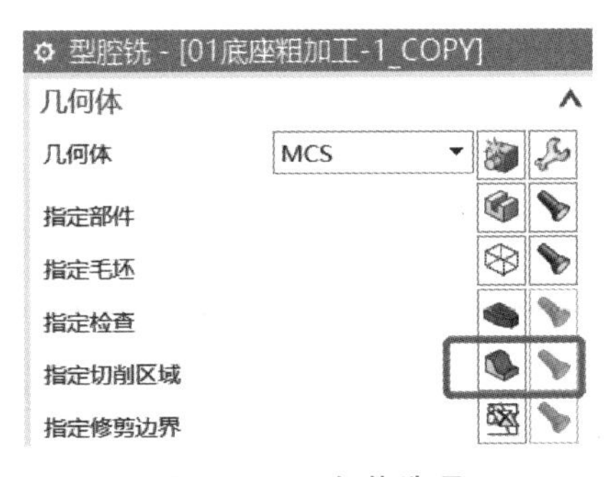

图3-55　几何体选项

13）选择对象为“面”，在绘图区单击上表面，如图 3-56 所示，选择完毕后单击“确定”按钮。

14）在主菜单中单击“生成程序”图标得到图 3-57 所示刀路。

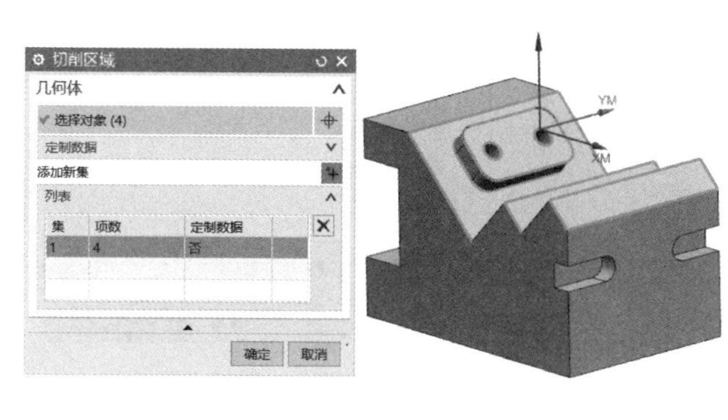

图 3-56　指定切削区域

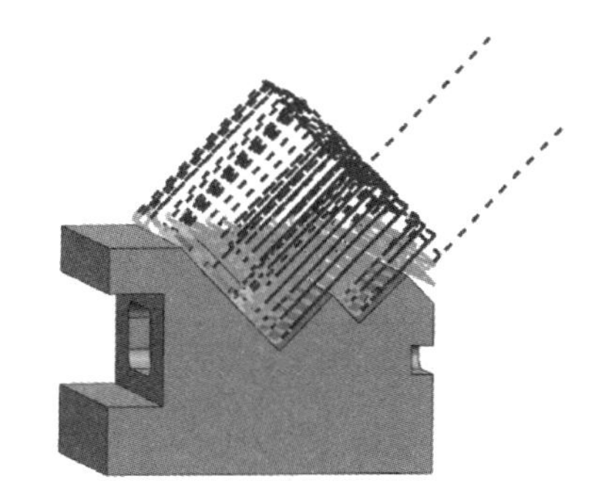
图 3-57　粗加工刀路 2

15）在主菜单单击“创建工序”图标，弹出图 3-58 所示对话框，设置“类型”为“mill_planar”，“工序子类型”为“底壁铣”，修改程序名称为“01 底座粗加工-02”，单击“确定”按钮。

16）在图 3-59 所示对话框中，单击“指定部件”按钮选择底座零件主体，再单击“指定切削区底面”图标，选择需要进行切削轮廓的底面，如图 3-60 所示，选择完毕后单击“确定”按钮返回，进行“刀轴参数”“切削参数”“非切削移动参数”的设置，单击主菜单中的“生成程序”图标查看刀路，如图 3-61 所示。

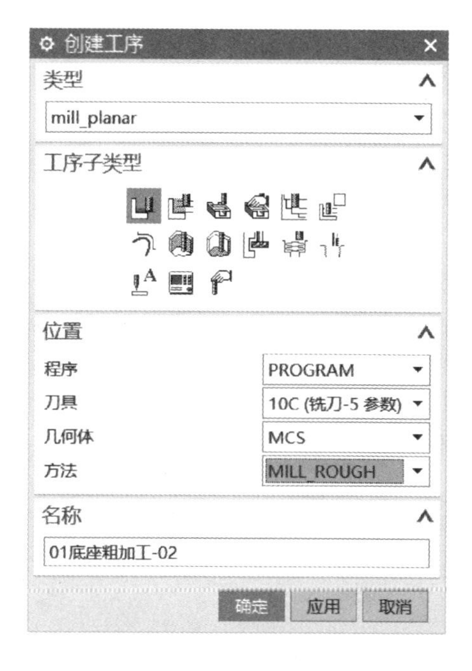

图 3-58　创建底壁铣工序

图 3-59　底壁铣参数

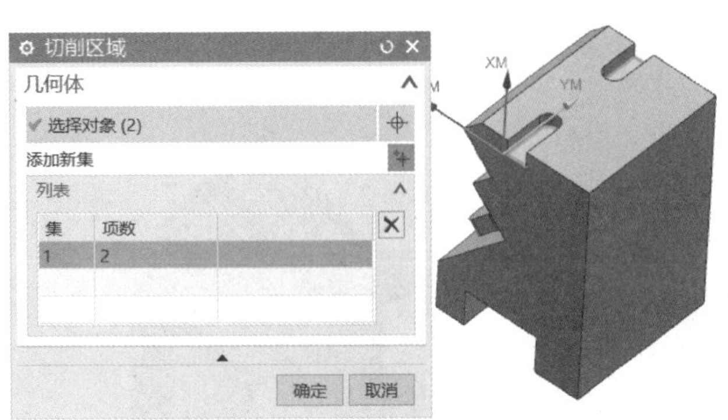

图 3-60　选择切削区域底面

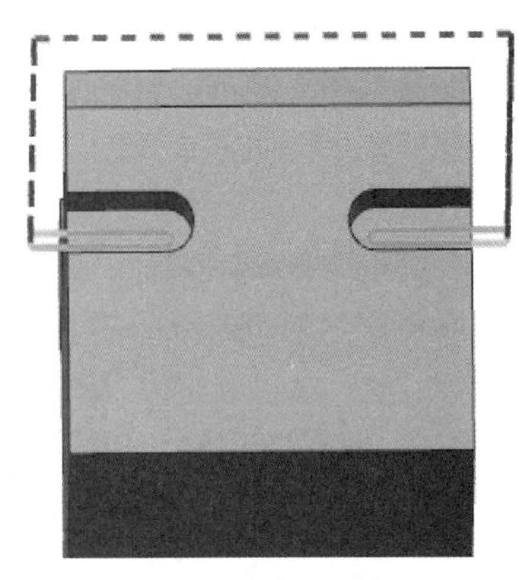

图 3-61　粗加工刀路 3

步骤 4　创建底面精加工工序

1）在主菜单中创建底壁铣程序，刀具选择 ϕ10mm 精加工立铣刀，“加工方法”为“半精加工”，最后自定义程序名称为“02 底座底面精加工-1”，单击“确定”按钮。在弹出的图 3-62 所示对话框中修改“刀轨设置”选项组中的“最大距离”，设置为刀具的 80%，其余默认。

2）在图 3-62 所示对话框中，继续指定部件，在指定切削区域底面时指定切削区域加工面，如图 3-63 所示，选择完后单击“确定”按钮回到图 3-62 所示对话框，选择切削参数，拐角设置不变，在余量设置中的壁余量修改为 0.2mm（防止在底面精加工过程中刀具侧刃蹭到零件侧壁导致尺寸不合格），其余默认，完成后单击“确定”按钮返回，再单击“进给率和速度”按钮进行相关参数设置，单击“确定”按钮返回。

3）继续修改“非切削移动”对话框中的参数，如图 3-64 所示，在“进刀”选项卡中修改“进刀类型”为“沿形状斜进刀”，“斜坡角度”为“15°”，“高度”为“3mm”，“退刀设置”为“与进刀相同”，单击“确定”按钮返回，其余参数设置和“01 底座粗加工-02”的一致，单击主菜单中的“生成程序”按钮，刀路如图 3-65 所示。

4）重复上述步骤或者复制并重命名修改程序名为“02 底座底面精加工-2”，打开复制后的程序，如图 3-66 所示，修改刀轴为“垂直于第一个面”，单击“指定切削区底面”图标，如图 3-67 所示，删除原有底面。

图 3-62　底壁铣底面精加工参数

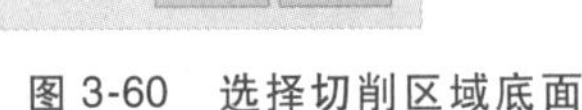

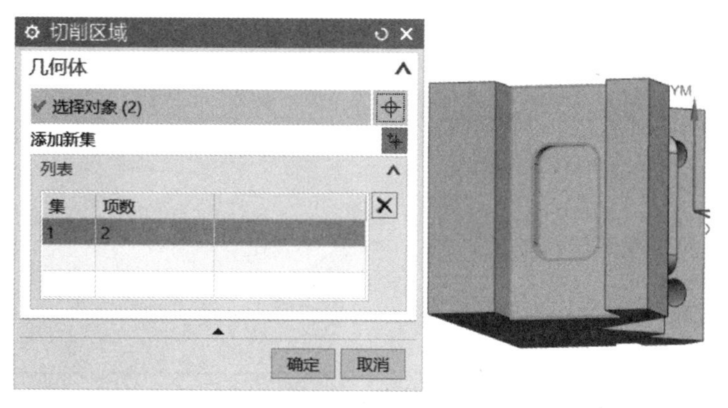

图 3-63　切削区域底面选择

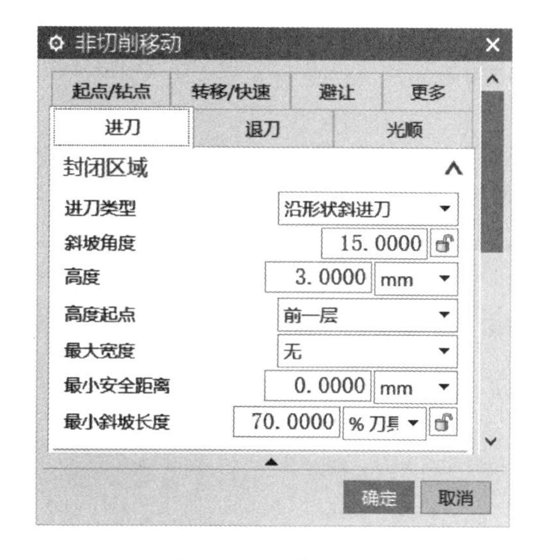

图 3-64　设置进刀

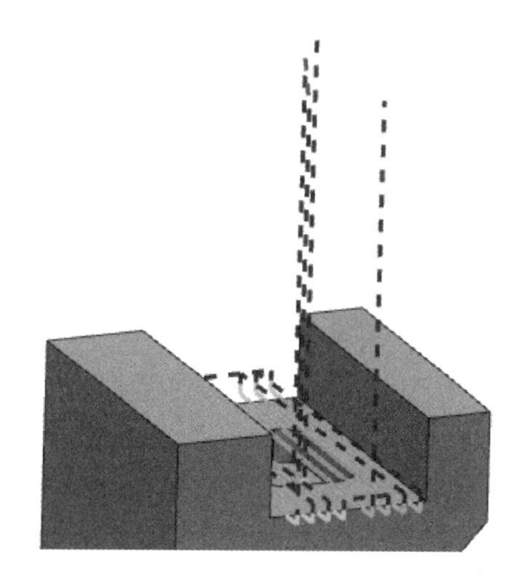

图 3-65　底面精加工刀路 1

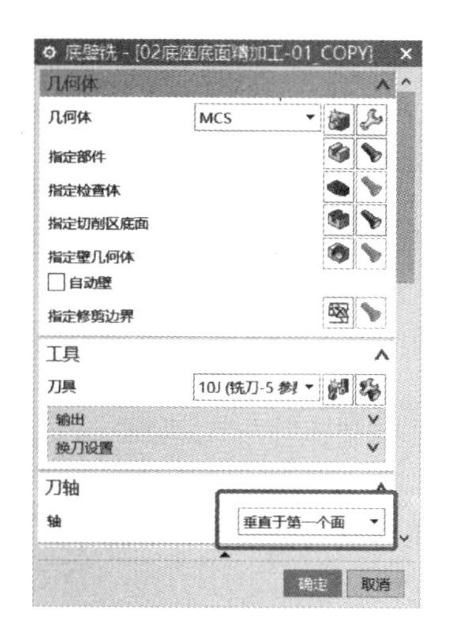

图 3-66　修改刀轴

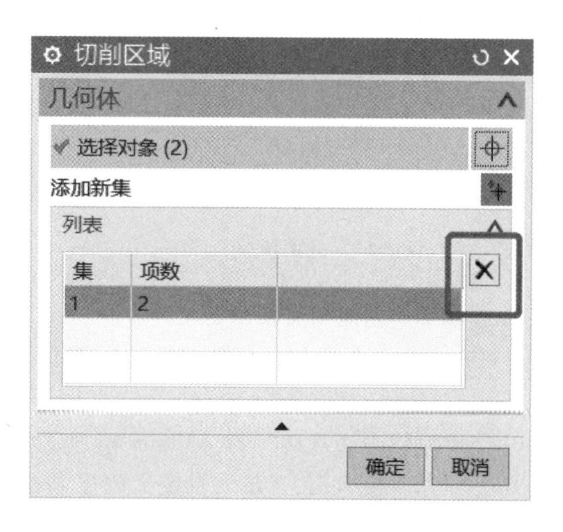

图 3-67　删除原有底面

5）如图 3-68 所示，重新选择底面，选择完毕后单击“确定”按钮返回。

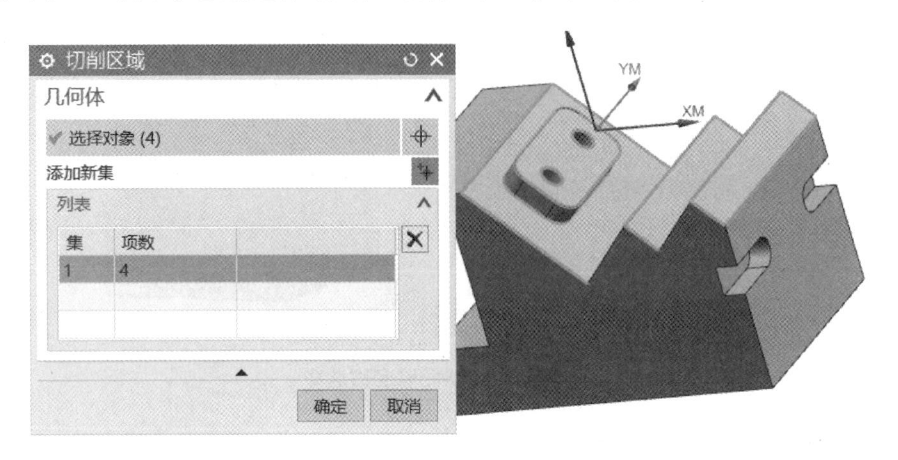

图 3-68 选择加工底面

6）继续修改“非切削移动”对话框中安全平面，完成后单击“确定”按钮返回，最后单击主菜单中的“生成程序”图标，刀路如图 3-69 所示。

7）在工序导航器中选择“01 底座粗加工-3”，对其进行复制，得到“01 底座粗加工-3 COPY”程序，修改程序名为“02 底座底面精加工-3”。修改切削参数，余量设置中修改壁余量为 0.2mm，再修改“进给率和速度”，最后单击主菜单中的“生成程序”图标，刀路如图 3-70 所示。

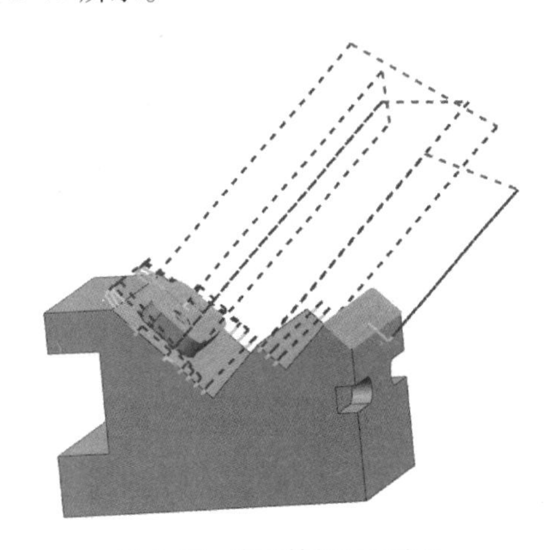

图 3-69 底面精加工刀路 2

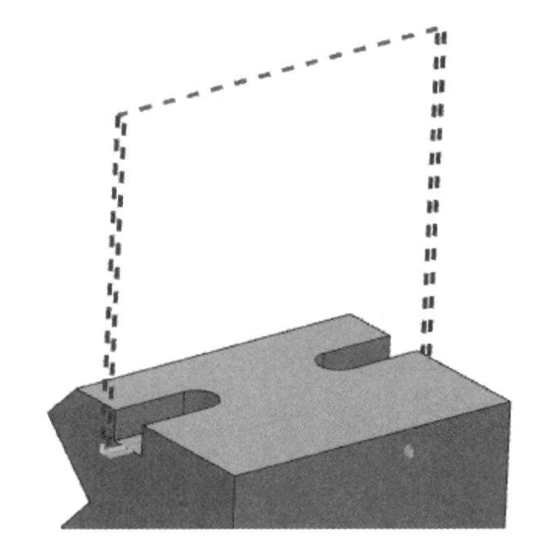

图 3-70 底面精加工刀路 3

步骤 5 创建侧面精加工工序

1）在主菜单中单击“创建工序”图标，在弹出的“创建工序”对话框中设置“类型”为“mill_planar”，“工序子类型”为“精铣壁”“程序”为“PROGRAM”，“刀具”为 ϕ10mm 精加工立铣刀，“几何体”为“MCS”，“方法”为“精加工”，最后自定义程序名称为“03 底座侧面精加工-1”，如图 3-71 所示，单击“确定”按钮。

图 3-71　创建精铣壁

图 3-72　“精铣壁-［03 底座侧面精加工］”对话框

2）在弹出的图 3-72 所示对话框中，单击“指定部件边界”按钮，弹出图 3-73 所示的“部件边界”对话框，单击“选择曲线”图标，在实体上选择需要加工壁的边界曲线，再单击“指定平面”图标，选择顶面，选择完第一个侧面后，单击“添加新集”图标，选择第二个侧面，如图 3-74 所示，完成后单击“确定”按钮返回图 3-72 所示对话框。

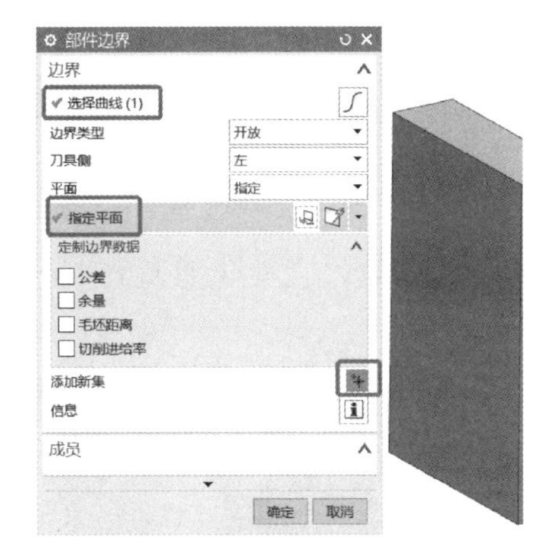

图 3-73　选择曲线加工深度

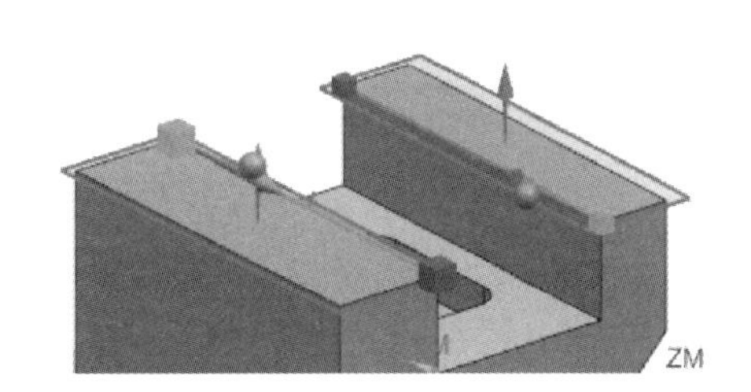

图 3-74　选择加工对象

3）继续单击“指定底面”图标，弹出图 3-75 所示对话框，单击选择底平面，设置“偏置距离”为“0. 02mm”（目的是为防止精加工侧面时刀具底刃蹭到底平面），选择完毕单击“确定”按钮返回图 3-72 所示对话框。

4）在图 3-72 所示对话框中，单击切削参数进行修改，如图 3-76 所示，将余量都设置为“0”，单击“确定”按钮返回，修改“进给率和速度”，单击“确定”返回图 3-72 所示对话框，单击主菜单中的“生成程序”图标，生成图 3-77 所示刀路。

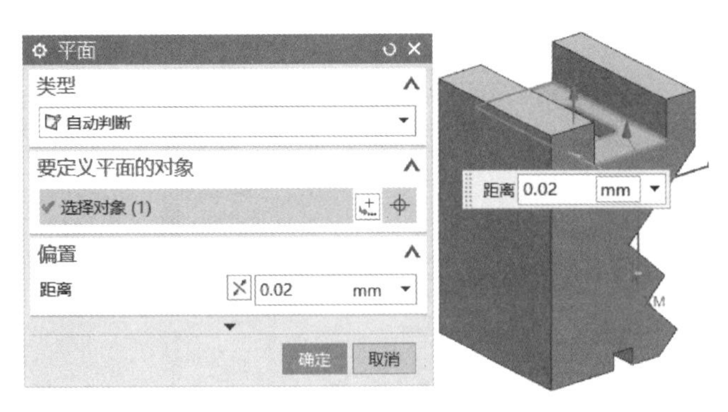

图 3-75 选择底平面

图 3-76 “切削参数”对话框

5）右键单击选择复制程序，再右键单击重命名并修改程序名为“03 底座侧面精加工-2”，打开程序后，修改部件边界，如图 3-78 所示选择曲线并删除。

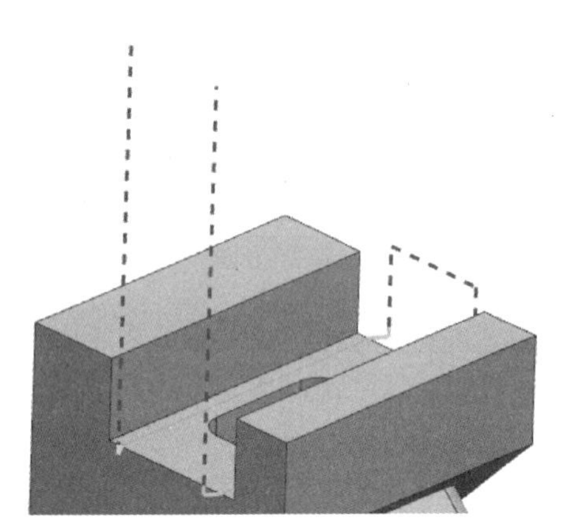

图 3-77 侧面精加工刀路 1

图 3-78 删除曲线

6）继续在图 3-79 所示对话框中把边界的“选择方法”修改为“面”，首先单击长方形

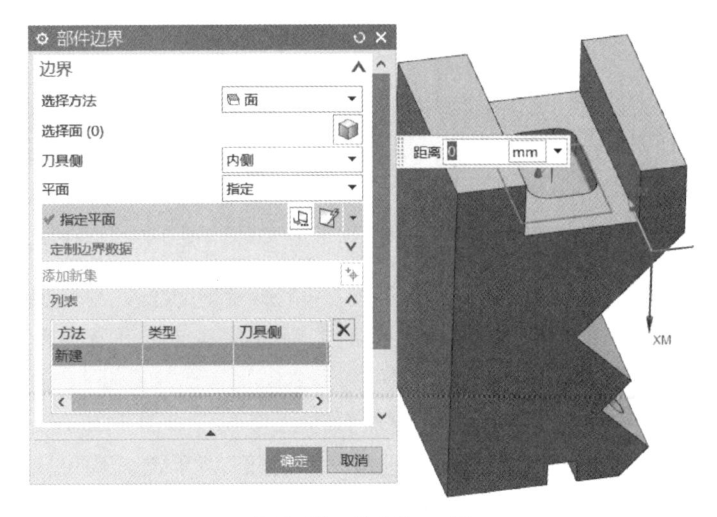

图 3-79 选择加工面

凹槽的底平面，确定边界，再把自动平面改为指定平面后，再次单击长方形凹槽的底面，确定加工深度，接着把“刀具侧”修改为“内侧”，单击“确定”按钮，返回对话框。

7）继续在主对话框中修改“指定底面”，把底平面修改为长方形凹槽的底面，选择完毕后单击“确定”按钮返回对话框，生成刀路，结果如图 3-80 所示。

8）重复上述复制粘贴操作步骤，程序需要修改程序名、指定部件边界、指定底面、非切削参数即可，全部底座侧面精加工刀路，如图 3-81 所示。

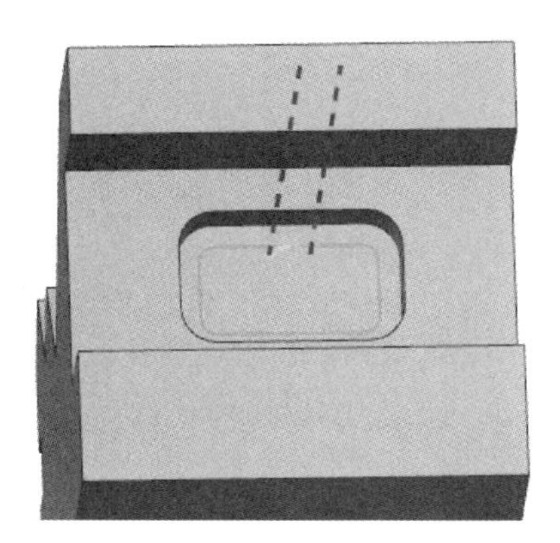

图 3-80　侧面精加工刀路 2

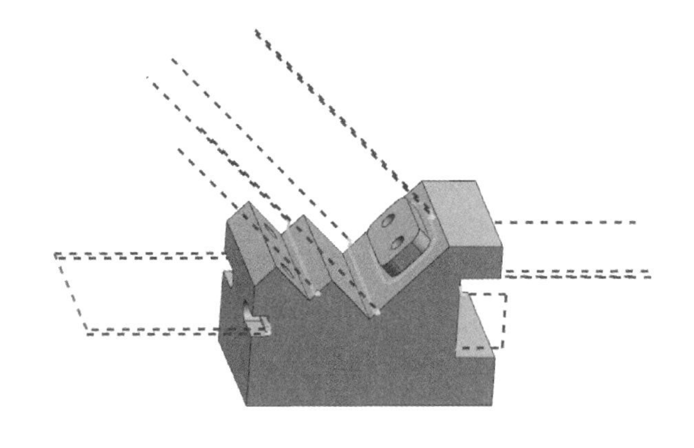

图 3-81　底座侧面精加工刀路

步骤 6　创建孔加工工序

1）在主菜单中单击“创建工序”图标，在弹出的“创建工序”对话框中设置“类型”为“hole_making”，“工序子类型”为“钻孔”，“程序”为“PROGRAM”，“刀具”选择 ϕ10mm 钻刀，“几何体”为“MCS”，“方法”为“钻加工”，最后自定义程序名称为“04 底座钻孔加工-1”如图 3-82 所示，单击“确定”按钮，弹出图 3-83 所示对话框。

图 3-82　创建钻孔工序程序

图 3-83　“钻孔-［04-底座钻孔加工-1］对话框

2）如图 3-83 所示，修改刀轨设置中的“运动输出”为“单步移动”，并修改“循环”，单击框内的扳手图标，修改为“钻，深孔，断屑”，单击“确定”按钮，弹出图 3-84 所示

对话框，修改步进量，设置最大距离为“5mm”，“深度增量”为“恒定”，单击“确定”按钮返回图 3-83 所示对话框，单击“指定特征几何体”图标，弹出图 3-85 所示的“特征几何体”对话框，只需要单击实体上的孔，软件就会自动识别孔的深度和直径还有顶锥角等参数，完成后单击“确定”按钮返回图 3-83 所示对话框。

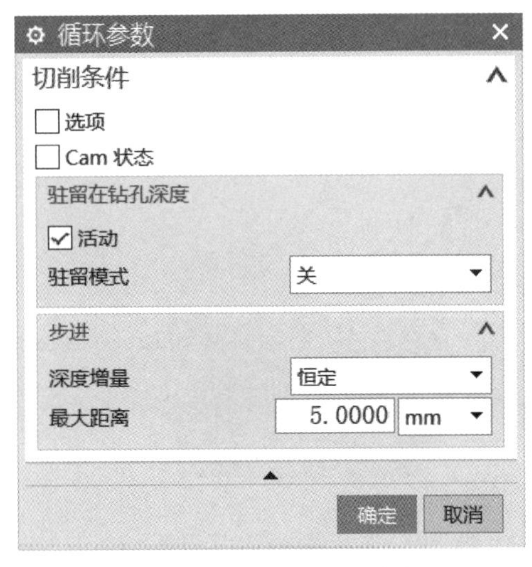

图 3-84　设置钻孔循环参数

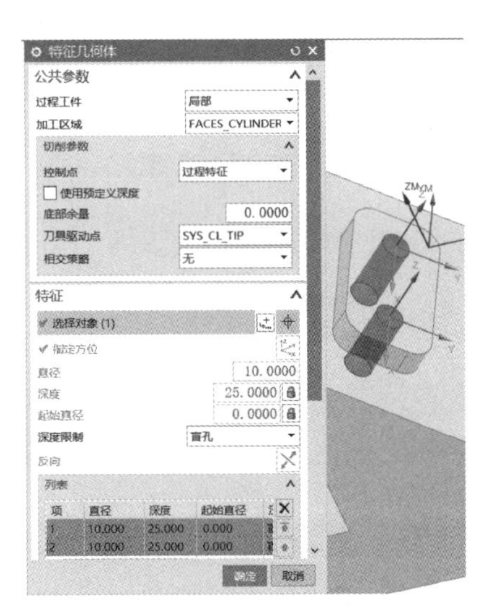

图 3-85　“特征几何体”对话框

3）继续修改“非切削移动”对话框中的安全平面，再修改“进给率和速度”，返回图 3-83 所示对话框后单击主菜单中的“生成程序”图标，刀路如图 3-86 所示。重复上述步骤操作或者复制粘贴程序，如复制粘贴操作则需要重新指定特征几何体和修改所使用的钻头，以及重新指定“非切削移动”对话框中的安全平面，完成后刀路如图 3-87 所示。

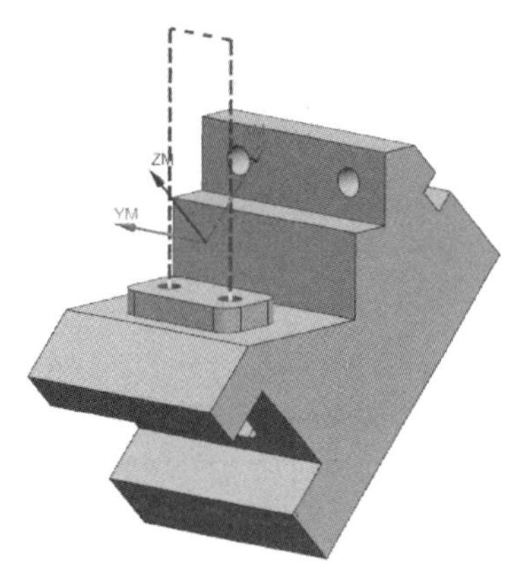

图 3-86　底座钻孔加工刀路 1

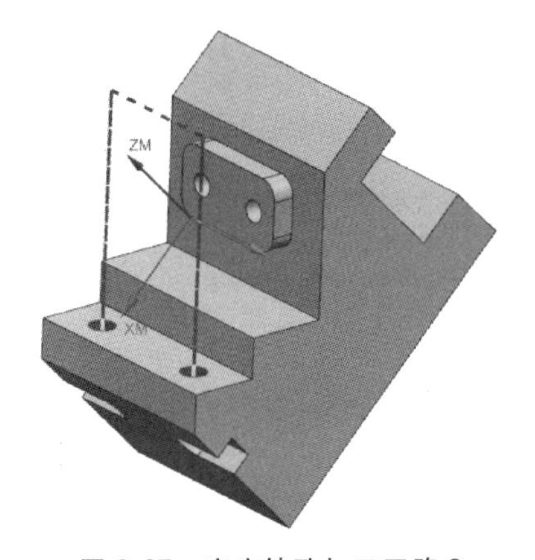

图 3-87　底座钻孔加工刀路 2

流程 4　仿真加工

步骤 1　程序后处理

1）在工序导航器中选择所有粗加工程序，单击主菜单中的“后处理”按钮。

2）在弹出的图 3-88 所示“后处理”对话框中设置“后处理器”为五轴的后处理模板，

自定义输出文件名，单位选择公制，单击“确认”按钮，弹出图 3-89 所示对话框，继续单击“确定”按钮，得到图 3-90 所示程序。

图 3-88　“后处理”对话框

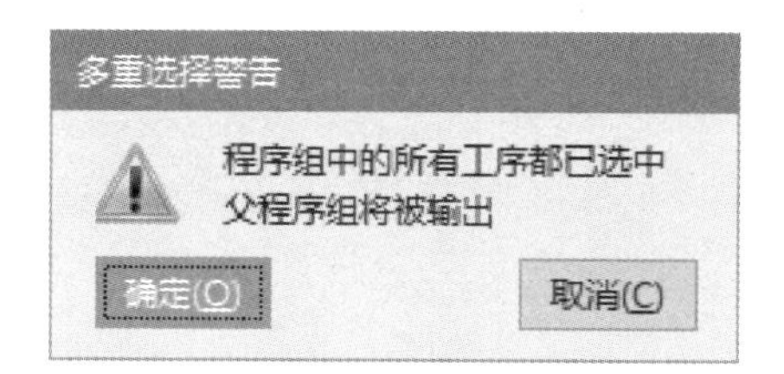

图 3-89　输出警告

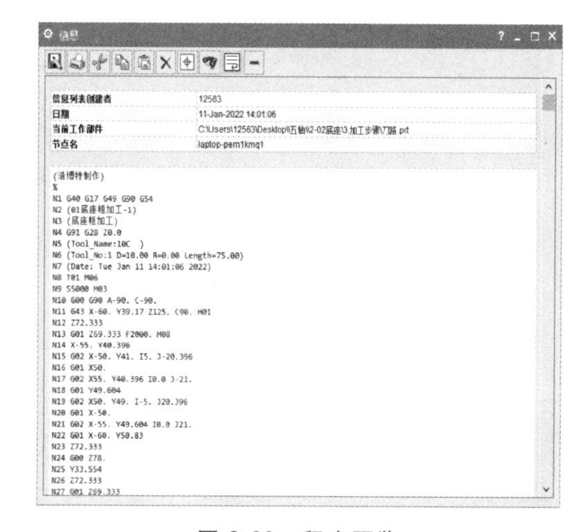

图 3-90　程序预览

3）重复上述步骤，选择不同的程序生成程序，得到图 3-91 所示程序序列。

底座粗加工.NC	2022/1/7 12:33	NC 文件	25 KB
底座底面精加工.NC	2022/1/7 12:34	NC 文件	6 KB
底座侧面精加工.NC	2022/1/7 12:34	NC 文件	3 KB
底座φ10孔加工.NC	2022/1/7 12:35	NC 文件	1 KB
底座φ12孔加工.NC	2022/1/7 12:35	NC 文件	1 KB

图 3-91　程序序列

步骤 2　导出 STL 格式毛坯

进入建模模块，单击“文件”→“导出”→“STL 格式”命令，弹出图 3-92 所示对话框，单击“确定”按钮，得到 STL 格式的毛坯。

步骤 3　建立 VERICUT 项目

1）打开 VERICUT 软件五轴机床“项目 X：\多轴加工技术-VERICUT-机床模板\五轴机床模板”。

2）另存为“项目 X：\ 多轴加工技术-VERICUT-机床模板 \ 底座模板 \ 底座”。

3）“机床”默认“vc_630_5_axis”，“控制”默认“fan31im”。在“Stock”处添加提前设置好的 STL 格式毛坯，调整毛坯和夹具位置，得到图 3-93 所示装夹方案。

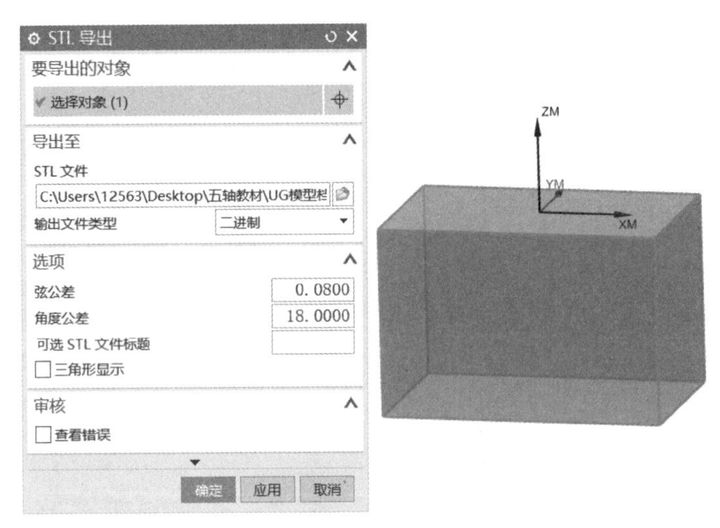

图 3-92　导出毛坯

4）单击坐标系统中的“Csys1”，在项目树底部调整栏中将坐标原点设置在毛坯的顶面中心位置，如图 3-94 所示。

图 3-93　工件装夹方案

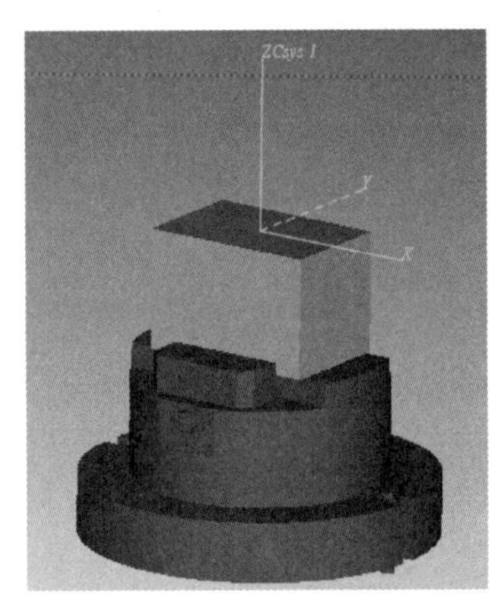

图 3-94　Csys 坐标系

5）单击坐标系统中的“G-代码偏置”图标，单击“添加”按钮，弹出图 3-95 所示对话框，设置“子系统名”为“1”，“寄存器”为“54”，“坐标系”为“Csys1”，单击“添加”按钮，弹出图 3-96 所示对话框，设置从“组件”“Spindle”到坐标原点“Csys1”。

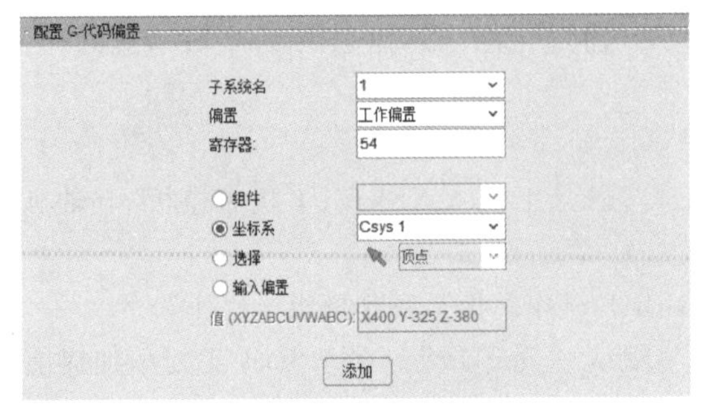

图 3-95　添加 G-代码偏置

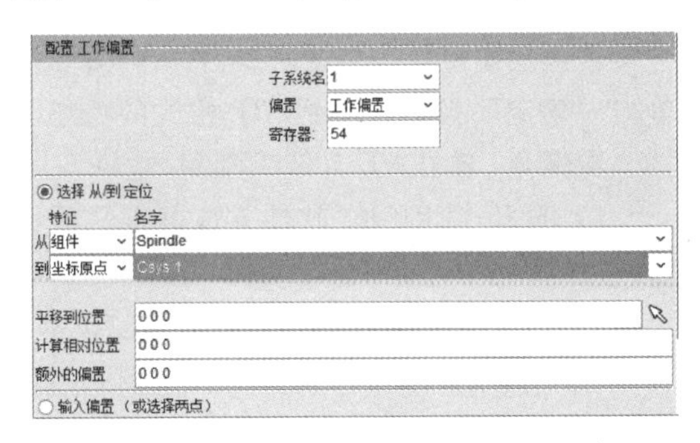

图 3-96　添加 G-代码偏置修改坐标原点

6）双击“加工刀具”图标，单击“添加”按钮，添加 ϕ10mm 的立铣刀，“齿数”为“4”，“刀长”为“120mm”，装夹有效刀长为“100mm”，其余默认，按<Enter>键确定。

7）复制刀具并修改刀具名称，设置“对刀点 ID”和“刀补”为“2”，按<Enter>键确定。

8）单击“孔加工刀具”图标添加钻头，如图 3-97 所示，修改钻头直径为“10mm”，其余默认，再修改钻头名称，设置对刀点，修改“对刀点 ID”和“刀补号”，最后按<Enter>键确定。再复制钻头刀具按上述步骤修改即可，最后保存文件，关闭对话框回到软件主界面。

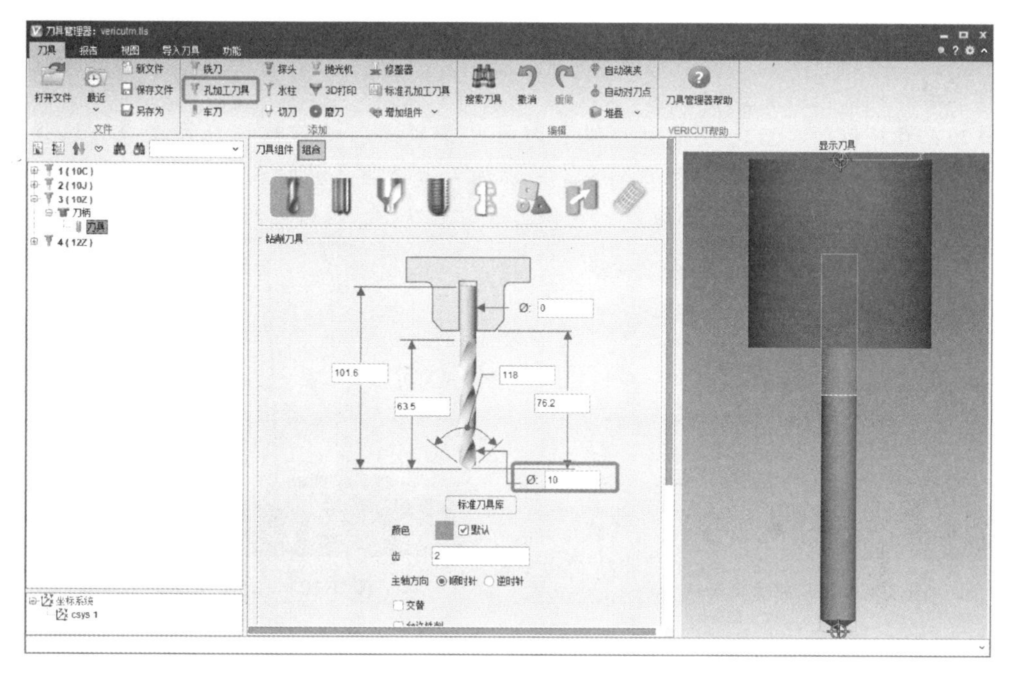

图 3-97　创建钻孔刀具

9）单击“数控程序”，选择底部的“添加数控程序文件”，在弹出的对话框中添加后处理完的程序，最终程序如图 3-98 所示。

10）单击“播放”图标，开始仿真加工，检查仿真加工过程，最终得到图 3-99 所示仿真结果。

数控程序
- 底座粗加工.NC
- 底座侧面精加工.NC
- 底座底面精加工.NC
- 底座φ10孔加工.NC
- 底座φ12孔加工.NC

图 3-98　添加数控程序

图 3-99　底座仿真结果

活动四　知识点提示

1. 五轴定向铣削

原理：在五轴机床上铣削带有角度的面时，可以通过在软件内设定刀轴角度来控制机床工作台进行旋转，使加工底面平行于刀具底面。

技巧：设置刀轴为垂直于底面，在选择完零件底面后，刀轴会自动切换，如图 3-100 所示。

2. 底面精加工工序

原理：底面精加工工序是在零件粗加工之后，在零件的底面留下一层余量，再通过独立的程序，使用刀具对底面进行精铣的流程，其目的是为了保证底面方向的尺寸精度，同时提高底面质量。

技巧：直接粗加工完成的底面一般表面质量都较差，通过控制底面余量，选择如图 3-101 所示刀路，再选择合适的切削用量，可以加工出较高质量的表面。在使用一些特殊的刀具时，甚至可以加工出镜面的效果，例如使用陶瓷刀具、人造金刚石刀片等。

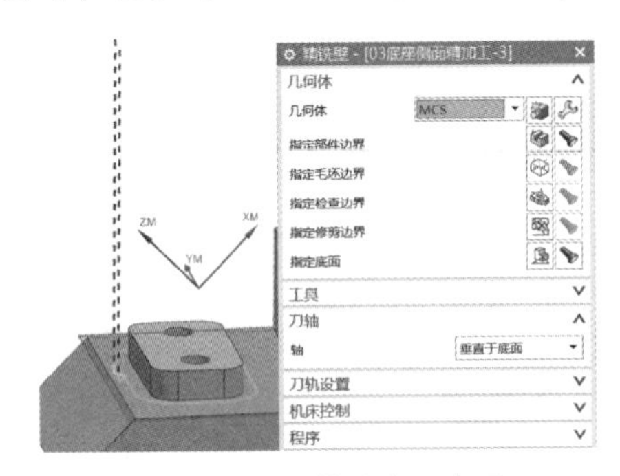

图 3-100　刀轴垂直于底面

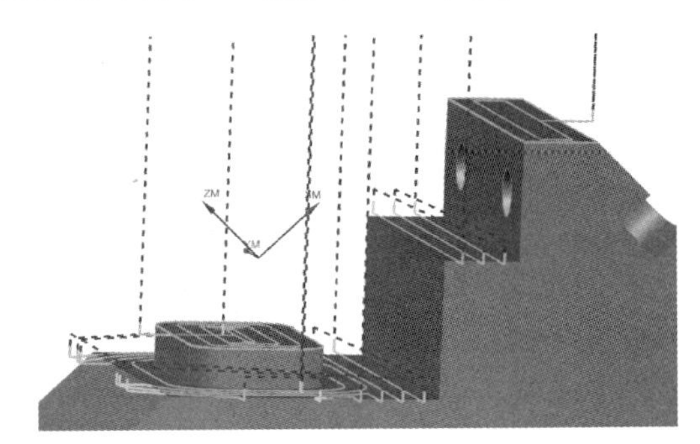

图 3-101　底面精加工工序

3. 平面轮廓铣与精铣壁的功能

原理：平面轮廓铣与精铣壁的工序非常相似，首先通过“指定部件边界”来定义加工起始高度和加工轮廓，再通过“指定底面”来定义高度，然后指定“刀轴”方向来完成工序的核心参数，它们的不同之处在于刀轨设置中的参数不同，前者主要涉及深度分层，如图 3-102 所示，后者倾向切削宽度分层，如图 3-103 所示。

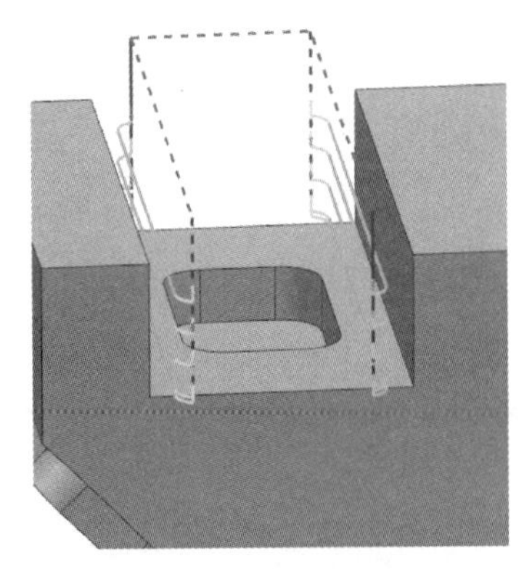

图 3-102　平面轮廓铣特点

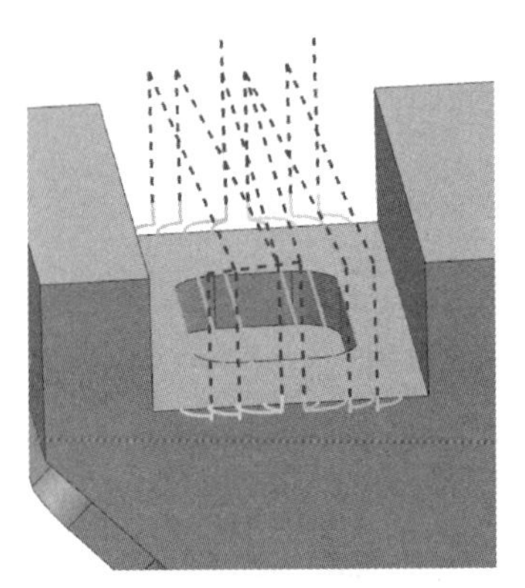

图 3-103　精铣壁特点

技巧：在精加工侧面时，假如不需要分层，那么可以使用两种工序中的任何一种工序。但是在需要分层的时候，可以根据是深度还是切削宽度来进行工序的合理选择。

活动五　任务评价

请对上述活动过程进行内容的评价，见表3-4。

表3-4　任务评价表

任务名称		底座的加工	评价人员	
序号	评价项目	要　　求	配分	得分
1	零件建模	(1)创建底座主体	2	
		(2)创建长方形凹槽	5	
		(3)创建长方形凸台	5	
		(4)创建U形槽	5	
		(5)创建φ10mm孔	2	
		(6)创建φ12mm孔	2	
2	工艺分析	(1)零件结构分析	2	
		(2)精度分析	2	
		(3)加工刀具分析	3	
		(4)零件装夹方式分析	3	
3	程序编制	(1)添加辅助线、面、体	5	
		(2)加工环境准备	5	
		(3)创建粗加工工序	10	
		(4)创建底面精加工工序	10	
		(5)创建侧面精加工工序	10	
		(6)创建孔加工工序	5	
4	仿真加工	(1)程序后处理	3	
		(2)导出STL格式毛坯	3	
		(3)建立VERICUT项目	10	
5	职业素养	团队合作	8	
6	总计		100	

活动六　课后拓展

分析图3-104所示安装座零件图并完成其造型及加工编程。

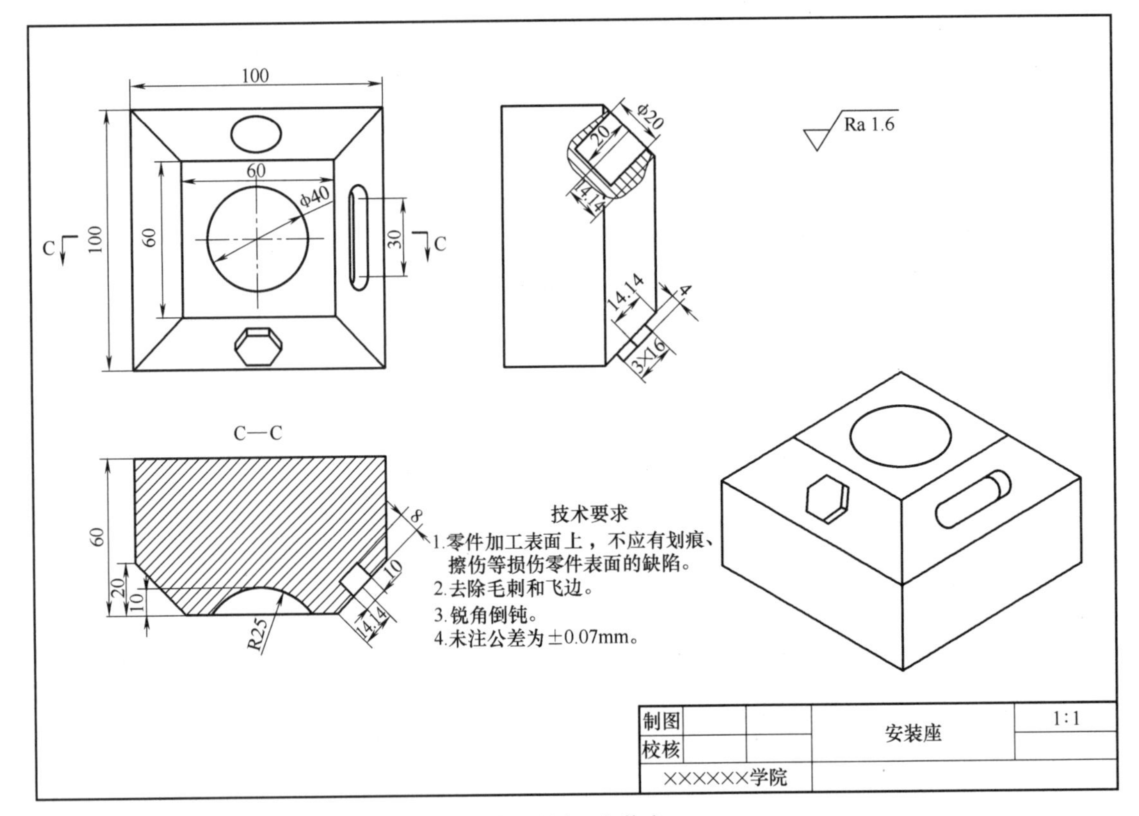
100
100
60
60
φ40
30
C
C
φ20
20
4.14
14.14
4
3×16
Ra 1.6
C—C
60
20
10
R25
8
10
14.14
技术要求
1.零件加工表面上，不应有划痕、擦伤等损伤零件表面的缺陷。
2.去除毛刺和飞边。
3.锐角倒钝。
4.未注公差为±0.07mm。
制图
校核
安装座
1:1
××××××学院

图 3-104　安装座

项目二

拔模件的加工

活动一 确立目标

【知识目标】

1. 掌握建模的拔模参数设置方法。
2. 掌握“可变轮廓铣”加工斜面的工序条件。
3. 掌握五轴管道加工的工序条件。
4. 掌握 VERICUT 软件中自定义刀具的创建方法。

【能力目标】

1. 具备识读拔模件零件图及 3D 造型能力。
2. 能够对拔模件进行工艺设计和程序编制。
3. 能够对拔模件进行仿真加工。

【素养目标】

1. 培养创新意识。
2. 提高职业自信。

拔模件的凹槽形状较为特殊，加工时需要使用特殊形状的刀具，这种带有创新性的加工工艺非常实用。在今后的学习和工作中，我们要具备具体问题具体分析的能力，用创新思维去解决问题。

活动二 领取任务

带拔模的零件在机械行业中尤其是在模具行业中被广泛使用。拔模是为了保证模具在生产产品的过程中产品能顺利脱模。请查阅表 3-5，了解任务详情。

表 3-5 “拔模件”任务书

<table>
<tr><th>序号</th><th colspan="3">内　　容</th></tr>
<tr><td>1</td><td colspan="3">工作任务:“拔模件”的加工
(1)“拔模件”模型如右图所示
(2)拔模件零件图如图 3-105 所示</td></tr>
<tr><td rowspan="2">2</td><td colspan="3">毛坯形状</td></tr>
<tr><td colspan="3">毛坯尺寸为 40mm×70mm×100mm 带圆角</td></tr>
<tr><td rowspan="2">3</td><td colspan="3">工作要求</td></tr>
<tr><td colspan="3">(1)完成拔模件模型的创建
(2)制定拔模件的加工工艺表
(3)编制拔模件的多轴加工程序
(4)对程序代码进行仿真验证
(5)上机制造</td></tr>
<tr><td rowspan="6">4</td><td>验收标准</td><td>符合</td><td>不符合</td></tr>
<tr><td>(1)建模模型体积检测对比</td><td></td><td></td></tr>
<tr><td>(2)工艺(工序步骤)合理</td><td></td><td></td></tr>
<tr><td>(3)NX 工序仿真加工结果正确</td><td></td><td></td></tr>
<tr><td>(4)使用 VERICUT 软件模型加工仿真结果特征正确</td><td></td><td></td></tr>
<tr><td>(5)使用 VERICUT 软件仿真加工结束无任何警告</td><td></td><td></td></tr>
</table>

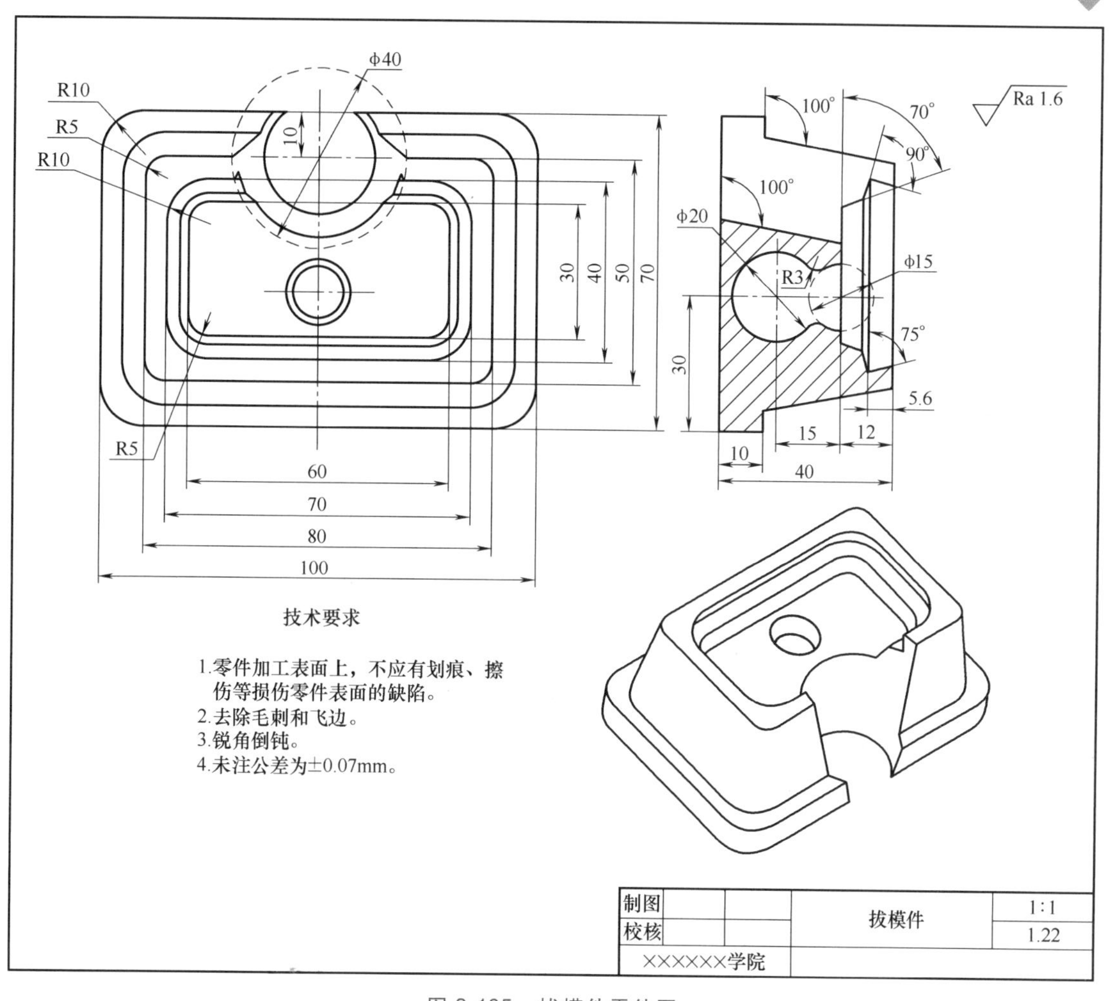

图 3-105　拔模件零件图

活动三　任务实施

流程 1　零件建模

打开 NX 软件，单击“新建”→“模型”选项卡，在选项组“名称”文本框对文件名进行自定义，例如“3-02 拔模件 . prt”。创建拔模件模型的整体，步骤如图 3-106 所示。

步骤 1　创建主体

1）在建模环境下单击“草图”命令图标，如图 3-107 所示。

2）如图 3-108 所示，在弹出的“创建草图”对话框中，设置“草图类型”为“在平面上”，在绘图区单击 YZ 平面，设置“平面方法”为“自动判断”，“参考”为“水平”，“原点方法”为“使用工作部件原点”，单击“确定”按钮进入草图。

3）依据图 3-105 所示零件图，绘制图 3-109 所示的矩形草图，然后结束草图。

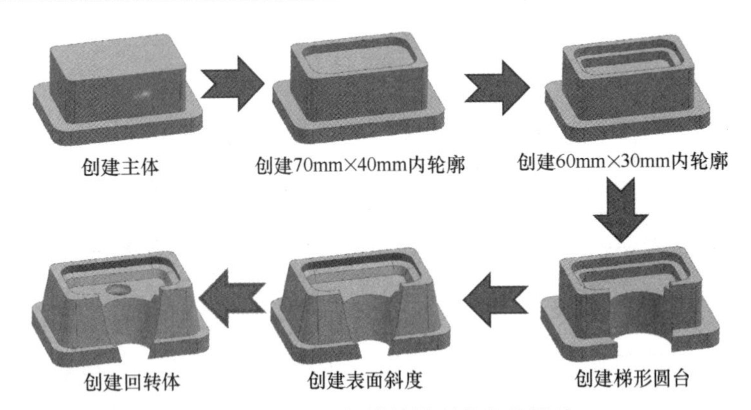

图 3-106 创建拔模件模型的整体思路

图 3-107 常用快捷命令

图 3-108 “创建草图”对话框

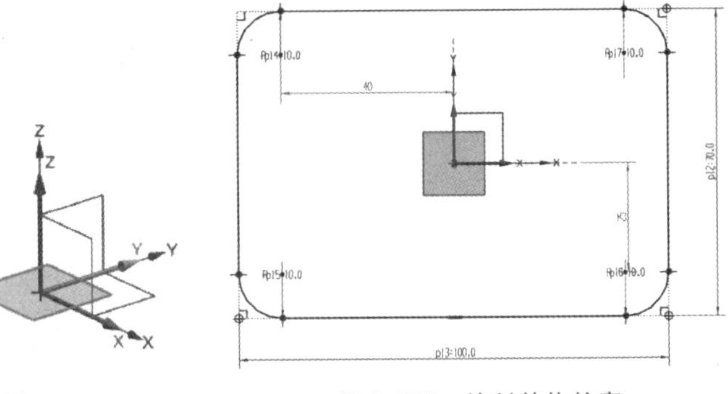

图 3-109 绘制基体轮廓

4）在快捷菜单中选择“拉伸”命令图标，选择建立的矩形草图作为驱动对象，方向指定为 Z 轴正方向，距离为“10mm”，单击“确定”按钮，如图 3-110 所示，完成建模第一步。

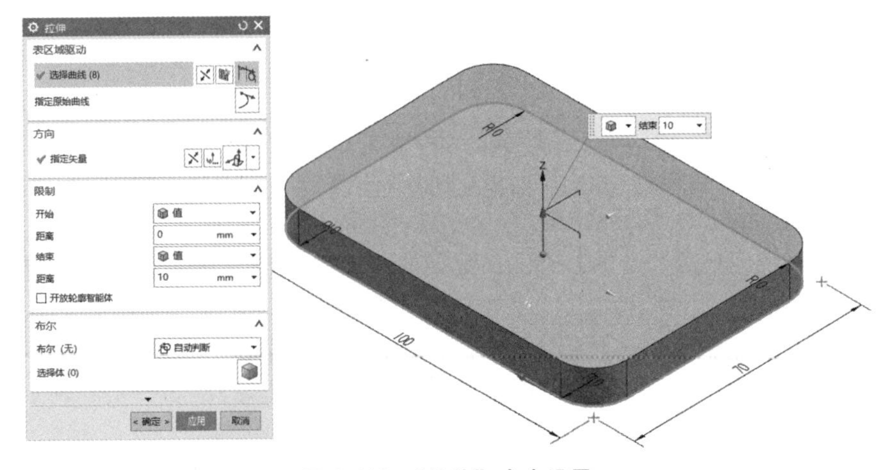

图 3-110 “拉伸”命令设置

5）在快捷菜单中选择“草图”命令图标，在弹出的图 3-111 所示“创建草图”对话框中设置“草图类型”为“在平面上”，要定义平面的对象选择基体上表面，设置“平面方法”为“自动判断”，“参考”为“水平”，“原点方法”为“使用工作部件原点”，单击“确定”按钮进入草图。

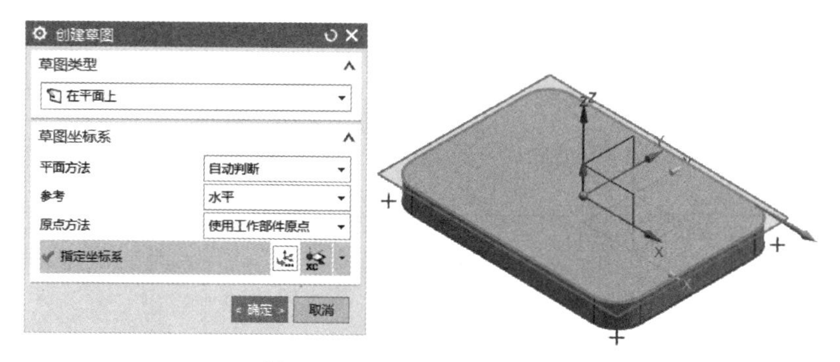

图 3-111　“创建草图”对话框

6）依据图 3-105 所示零件图，绘制图 3-112 所示的基体草图，在草图中通过“矩形”和“圆弧”命令，完成主体轮廓的绘制，单击鼠标右键选择“完成草图”命令图标。

7）在快捷菜单中选择“拉伸”命令图标，弹出图 3-113 所示对话框，设置驱动对象为主体轮廓草图，“方向”为 Z 轴正方向，距离为“30mm”，“布尔”为“合并”，其余默认，单击“确定”按钮，完成主体轮廓的拉伸建模。

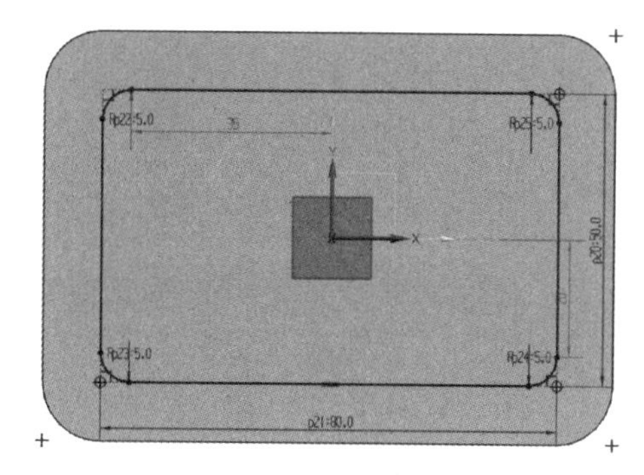

图 3-112　主体轮廓

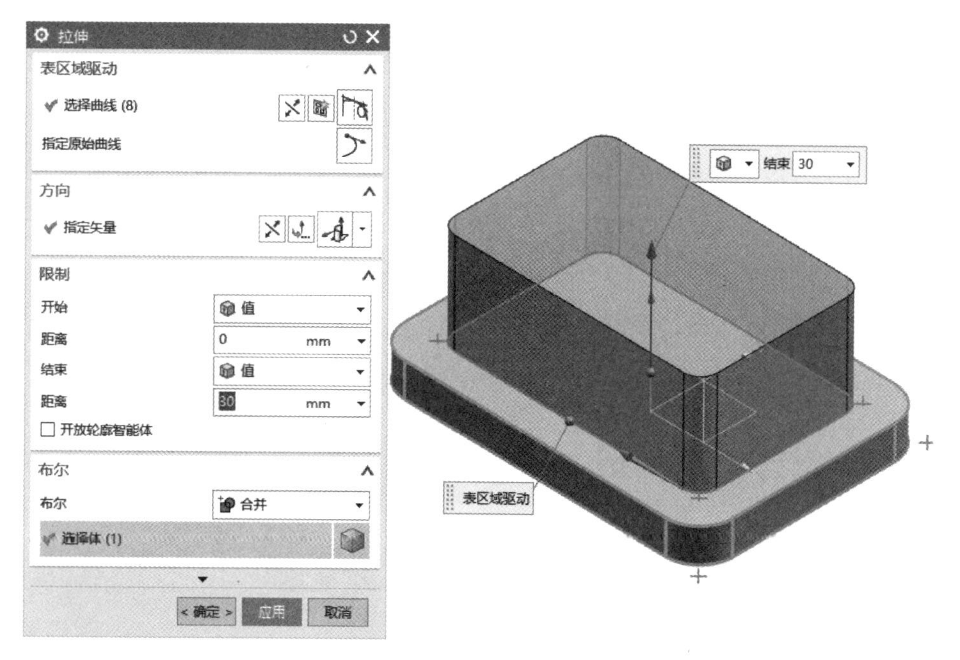

图 3-113　“拉伸”对话框

步骤2　创建70mm×40mm内轮廓

1）在快捷菜单中选择“草图”命令图标，在弹出的图3-114所示“创建草图”对话框中设置“草图类型”为“在平面上”，要定义平面的对象选择主体上表面，设置“平面方法”为“自动判断”，“参考”为“水平”，“原点方法”为“使用工作部件原点”，单击“确定”按钮进入草图。

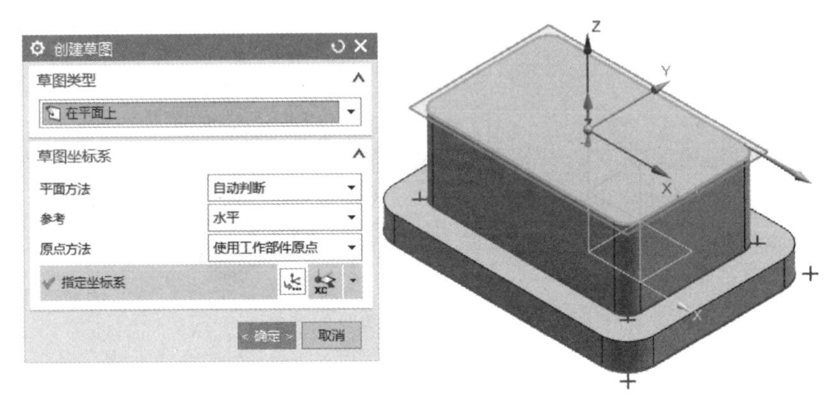

图3-114　创建主体平面草图

2）依据图3-105所示零件图，绘制图3-115所示的基体草图，在草图中通过“矩形”和“圆弧”命令，完成70mm×40mm内轮廓的绘制，单击鼠标右键选择“完成草图”命令。

3）在快捷菜单中单击“拉伸”命令图标，弹出图3-116所示对话框，设置驱动对象为70mm×40mm内轮廓草图，“方向”为Z轴负方向，距离为“5.6mm”，“布尔”为“减去”，其余默认，单击“确定”按钮，完成70mm×40mm内轮廓的拉伸建模。

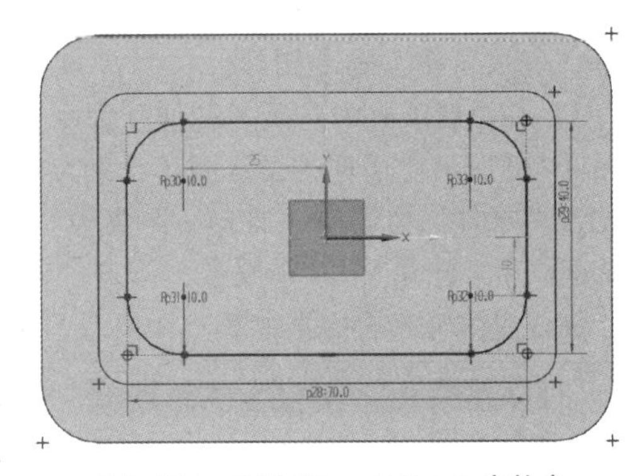

图3-115　绘制70mm×40mm内轮廓

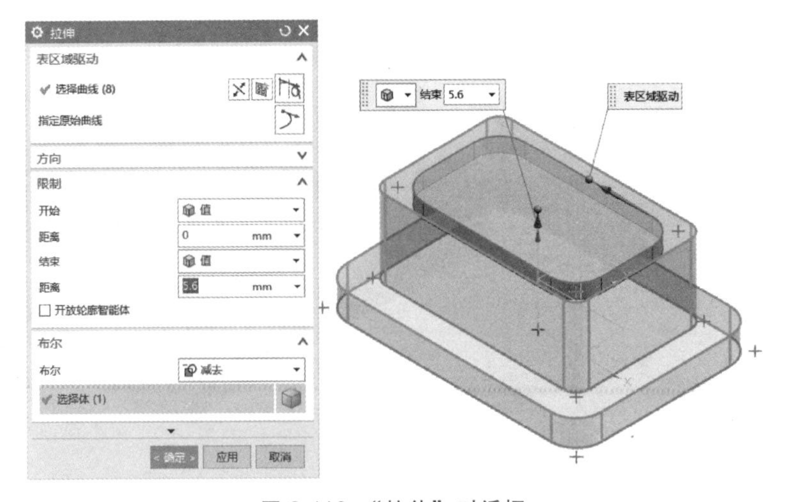

图3-116　“拉伸”对话框

步骤 3 创建 60mm×30mm 内轮廓

1）单击“草图”命令图标，在弹出的图 3-117 所示“创建草图”对话框中设置，“草图类型”为“在平面上”，要定义平面的对象选择主体上表面，设置“平面方法”为“自动判断”，“参考”为“水平”，“原点方法”为“使用工作部件原点”，单击“确定”按钮进入草图。

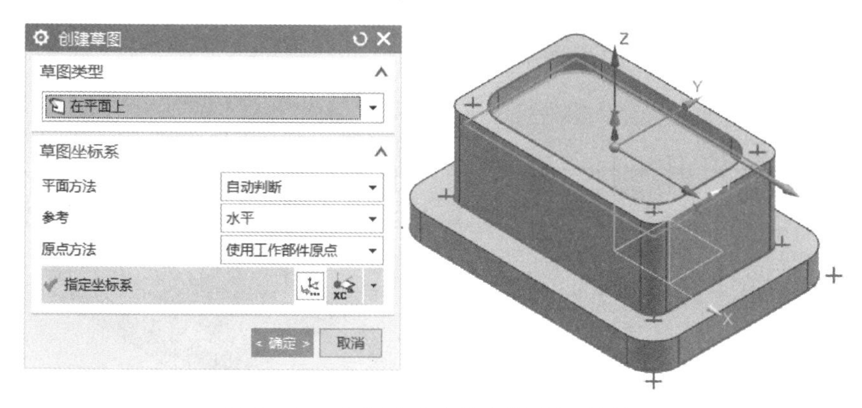

图 3-117 主体平面“创建草图”对话框

2）依据图 3-105 所示零件图，绘制图 3-118 所示的基体草图，在草图中选择“矩形”和“圆弧”命令，完成 60mm×30mm 内轮廓的绘制，单击鼠标右键选择“完成草图”命令。

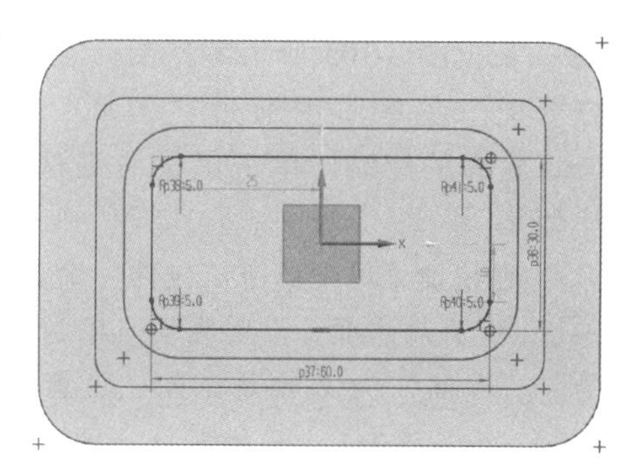

图 3-118 绘制 60mm×30mm 内轮廓

3）在快捷菜单中单击“拉伸”命令图标，弹出图 3-119 所示对话框，设置驱动对象为 60mm×30mm 内轮廓草图，“方向”为 Z 轴负方向，距离为“6.4mm”，“布尔”为“减去”，其余默认，单击“确定”按钮，完成 60mm×30mm 内轮廓的拉伸建模。

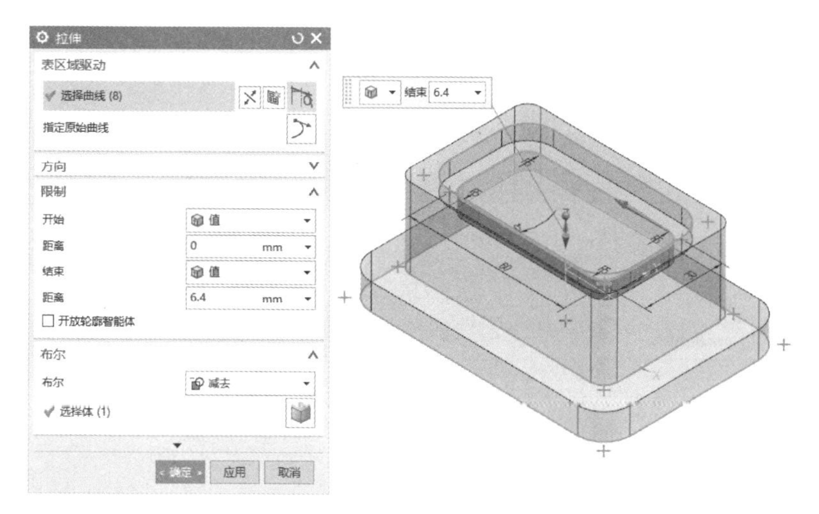

图 3-119 “拉伸”对话框

步骤 4　创建梯形圆台

1）单击“草图”命令图标，在弹出的图 3-120 所示“创建草图”对话框中设置“草图类型”为“在平面上”，要定义平面的对象选择主体上表面，设置“平面方法”为“自动判断”，“参考”为“水平”，“原点方法”为“使用工作部件原点”，单击“确定”按钮进入草图。

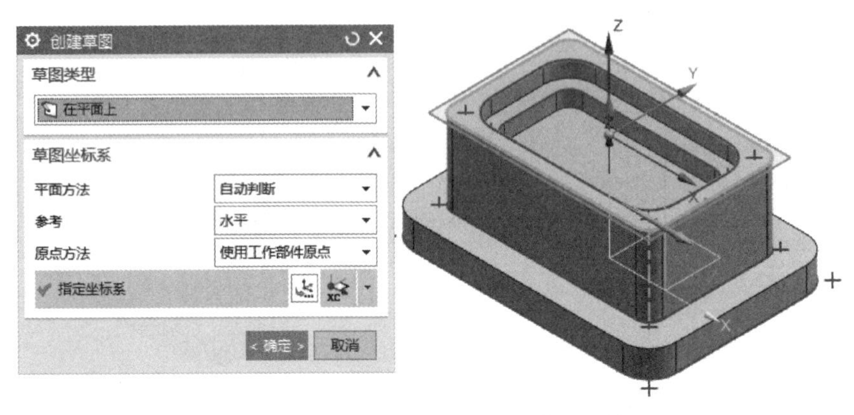

图 3-120　主体平面“创建草图”对话框

2）依据图 3-105 所示零件图，绘制图 3-121 所示的草图，在草图中通过“圆弧”命令，完成 ϕ40mm 轮廓的绘制，单击鼠标右键选择“完成草图”命令。

3）在快捷菜单中单击“拉伸”命令图标，弹出图 3-122 所示对话框，设置驱动对象为 ϕ40mm 轮廓草图，“方向”为 Z 轴负方向，距离为“40mm”，“布尔”为“减去”，其余默认，单击“确定”按钮，完成 ϕ40mm 轮廓的拉伸建模。

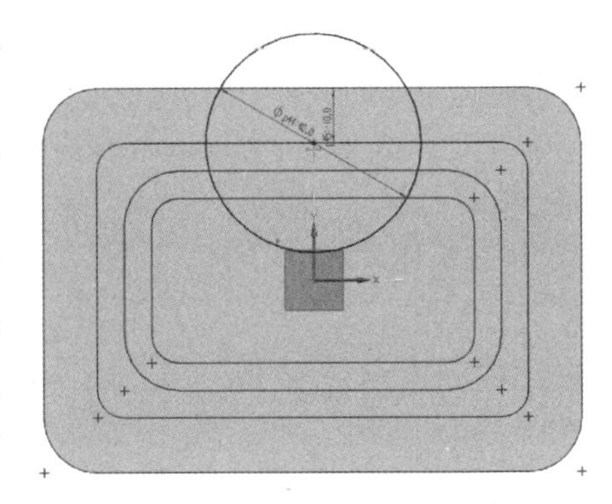

图 3-121　绘制 ϕ40mm 轮廓

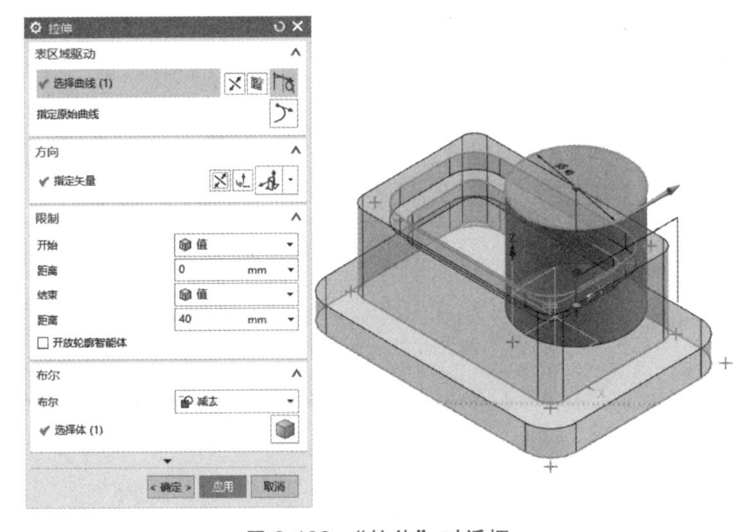

图 3-122　“拉伸”对话框

步骤 5　创建表面斜度

1）在主菜单中，选择“主页”→“拔模”命令，如图 3-123 所示。

图 3-123　选择“拔模”命令

2）在弹出的图 3-124 所示，“拔模”对话框中设置“脱模方向”指定矢量为 Z 轴正方向，“拔模方法”为“固定面”，在绘图区单击主体上表面，“要拔模的面”选择与固定面相接且垂直的九个面，“角度 1”为“10”，其余默认。单击“应用”按钮，创建新的特征。

图 3-124　“拔模”对话框 1

3）在弹出的图 3-125 所示“拔模”对话框中设置“脱模方向”指定矢量为 Z 轴正方向，“拔模方法”为“固定面”，固定面选择主体上表面，要拔模的面选择与固定面相接且“垂直”的 ϕ40mm 圆柱，“角度”为“10”，其余默认，单击“应用”按钮，创建新的特征。

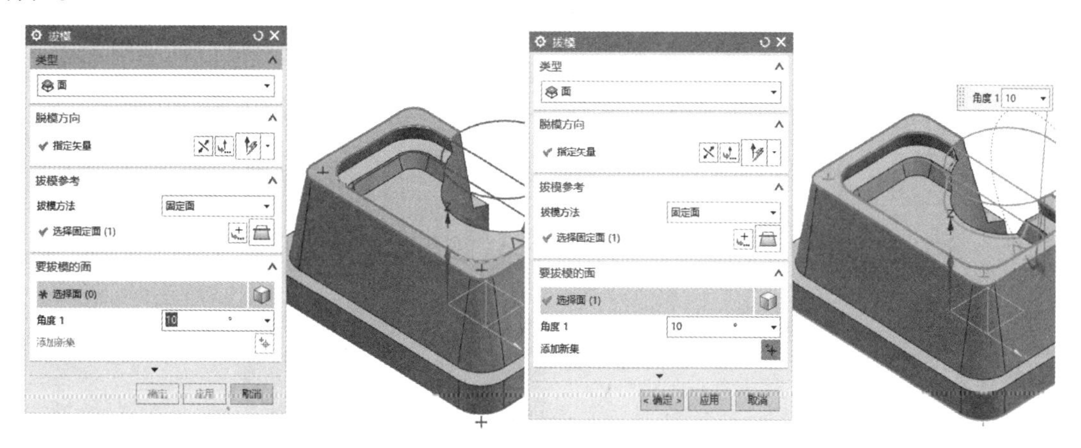

图 3-125　“拔模”对话框 2

4）在弹出图 3-126 所示“拔模”对话框中设置“脱模方向”指定矢量为 Z 轴正方向，

“拔模方法”为“固定面”，固定面选择拔模件上表面，要拔模的面选择与固定面相接且垂直的九个面，“角度”为“15”，注意拔模方向，其余默认，单击“应用”按钮，创建新的特征。

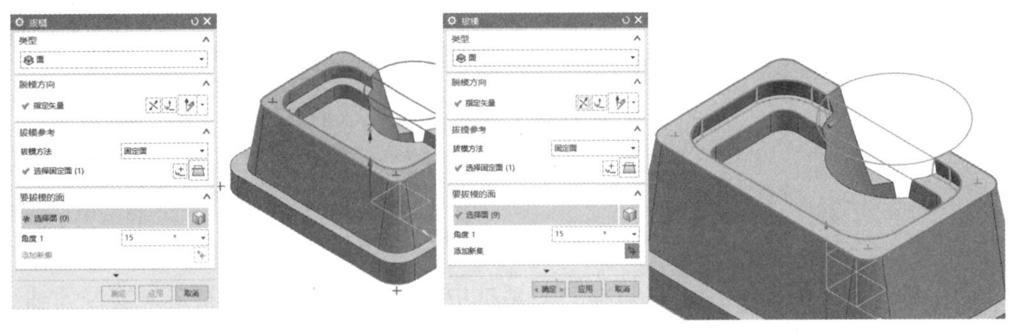

图 3-126 “拔模”对话框 3

5）在主菜单中，选择“主页”→“倒斜角”命令，如图 3-127 所示。

图 3-127 选择“倒斜角”命令

6）在弹出的图 3-128 所示“倒斜角”对话框中设置“横截面”为“偏置和角度”，其余如图 3-128 所示。

7）在弹出的图 3-129 所示“测量距离”对话框中设置起点和终点为图 3-129 所示的两直线终点，其余默认，单击“确定”按钮。

8）在弹出的图 3-130 所示“倒斜角”对话框中选择边，在绘图区单击 60mm×30mm 轮廓的九条边，设置“角度”为“15°”，注意倒斜角方向，其余默认，单击“确定”按钮。

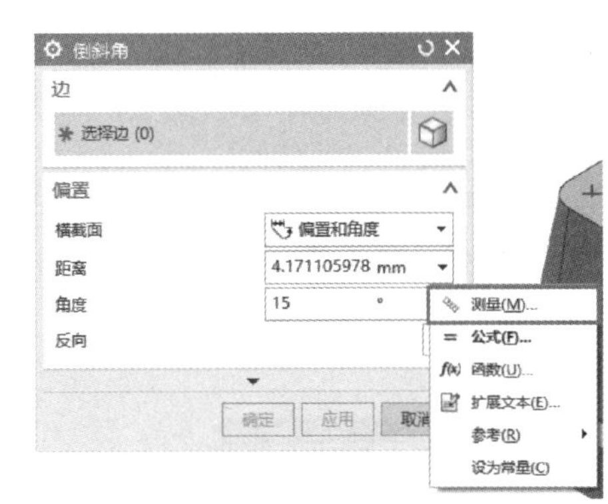

图 3-128 “倒斜角”对话框

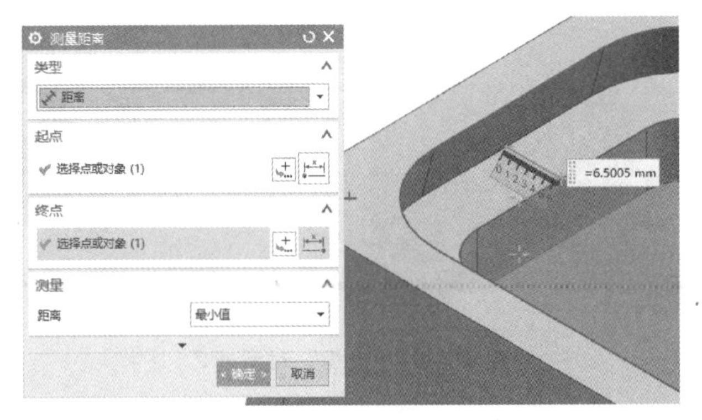

图 3-129 “测量距离”对话框

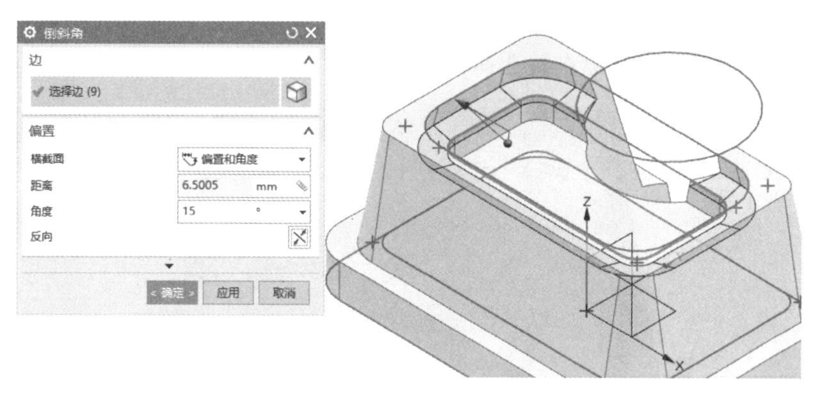

图 3-130 “倒斜角”对话框

9）选择“拔模”命令，在弹出的图 3-131 所示“拔模”对话框中设置“脱模方向”指定矢量为 Z 轴正方向，“拔模方法”为“固定面”，固定面选择 60mm×30mm 轮廓底面，要拔模的面选择与固定面相接且垂直的九个面，“角度”为“20”，其余默认，单击“确定”按钮，创建新的特征。

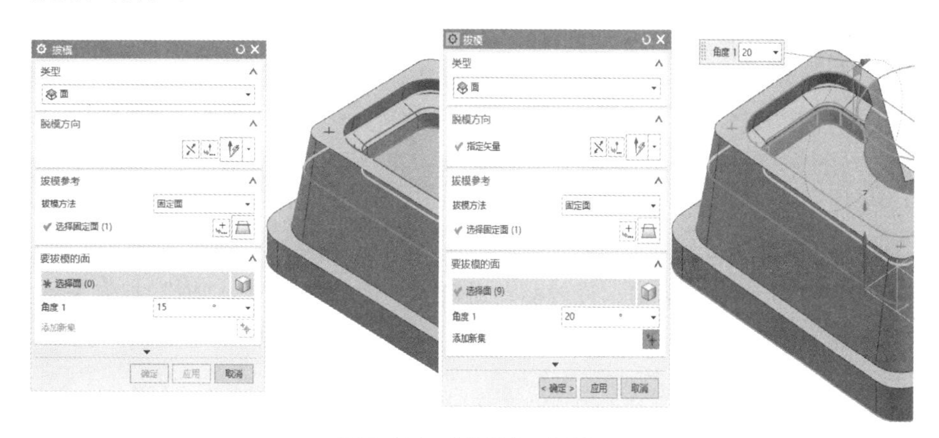

图 3-131 “拔模”对话框

步骤 6　创建回转体

1）单击“草图”按钮命令图标，弹出图 3-132 所示对话框，在绘图区单击 YZ 平面作为指定坐标系，单击“确定”按钮进入草图。

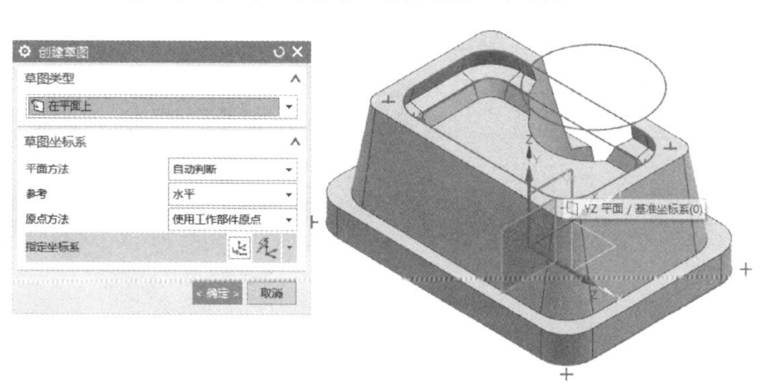

图 3-132 基准平面“创建草图”对话框

2）在草图中通过“圆弧”“直线”“快速修剪”“圆弧过渡”命令，完成凸轮轮廓的绘制，如图 3-133 所示，单击鼠标右键选择“完成草图”命令。

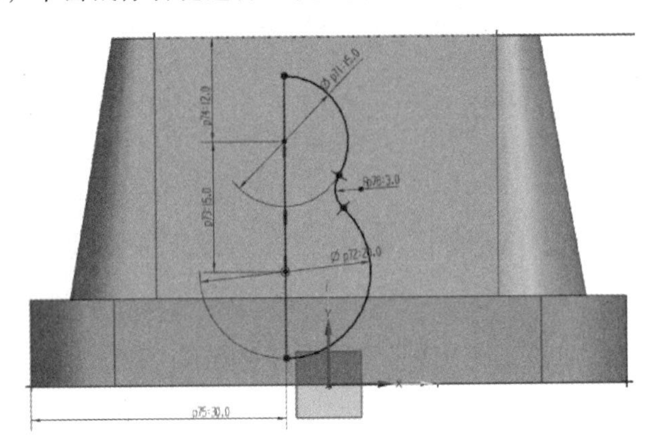

图 3-133　绘制凸轮轮廓

3）在主菜单中选择“主页”→“旋转”命令，如图 3-134 所示。

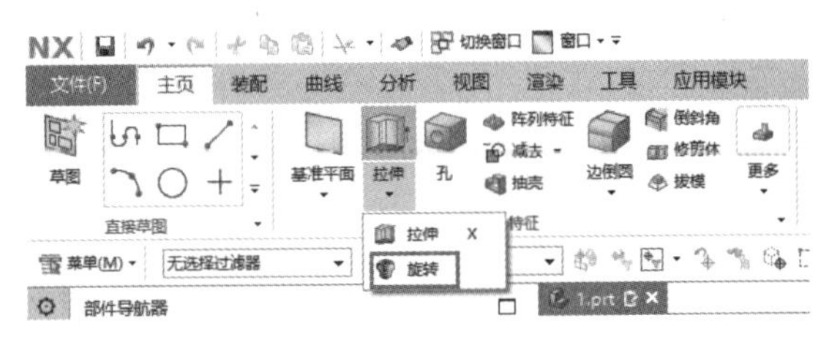

图 3-134　选择“旋转”命令

4）弹出图 3-135 所示对话框，设置驱动对象为主体轮廓草图，“轴”指定矢量方向为 Z 轴，指定点选择旋转轴端点，“布尔”为“减去”，其余默认，单击“确定”按钮，完成回转体的旋转建模。

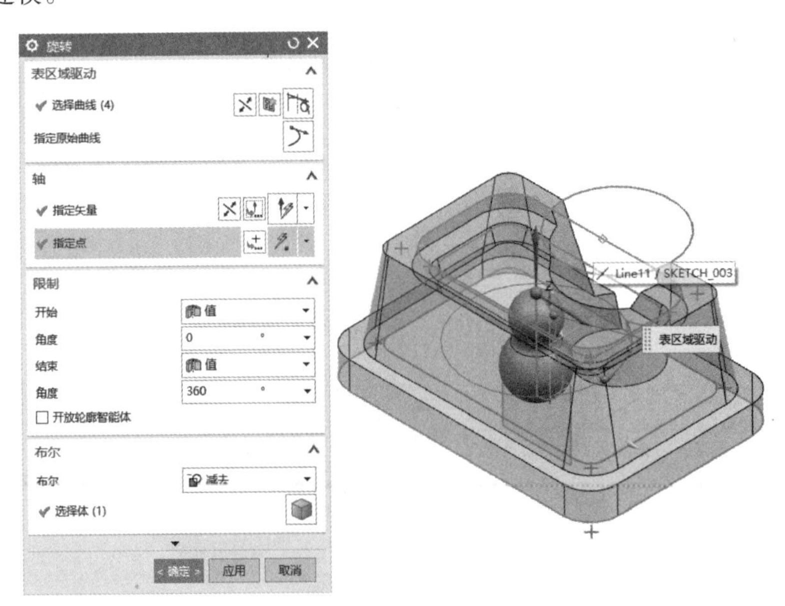

图 3-135　“旋转”对话框

5）在主菜单中选择“分析”→“更多”→“测量体”命令，在“测量体”对话框中，设置“对象”为最终模型，如图 3-136 所示，测量得到体积为 156884.4581mm^3。

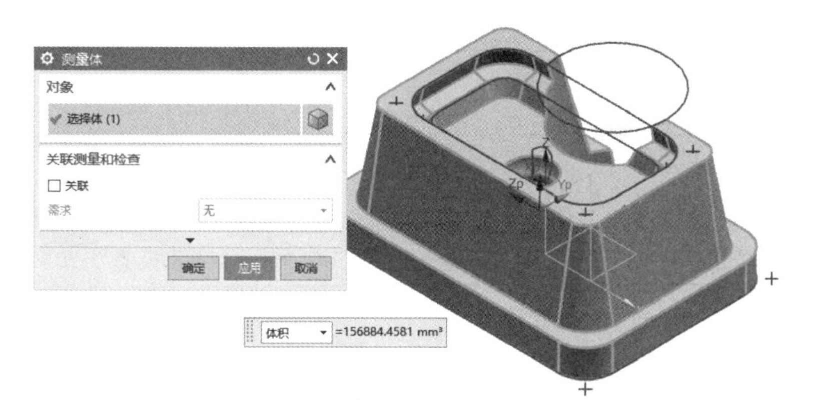

图 3-136　“测量体”对话框

流程 2　工艺分析

步骤 1　零件结构分析

分析零件图样，请在下方列出拔模件的特征轮廓。

____

____

____

步骤 2　精度分析

分析零件图样，并在表 3-6 中写出该零件的主要加工尺寸、几何公差要求及表面质量要求。

表 3-6　拔模件数据

序号	项目	内容	备注
1	主要加工尺寸		
2			
3			
4			
5			
6			
7			
8			
9	几何公差要求		
10	表面质量要求		

步骤 3　加工刀具分析

根据零件图样选择合适的数控刀具并填入表 3-7。

表 3-7　刀具表

刀具序号	刀具名称	刀具规格	刀具类型
1			
2			
3			
4			
5			

步骤 4　零件装夹方式分析

分析零件图样并思考为保证底座加工位置精度，应采用什么装夹方法？

____

____

____

流程 3　程序编制

拔模体加工程序编制的整体思路如图 3-137 所示。

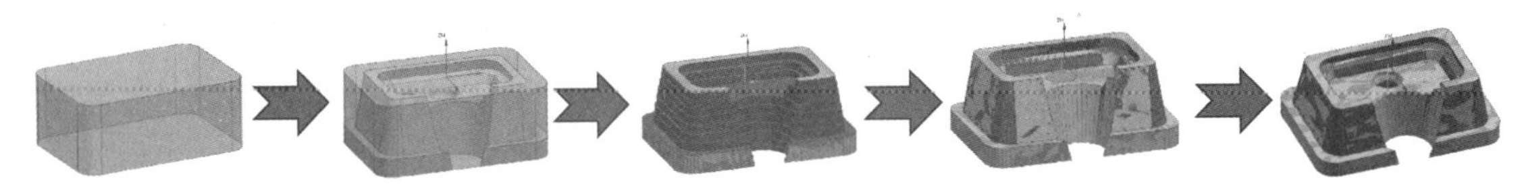

图 3-137　拔模体加工程序编制的整体思路

步骤 1　创建毛坯

1）在主菜单中单击“拉伸”图标，在弹出的对话框中选择草图（100mm×70mm）作为表区域驱动曲线，设置“距离”为“40mm”，“布尔”为“无”，如图 3-138 所示。毛坯外形尺寸已经到位，不需要铣削加工，因此毛坯尺寸不需要偏置，设置为 40mm×70mm×100mm 带圆角即可。

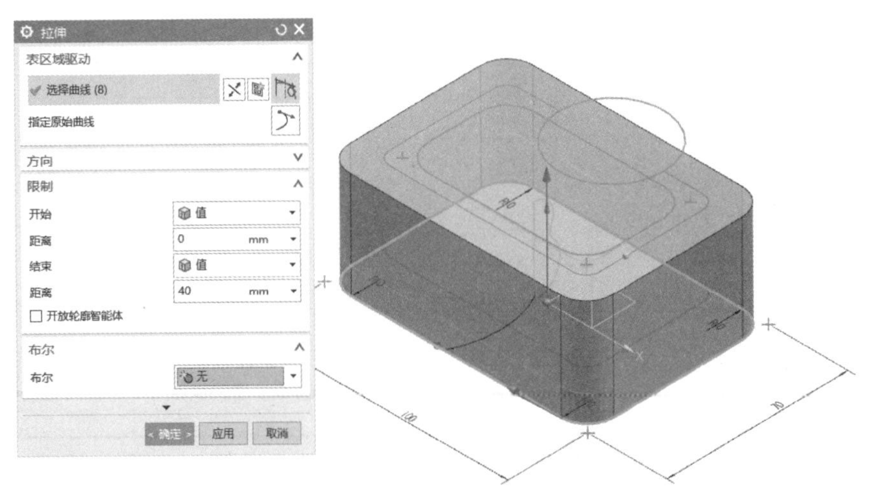

图 3-138　创建毛坯

2）把毛坯设置为半透明，方便更清楚地查看拔模件零件的轮廓。在主菜单中单击“编辑对象显示”命令图标，在绘图区选择毛坯，弹出图3-139所示对话框，拖动透明度滑块即可更改毛坯的透明度，一般设置为50即可，然后单击“确定”按钮完成毛坯准备。

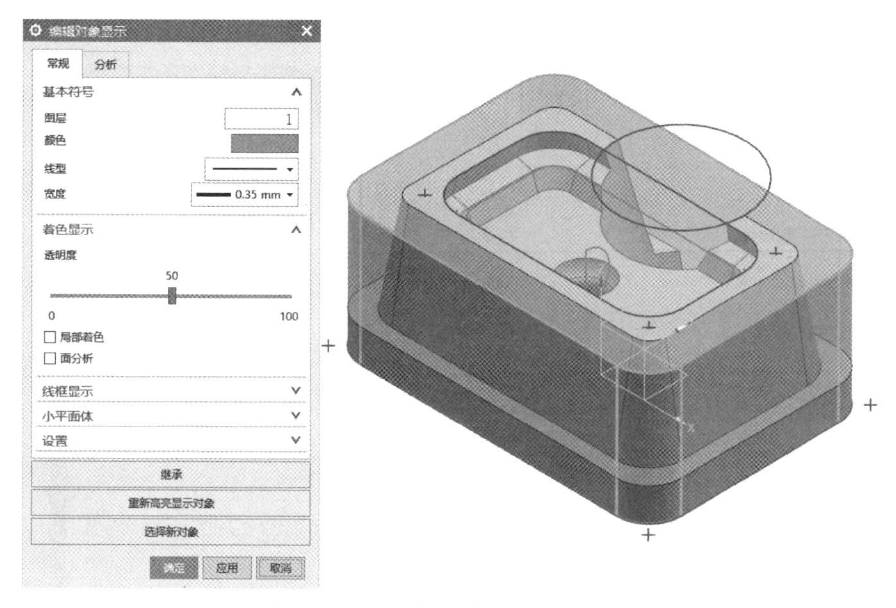

图3-139　“编辑对象显示”对话框

步骤2　加工环境准备

1）使用快捷键<Ctrl+Alt+M>进入加工环境。单击“创建刀具”图标，在弹出的对话框中设置“刀具类型”为默认，“刀具子类型”为第一项中的MILL，刀具名称为“10C”，如图3-140所示，设置铣刀“直径”为“10mm”，“刀刃”为“4”，其余默认，刀具编号均为“1”，再创建一把同样参数的精加工刀，刀具编号为“2”，名称为“10J”。

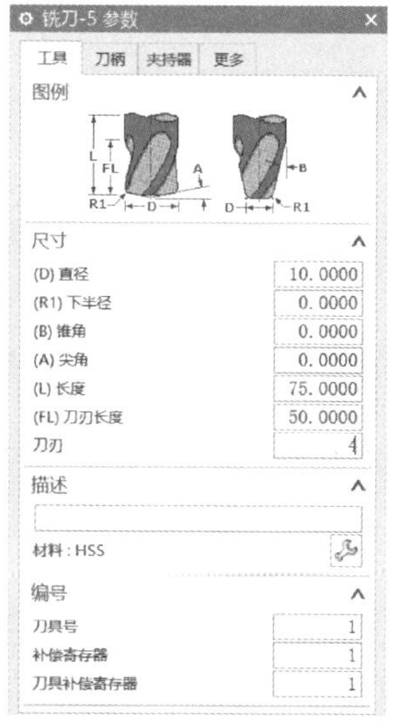

图3-140　创建ϕ10mm立铣刀

2）单击“创建刀具”图标，在弹出的对话框中设置“刀具类型”为默认，“刀具子类型”为第一项中的“SPHERICAL-MILL”，“刀具名称”为“10Q”，如图 3-141 所示，设置铣刀“直径”为“10mm”，“颈部直径”为“6mm”，“刀刃长度”为“9mm”，其余默认，刀具编号均设置为“3”，单击“确定”按钮完成创建。

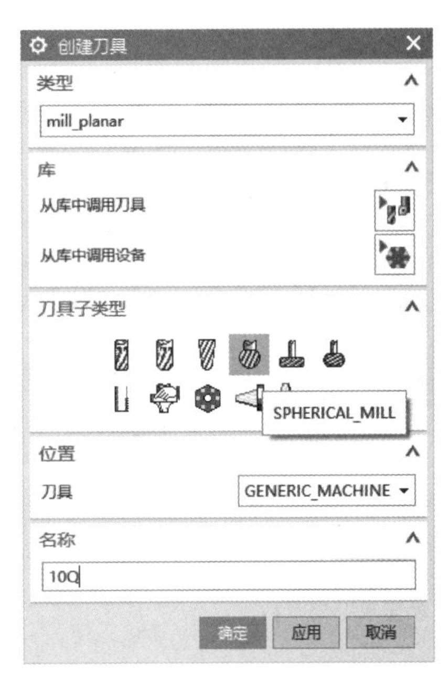

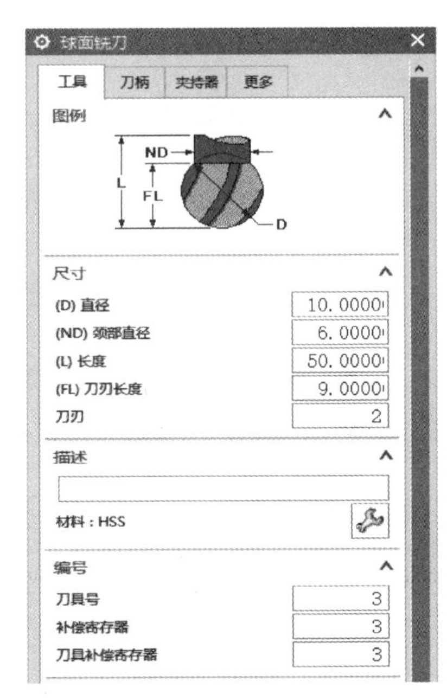

图 3-141　创建 ϕ10mm 球头刀

3）在主菜单中单击“创建几何体”图标，在“创建几何体”对话框中设置几何体子类型为“WORKPIECE”，“名称”为“MCS”，单击“确定”按钮，弹出图 3-142 所示对话框，设置坐标值为 Z 40，在绘图区单击在坐标系 XY 平面内的旋转点，设置旋转“角度”为“90°”，如图 3-143 所示，完成后单击“确定”按钮。

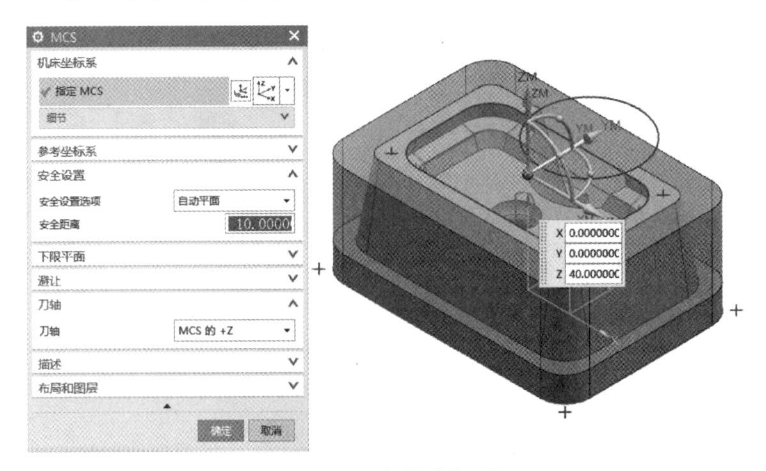

图 3-142　初始坐标系

4）在工序导航器空白处单击鼠标右键，在弹出的快捷菜单中选择“加工方法视图”命令，在加工方法列表中双击“MILL_ROUGH”，在弹出的“铣削粗加工”对话框中将“部件

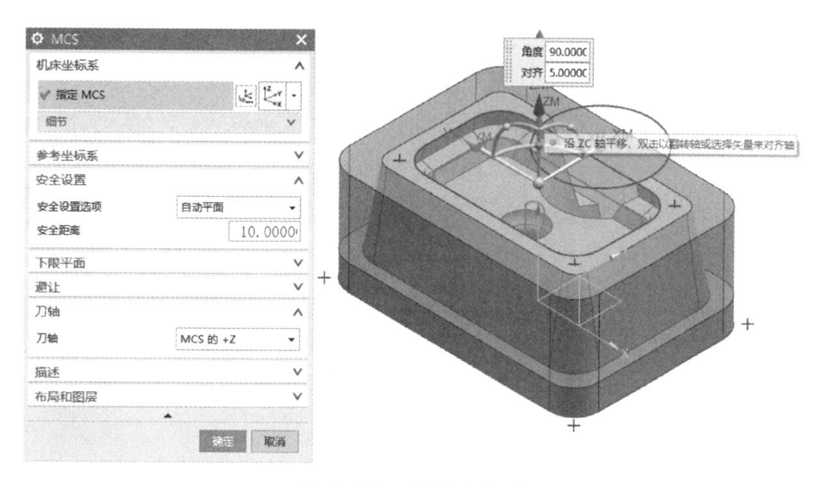

图 3-143　最终坐标系

余量”设置为“0.3mm”；双击“MILL_SEMI_FINISH”，在弹出的“铣削半精加工”对话框中将“部件余量”设置为“0.05mm”，将内、外公差设置为“0.02mm”；双击“MILL_FINISH”，在弹出的“铣削精加工”对话框中将“部件余量”设置为“0mm”，将内、外公差设置为0.01mm。

5）隐藏毛坯和草图，便于选择加工图素，如图 3-144 所示。

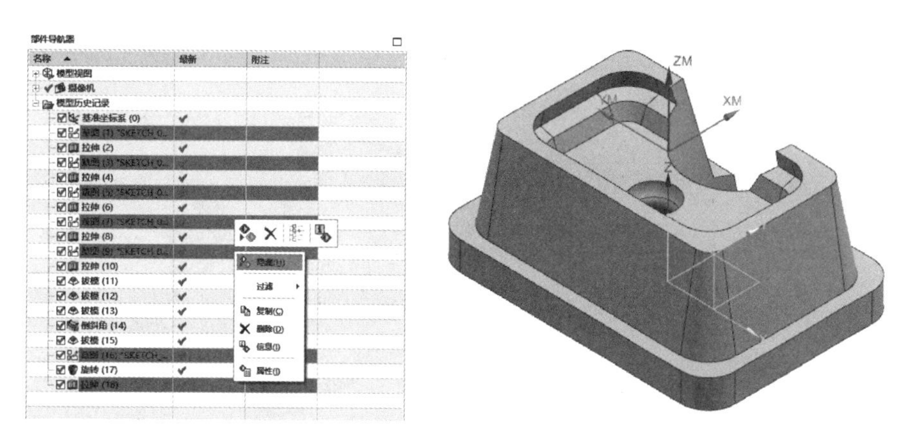

图 3-144　隐藏图素

步骤 3　创建粗、半精加工程序

1）在主菜单中，单击“创建工序”图标，在弹出的“创建工序”对话框中设置“类型”为“mill_planar”，“工序子类型”为“型腔铣”，“程序”为“PROGRAM”，“刀具”为 ϕ10mm 粗加工立铣刀，“几何体”为“MCS”，“方法”为“粗加工”，最后自定义程序名称为“01 拔模件粗加工-1”，如图 3-145 所示，单击“确定”按钮。

2）在弹出的图 3-146 所示对话框中，设置“平面直径百分比”为 35%，将每层切削“最大距离”为“5mm”，单击“指定部件”图标进入图 3-147 所示“部件几何体”对话框，在绘图区单击零件，单击“确定”按钮选择完毕，返回图 3-146 所示对话框。

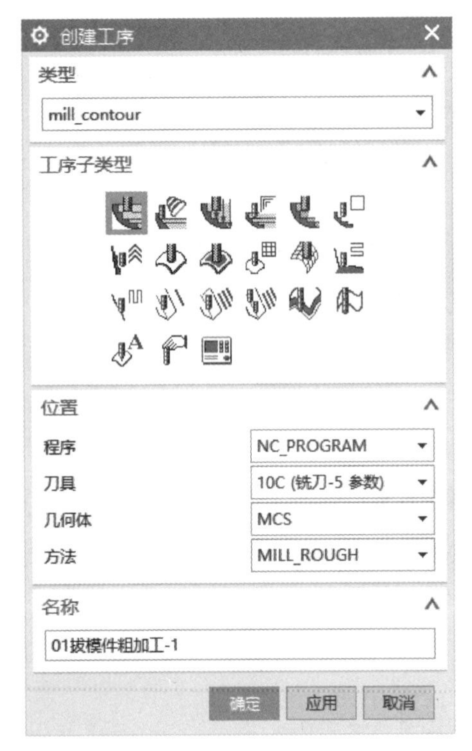

图 3-145　创建型腔铣工序

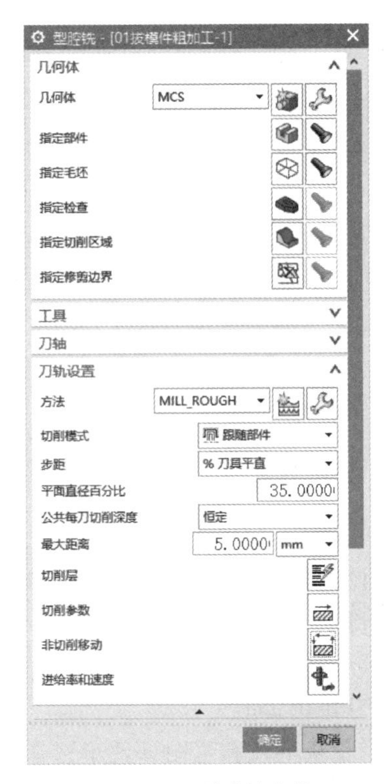

图 3-146　型腔铣参数

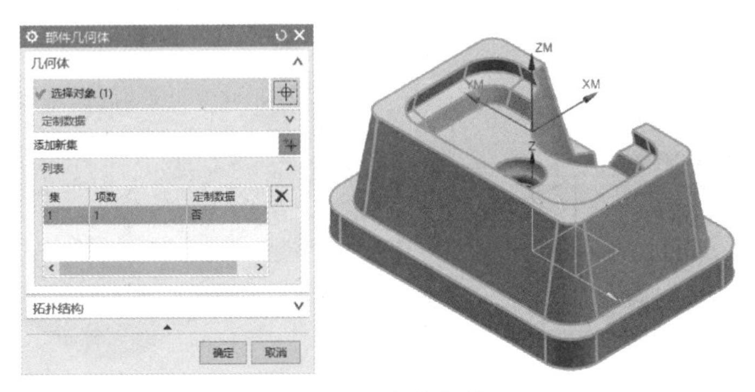

图 3-147　指定部件

3）单击“指定毛坯”图标进入图 3-148 所示“毛坯几何体”对话框，使用快捷键<Ctrl+Shift+B>切换显示零件，显示毛坯，在绘图区单击毛坯，单击“确定”按钮返回图 3-146 所示对话框，再次使用快捷键<Ctrl+Shift+B>显示拔模件。

4）刀轴方向为默认的+ZM 轴。单击“切削层”命令图标进入图 3-149 所示“切削层”对话框，设置“范围 1 的顶部”为拔模件顶部。

5）设置“范围定义”选项组中的参数，选择添加三个平面的深度，每选择一个单击一下“添加新集”按钮。如图 3-150 所示，设置“范围 1”的“范围深度”为“12”、“每刀切削深度”为“5”，“范围 2”的“范围深度”为“30”、“每刀切削深度”为“5”，“范围 3”的“范围深度”为“41”、“每刀切削深度”为“5”，单击“确定”按钮。

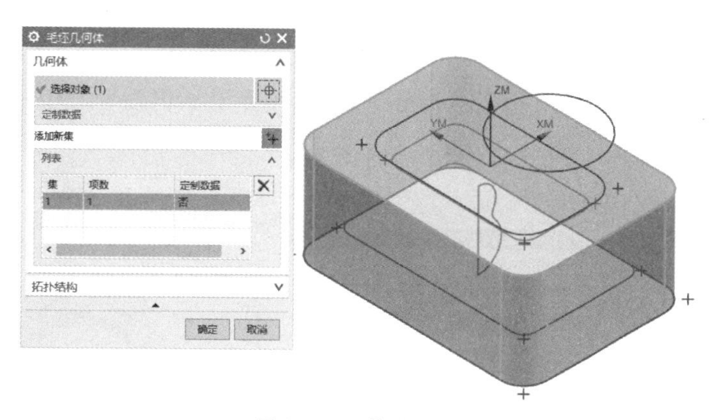

图 3-148　指定毛坯

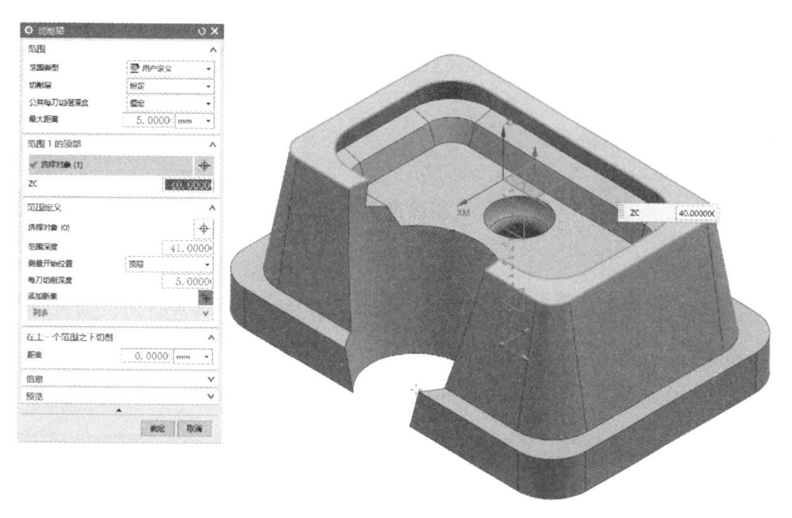

图 3-149　指定矢量

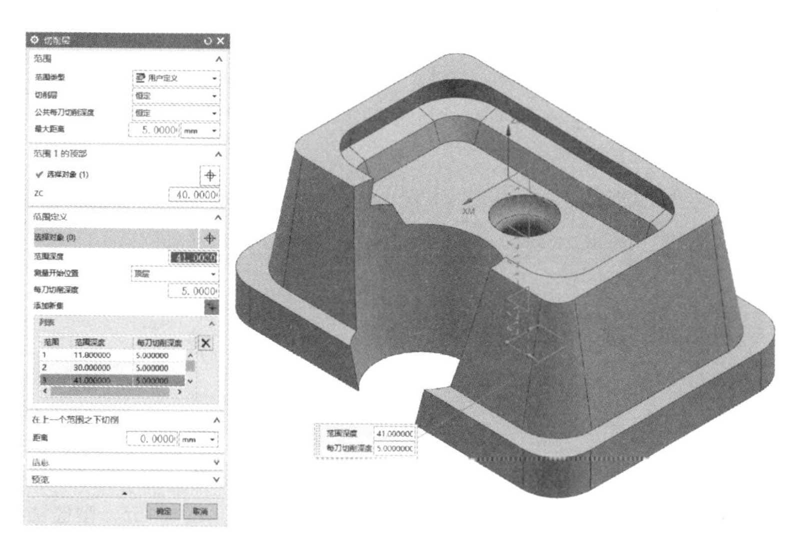

图 3-150　切削层参数

6）继续单击“切削参数”图标，在弹出的图3-151所示对话框中更改拐角的参数，设置光顺所有刀路，半径为刀具的40%，“步距限制”为100%刀具直径，单击“确定”按钮。

7）单击“进给率和速度”图标，弹出图3-152所示对话框设置“主轴速度和进给率”，单击右边计算按钮，单击“确定”按钮，在主菜单中单击“生成程序”按钮，得到图3-153所示粗加工刀路。

图3-151　切削参数

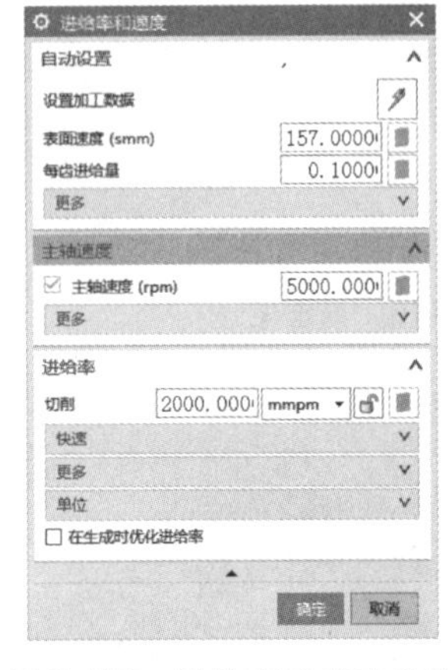

图3-152　进给率和速度参数

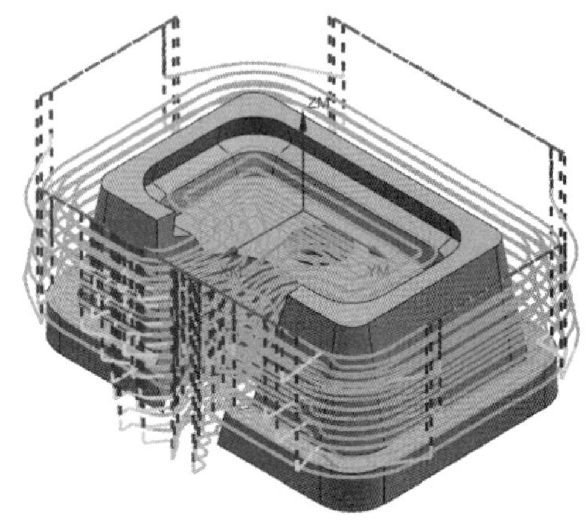

图3-153　粗加工刀路

8）在主菜单中单击“创建工序”命令图标，在弹出的“创建工序”对话框中设置“类型”为“mill_multi-axis”，“工序子类型”为“可变轮廓铣”，“程序”为“NC-PROGRAM”，“刀具”为ϕ10mm粗加工立铣刀，“几何体”为“MCS”，“方法”为“半精加工”，最后自定义程序名称为“02拔模件半精加工-1”，如图3-154所示单击“确定”按钮。

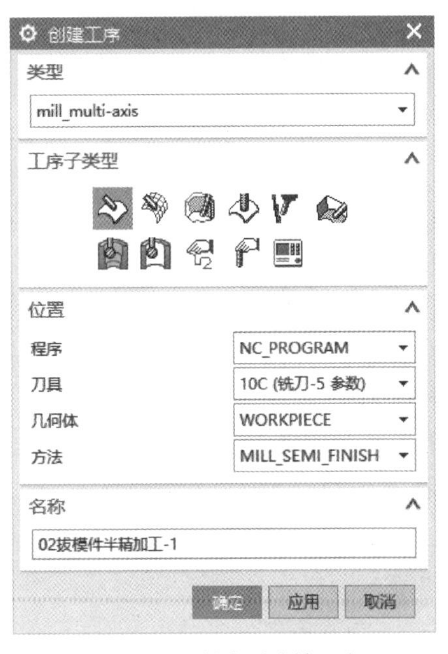

图3-154　创建型腔铣工序

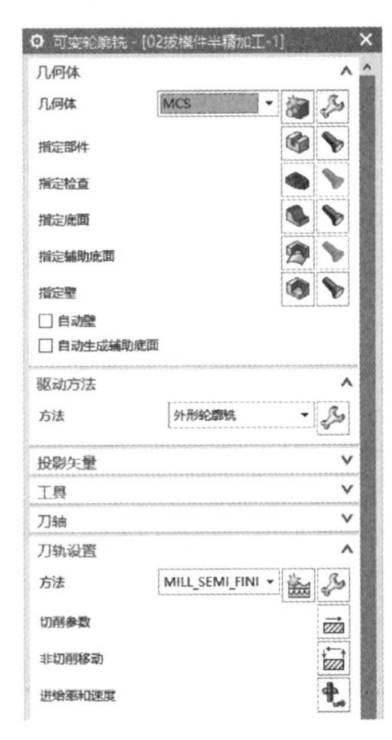

图3-155　型腔铣参数

9）在弹出的图3-155所示对话框中，取消勾选自动壁复选框，设置“驱动方法”为

“外形轮廓铣”，弹出图 3-156 所示对话框，设置切削起点和终点的“延伸距离”为“5mm”。单击“指定部件”图标，进入图 3-157 所示“部件几何体”对话框，在绘图区单击零件，单击“确定”按钮，返回图 3-155 所示对话框。

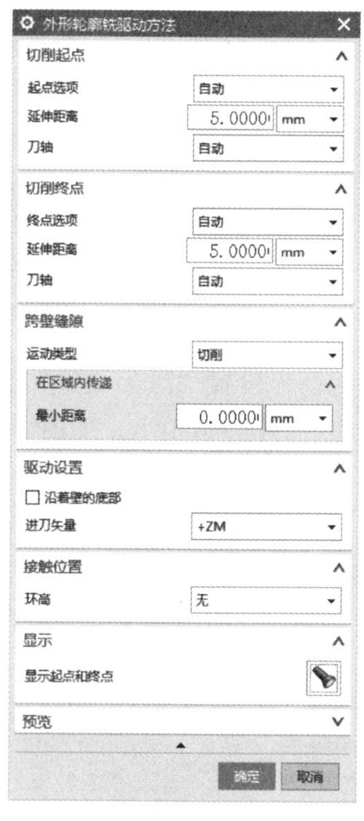

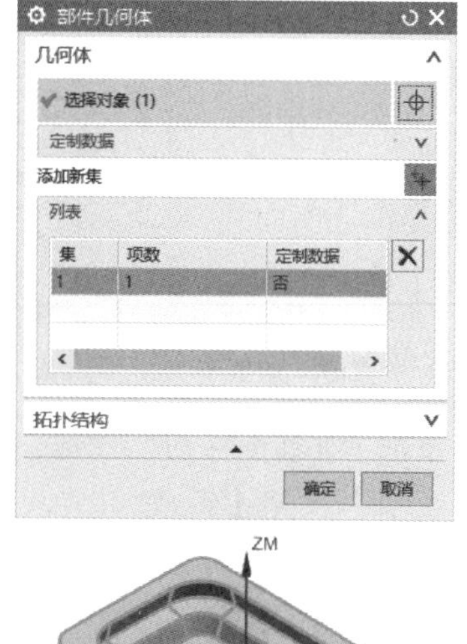

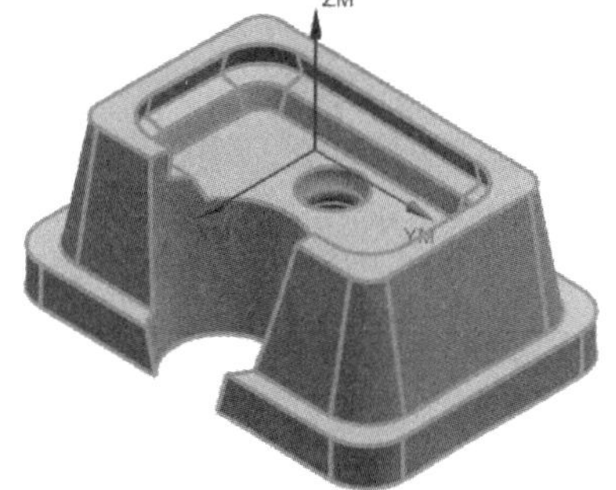

图 3-156 “外形轮廓铣驱动方法”对话框

图 3-157 “部件几何体”对话框

10）单击“指定底面”图标，进入图 3-158 所示“底面几何体”对话框，在绘图区单击 80mm×50mm 拔模面的底面作为对象，单击“确定”按钮，返回对话框。

11）单击“指定壁”图标，进入图 3-159 所示“壁几何体”对话框，在绘图区单击 80mm×50mm 拔模面作为对象，单击“确定”按钮，返回图 3-155 所示对话框。

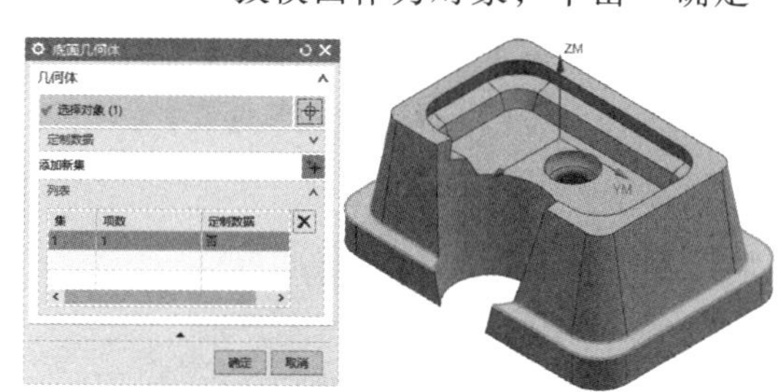

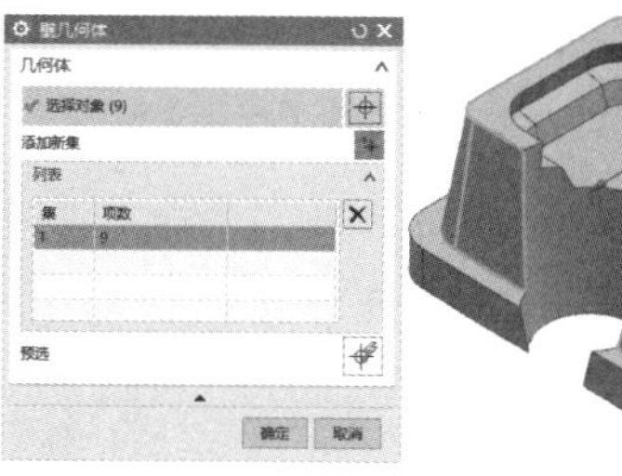

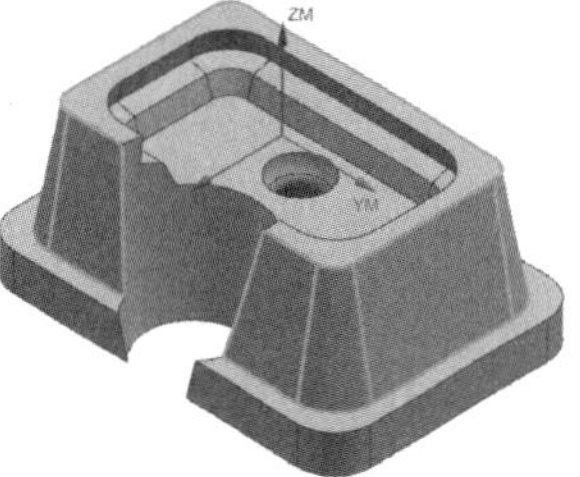

图 3-158 “底面几何体”对话框

图 3-159 “壁几何体”对话框

12）单击“切削参数”图标，进入图 3-160 所示“切削参数”对话框，选择“策略”选项卡设置“切削方向”为“顺铣”；选择“余量”选项卡，如图 3-161 所示，设置底面余量为“0.05mm”；选择“多刀路”选项卡，如图 3-162 所示，勾选“多重深度”复选框，设置余量“深度偏置”为“30”，“步进方法”为“刀路数”，“刀路数”为“3”，单击“确定”按钮，返回图 3-155 所示对话框。

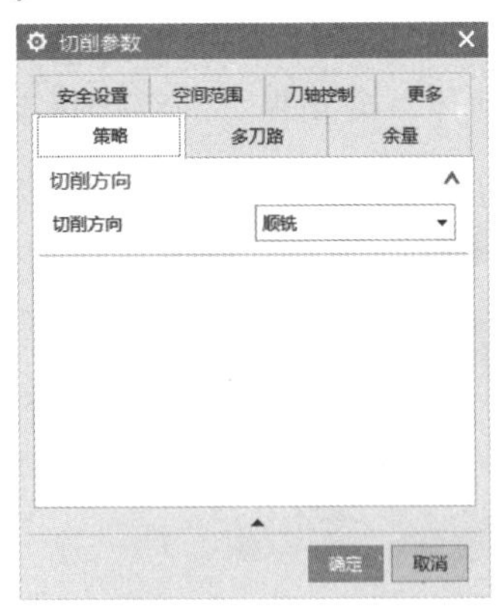

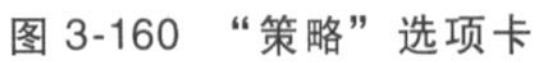
图 3-160 “策略”选项卡

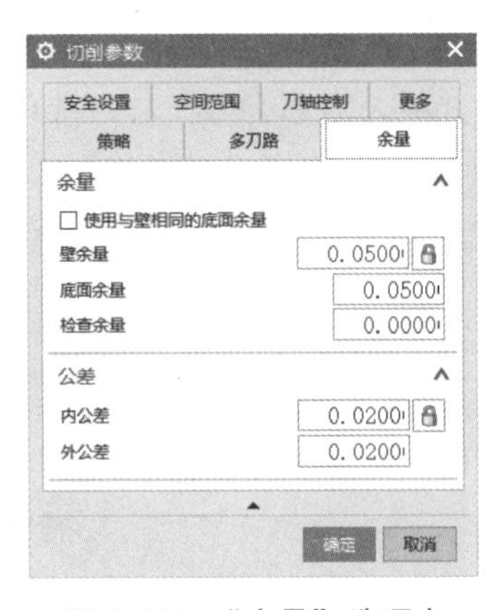

图 3-161 “余量”选项卡

图 3-162 “多刀路”选项卡

13）单击“非切削移动”图标，进入图 3-163 所示对话框，设置“进刀类型”为“圆弧-平行于刀轴”，“半径”为 30%，其余默认；选择“转移/快速”选项卡，如图 3-164 所示，设置“安全设置选项”为“包容块”，“安全距离”为“-10”，单击“确定”按钮，返回图 3-155 所示对话框。

图 3-163 “进刀”选项卡

图 3-164 “转移/快速”选项卡

14）单击“进给率和速度”图标，设置“主轴速度和进给率”，单击右边计算按钮，单击“确定”按钮，在主菜单中单击“生成程序”按钮，得到图 3-165 所示半精加工刀路。

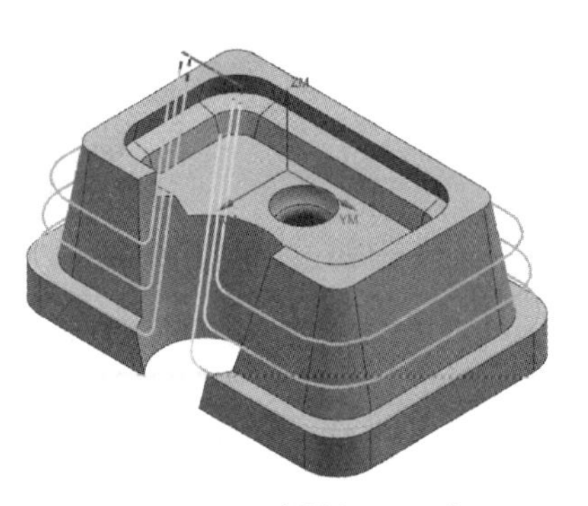

图 3-165 半精加工刀路

15）在工序导航器中选择“02 拔模件半精加工-1”程序，单击鼠标右键，如图 3-166 所示，在弹出的快捷菜单中选择“复制”命令，再次单击鼠标右键，如图 3-167 所示，在弹出的快捷菜单中选择“粘贴”命令，得到“02 拔模件半精加工-1 COPY”程序，更改程序名为“02 拔模件半精加工-2”。

工序导航器 - 加工方法

名称	刀轨	刀具
METHOD		
未用项		
MILL_ROUGH		
01拔模件粗加工-1	✔	10C
MILL_SEMI_FINISH		
02拔模件半精加工-1	✔	10C
MILL_FINISH		
DRILL_METHOD		

编辑...
剪切
复制
删除

图 3-166　复制程序

工序导航器 - 加工方法

名称	刀轨	刀具
METHOD		
未用项		
MILL_ROUGH		
01拔模件粗加工-1	✔	10C
MILL_SEMI_FINISH		
02拔模件半精加工-1	✔	10C
02拔模件半精加工-1 COPY		
MILL_FINISH		
DRILL_METHOD		

编辑...
剪切
复制
粘贴

图 3-167　粘贴程序

16）双击“02 拔模件半精加工-2”程序，在弹出的对话框中移除原有的指定底面，重新选择 70mm×40mm 轮廓底面，如图 3-168 所示，再移除原有的指定壁，重新选择 70mm×40mm 轮廓拔模面，如图 3-169 所示，单击“确定”按钮。

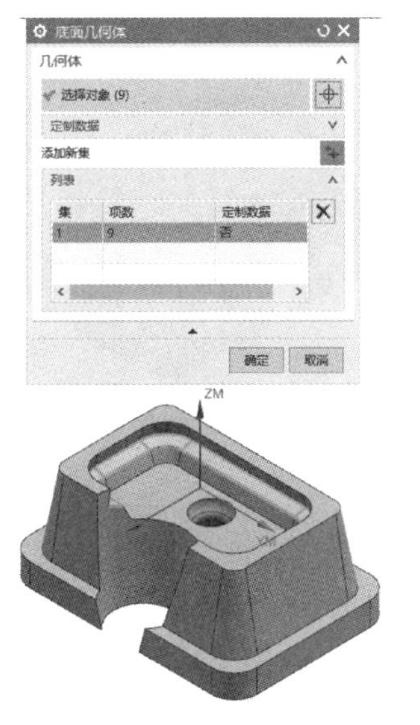

图 3-168　“底面几何体”对话框

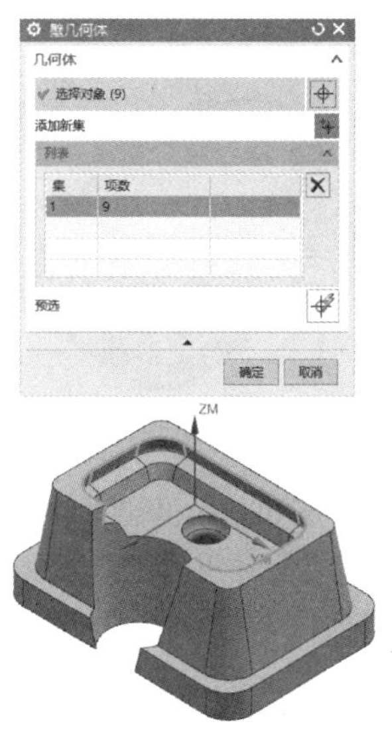

图 3-169　“壁几何体”对话框

17）单击“切削参数”图标，如图 3-170 所示，取消勾选“多重深度”复选框，单击“确定”按钮，在主菜单中单击“生成程序”按钮，得到图 3-171 所示半精加工刀路。

图 3-170　进给率和速度参数

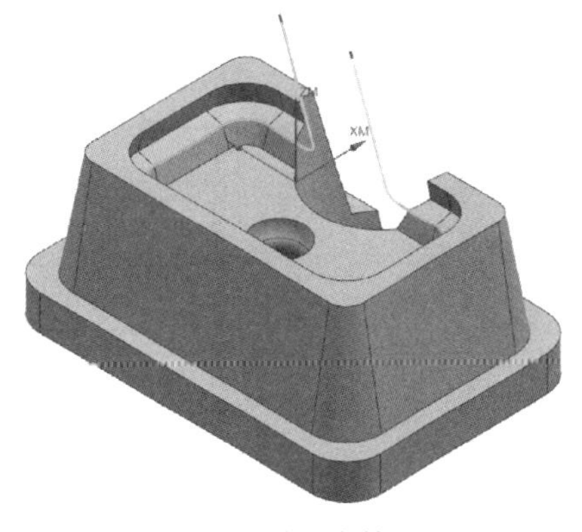

图 3-171　02 拔模件半精加工-2 刀路

18）在工序导航器中选择“02 拔模件半精加工-2”程序，对其进行复制并更改程序名为“02 拔模件半精加工-3”。双击“02 拔模件半精加工-3”程序，在弹出的对话框中移除原有的指定底面，重新选择 ϕ40mm 轮廓底面如图 3-172 所示，再移除原有的指定壁，重新选择 ϕ40mm 轮廓拔模面，如图 3-173 所示，单击“确定”按钮，在主菜单中单击“生成程序”按钮，得到图 3-174 所示半精加工刀路。

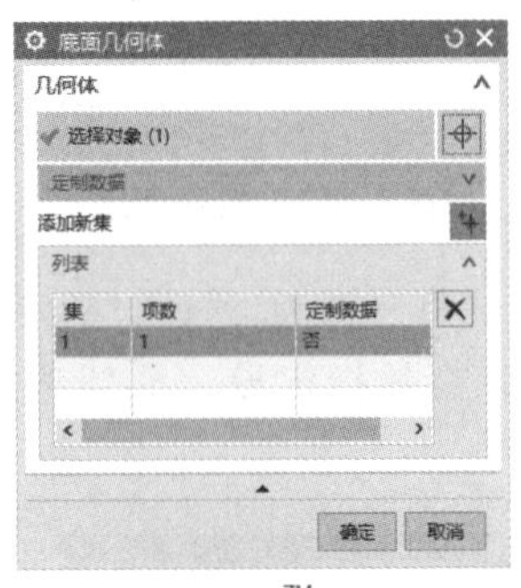

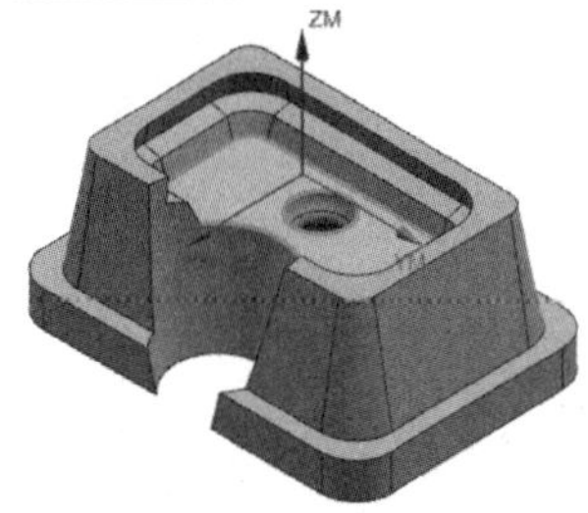

图 3-172 “底面几何体”对话框

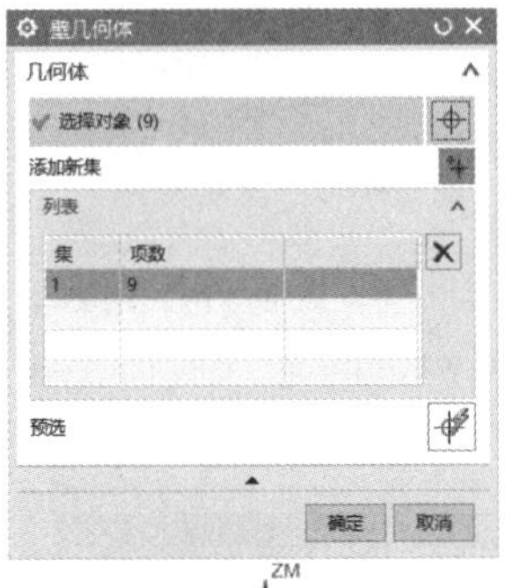

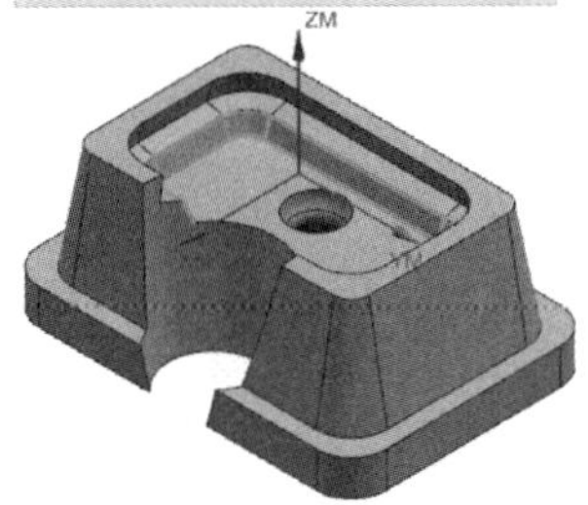

图 3-173 “壁几何体”对话框

19）在工序导航器中选择“02 拔模件半精加工-3”程序，对其进行复制并更改程序名为“02 拔模件半精加工-4”。双击“02 拔模件半精加工-4”程序，在弹出的对话框中移除原有的指定底面，勾选“自动生成辅助底面”复选框，设置“距离”为“−3”，如图 3-175 所示，再移除原有的指定壁，重新选择 ϕ40mm 轮廓拔模面，如图 3-176 所示。

20）单击“切削参数”图标，弹出图 3-177 所示对话框，勾选“多重深度”复选框，设置“深度余量偏置”为“43”，“刀路数”为“4”，单击“确定”按钮，在主菜单中单击“生成程序”按钮，得到图 3-178 所示半精加工刀路。

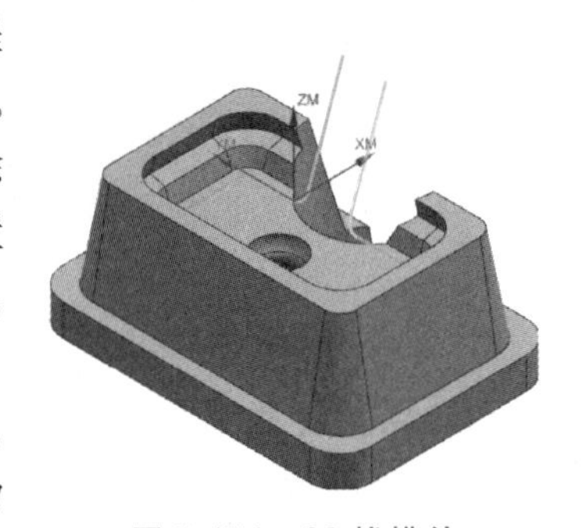

图 3-174 02 拔模件半精加工-3 刀路

图 3-175 自动生成辅助底面

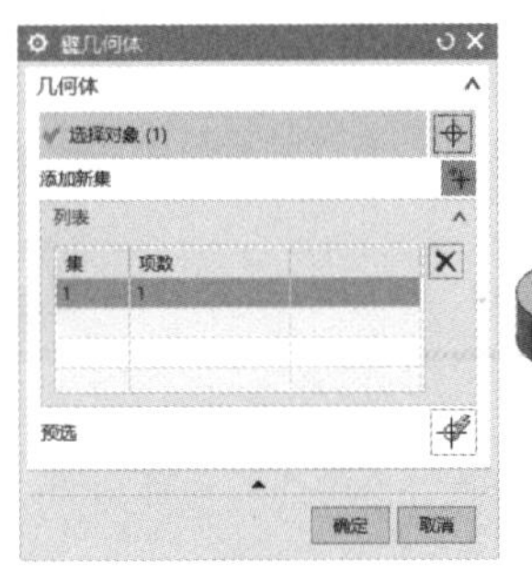

图 3-176 壁几何体

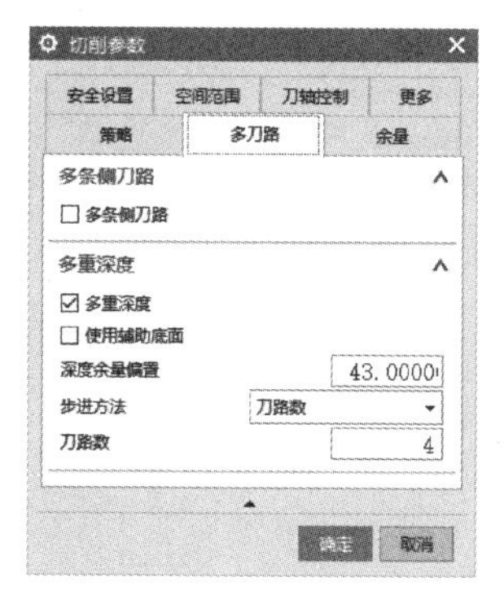

图 3-177　“多刀路”选项卡

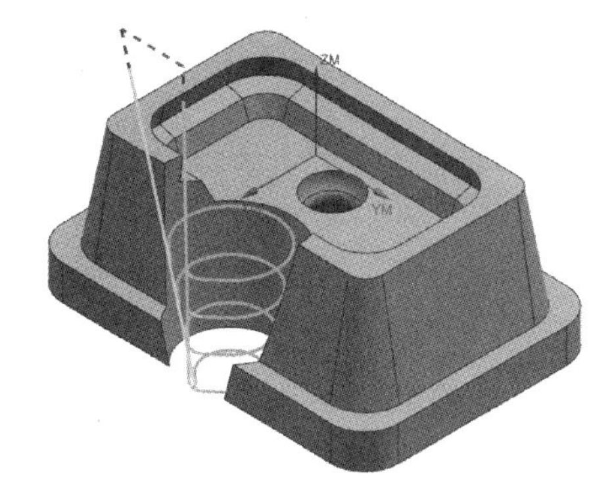

图 3-178　02 拔模件半精加工-4 刀路

步骤 4　创建精加工程序

1）在主菜单中，单击“创建工序”命令图标，在弹出的“创建工序”对话框中，设置“类型”为“mill_planar”，“工序子类型”为“底壁铣”，“程序”为“NC_PROGRAM”，“刀具”为 ϕ10mm 精加工立铣刀，“几何体”为“MCS”，“方法”为“精加工”，最后自定义程序名称为“03 拔模件底面精加工-1”，如图 3-179 所示，单击“确定”按钮，在弹出的图 3-180 所示对话框中选择 80mm×50mm、60mm×30mm 轮廓底面作为指定切削区底面，设置“切削模式”为“跟随部件”，设置“最大距离”为刀具的 60%，其余默认。

图 3-179　创建底壁铣工序

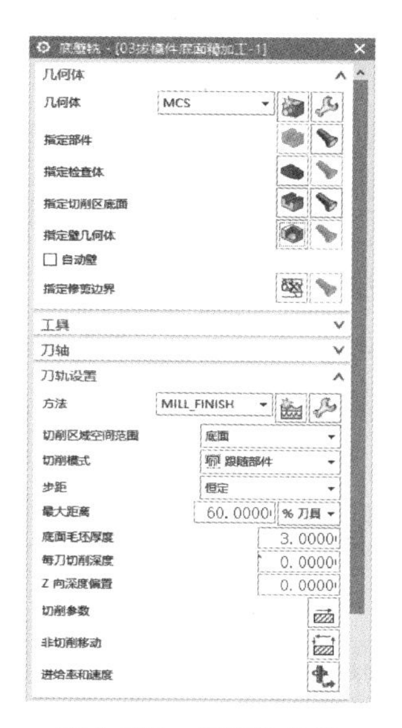

图 3-180　底壁铣参数

2）单击“切削参数”图标进入图 3-181 所示“切削参数”对话框，选择“空间范围”选项卡，设置“刀具延展量”为 80%，单击“确定”按钮返回图 3-180 所示对话框，单击“进给率和速度”按钮，弹出图 3-182 所示对话框，设置“主轴速度”“进给率”，单击右边计算按钮，单击“确定”按钮，在主菜单中单击“生成程序”按钮，得到图 3-183 所示精加工刀路。

图 3-181 “空间范围”选项卡

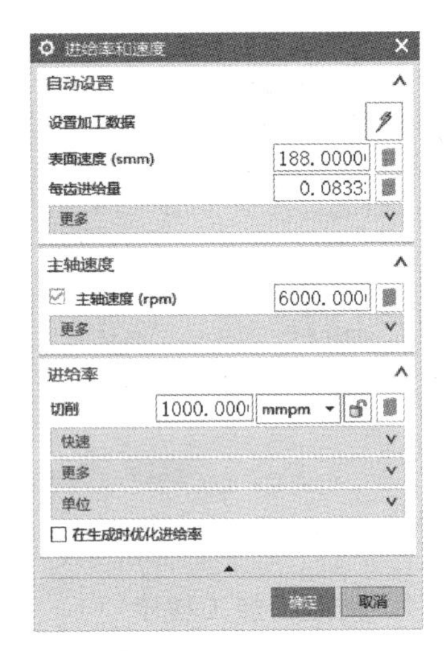

图 3-182 02“进给率和速度”参数选择对话框

3）在工序导航器中选择“02 拔模件半精加工-1”~“02 拔模件半精加工-4”程序，单击鼠标右键，如图 3-184 所示，在弹出的快捷菜单中选择“复制”命令，在精加工程序组单击鼠标右键，如图 3-185 所示，在弹出的快捷菜单中选择“粘贴”命令，得到“02 拔模件半精加工-1”~“02 拔模件半精加工-4COPY”程序，更改程序名为“03 拔模件精加工-2”~“03 拔模件精加工-5”。

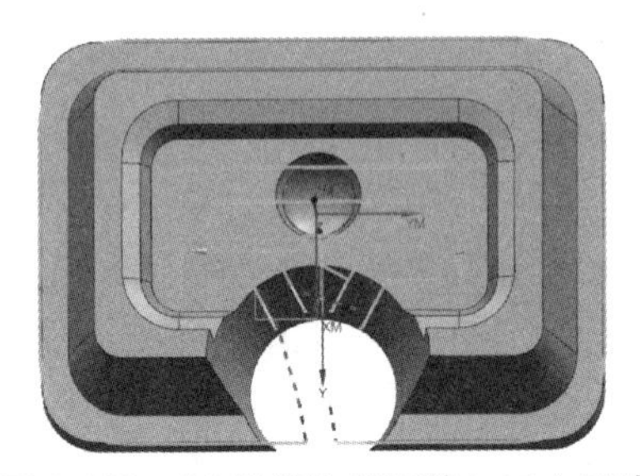

图 3-183 03 拔模件底面精加工 1 刀路

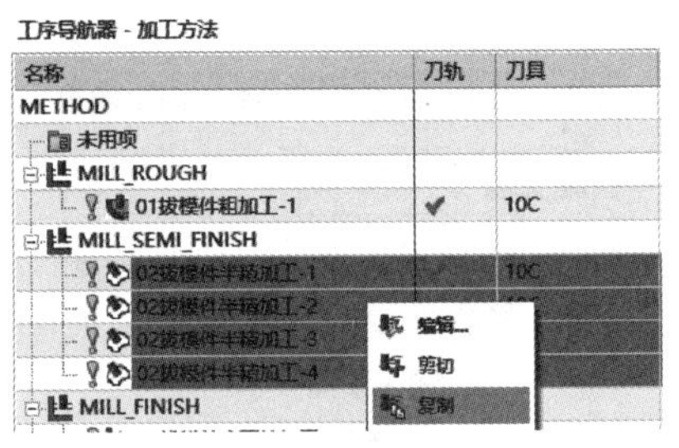

图 3-184 复制刀路

4）按顺序更改“03 拔模件精加工-2”~“03 拔模件精加工-5”程序的参数，更改刀具为 10 精加工刀，设置切削参数，取消勾选“多重深度”复选框；设置“壁余量”为“0”，“底面余量”为“0”，其余默认，在主菜单单击“生成程序”按钮，得到图 3-186 所示精加工刀路。

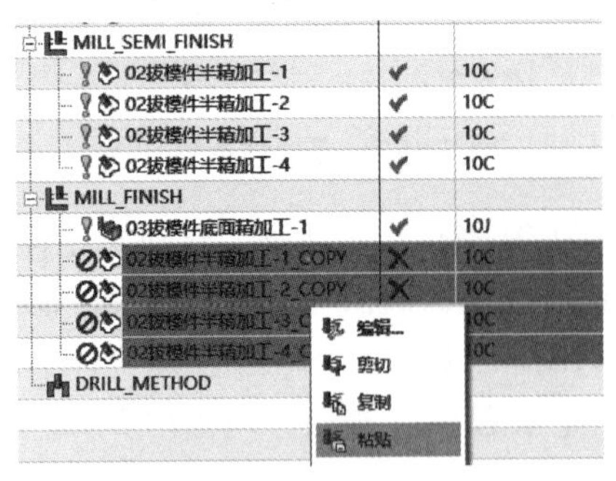

图 3-185 粘贴刀路

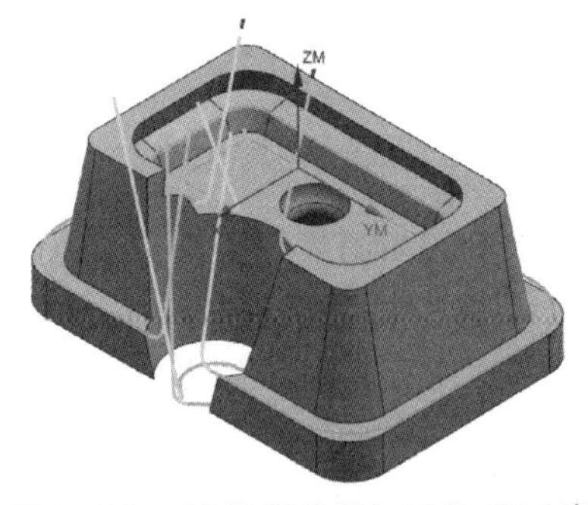

图 3-186 03 拔模件精加工 2~5 刀路

步骤 5　创建拔模件管道粗、精加工程序

1）在主菜单中，单击“编辑显示对象”图标，将拔模件的透明度调整到 50，便于后续观察刀轨；设置回转体中心轴线，如图 3-187 所示，要求贯穿整个回转体，否则在编程的过程中会产生报警。

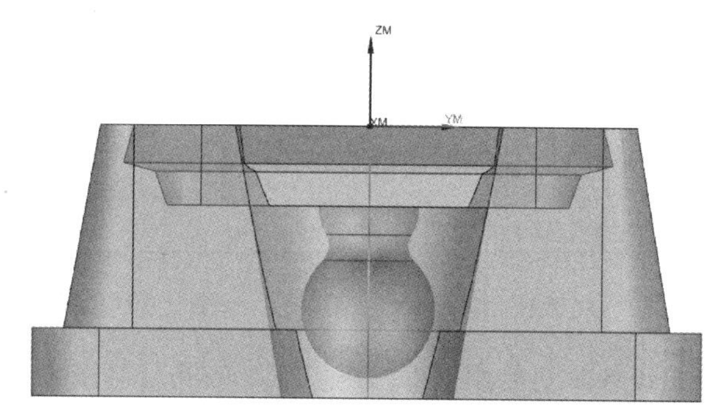

图 3-187　中心轴线

2）在主菜单中单击“创建工序”命令图标，在弹出的“创建工序”对话框中设置“类型”为“mill_multi_axis”，“工序子类型”为“管粗加工”，“程序”为“PROGRAM”，“刀具”为 ϕ10mm 球面铣刀，“几何体”为“MCS”，“方法”为“钻加工”，最后自定义程序名称为“拔模件管道粗加工”如图 3-188 所示。单击“确定”按钮进入图 3-189 所示对话框。

图 3-188　创建管粗加工工序

图 3-189　“型腔铣参数”对话框

3）设置参数。“指定部件”选择拔模件；“指定切削区域”选择回转体内部的三个面；“指定中心曲线”选择在准备工作做好的中心线；在“驱动设置”选项组设置管粗加工参数，如图 3-190 所示，设置“范围深度”为“从进入侧的最大值”，“最大步距”为“1”，“最大每刀切削深度”为“1”，单击“确定”按钮；设置切削参数，勾选“在边上滚动刀具”复选框，如图 3-191 所示；设置“部件余量”为“0.2”，如图 3-192 所示，单击“确定”按钮，完成参数设置。

图 3-190 “管粗加工”对话框

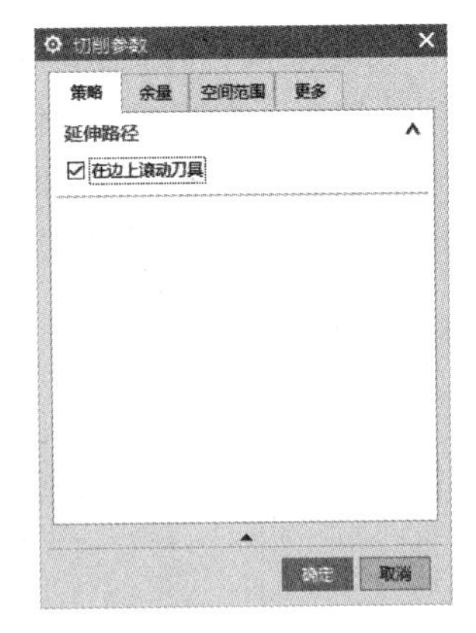

图 3-191 “切削参数”对话框

4）如图 3-193 所示，设置“进给率”“主轴速度”，单击计算按钮，单击“确定”按钮回到图 3-190 所示对话框；单击“生成程序”按钮得到拔模件管道粗加工刀路，如图 3-194 所示。

图 3-192 “余量”选项卡

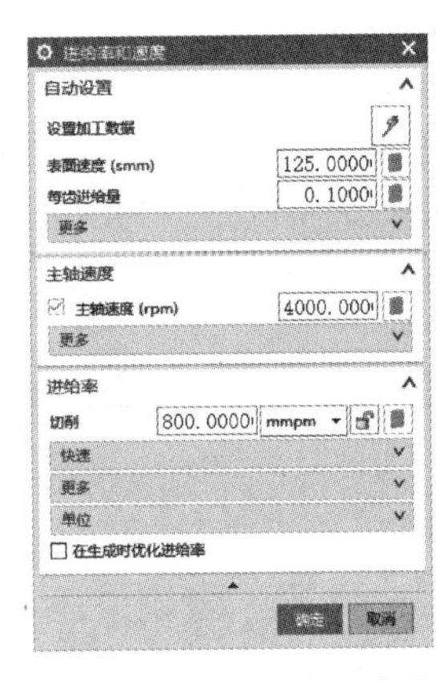

图 3-193 进给率和速度

5）在主菜单中单击“创建工序”图标，在弹出的“创建工序”对话框中设置“类型”为“mill_multi_axis”，“工序子类型”为“管精加工”，“程序”为“PROGRAM”，“刀具”为 ϕ10mm 球面铣刀，“几何体”为“MCS”，“方法”为“钻加工”，最后自定义程序名称为“拔模件管道精加工”，如图 3-195 所示，单击“确定”按钮，进入“管道精加工”对话框。

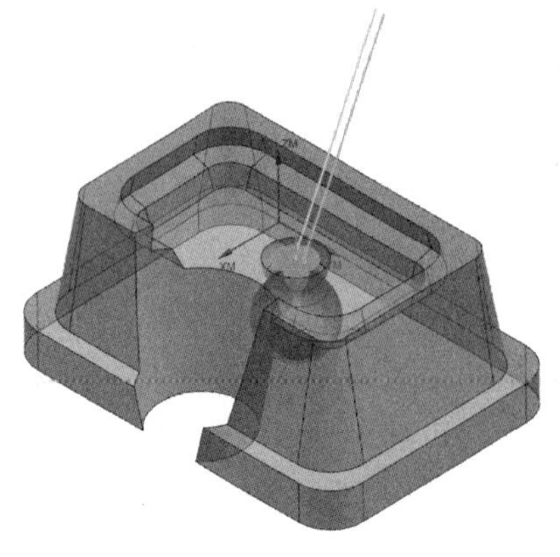

图 3-194 拔模件管道粗加工刀路

图 3-195 创建管精加工工序

6）设置参数，如图 3-196 所示；更改“进给率”“主轴速度”，如图 3-197 所示。在主菜单中单击“生成程序”按钮，得到拔模件管道精加工刀路，如图 3-198 所示。

图 3-196 “管精加工”对话框

图 3-197 进给率和速度参数

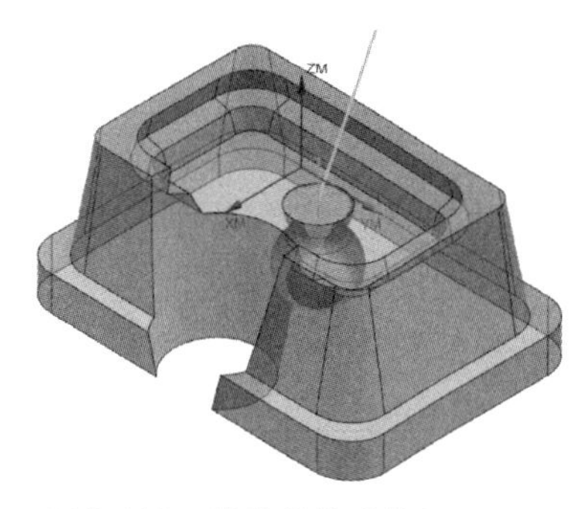

图 3-198 拔模件管道精加工刀路

流程 4　仿真加工

步骤 1　程序后处理

1）在工序导航器中选择所有粗加工程序，单击主菜单中的“后处理”图标。

2）在弹出的“后处理”对话框中设置“后处理器”为五轴的后处理模板，自定义输出文件名，单位选择公制，单击“确认”按钮，得到程序。

3）重复上述步骤，选择不同的程序生成程序，得到图 3-199 所示程序序列。

拔模件半精加工.NC	2022/3/2 9:55	NC 文件	29 KB
拔模件粗加工 -.NC	2022/3/2 9:52	NC 文件	32 KB
拔模件底面精加工.NC	2022/3/2 10:29	NC 文件	2 KB
拔模件管道粗加工.NC	2022/3/2 10:30	NC 文件	217 KB
拔模件管道精加工.NC	2022/3/2 10:30	NC 文件	231 KB
拔模件精加工.NC	2022/3/2 10:29	NC 文件	15 KB

图 3-199　程序序列

步骤 2　导出 STL 格式毛坯

进入建模模块，选择“文件”→“导出”→“STL 格式”命令，弹出图 3-200 所示对话框，单击“确定”按钮，得到 STL 格式的毛坯。

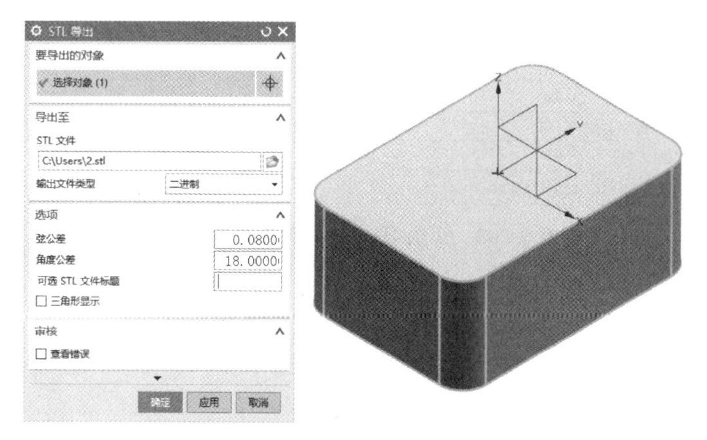

图 3-200　导出毛坯

步骤 3　建立 VERICUT 项目

1）打开 VERICUT 软件五轴机床“项目 X:\多轴加工技术-VERICUT-机床模板\五轴机床模板”。

2）另存为“项目 X:\多轴加工技术-VERICUT-机床模板\拔模件模板\拔模件”。

3）“机床”默认“vc_630_5_axis”，“控制”默认“fan31im”。在“Stock”处添加提前设置好的 STL 格式毛坯，调整毛坯和夹具位置。

4）单击坐标系统中的“Csys1”，在项目树底部调整栏中将坐标原点设置在毛坯的底面中心 Z-50 位置，如图 3-201 所示，该位置与工作台回转轴线重合。

图 3-201　Csys 坐标系

5）单击坐标系统中的“G-代码偏置”，单击“添加”，弹出图 3-202 所示对话框，设置“子系统名”为“1”，“寄存器”为“54”，“坐标系”为“Csys1”，单击“添加”按钮，弹出图 3-203 所示对话框，设置“从组件”“spindle”到“坐标原点”“Csys1”。

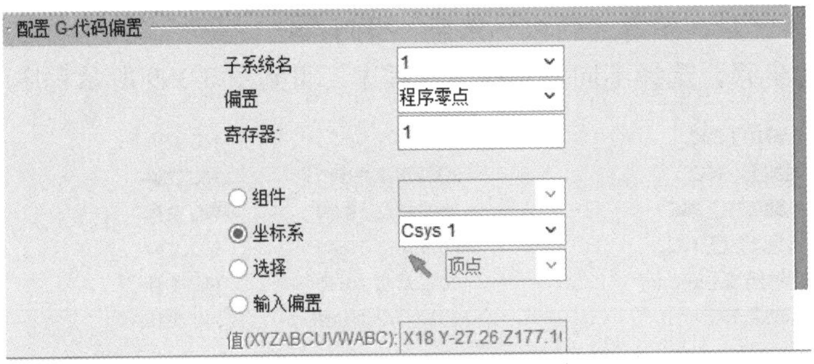

图 3-202　添加 G-代码偏置

图 3-203　添加 G-代码偏置更改坐标原点

6）双击“加工刀具”命令图标，弹出图 3-204 所示对话框，单击“添加”，添加 ϕ10mm 的立铣刀，“齿数”为“4”；“刀长”为“100mm”，装夹有效刀长为“50mm”，其余默认，按<Enter>键确定。

7）单击图 3-205 所示红色方框，修改刀具信息，更改描述为“10C”即可修改刀具名

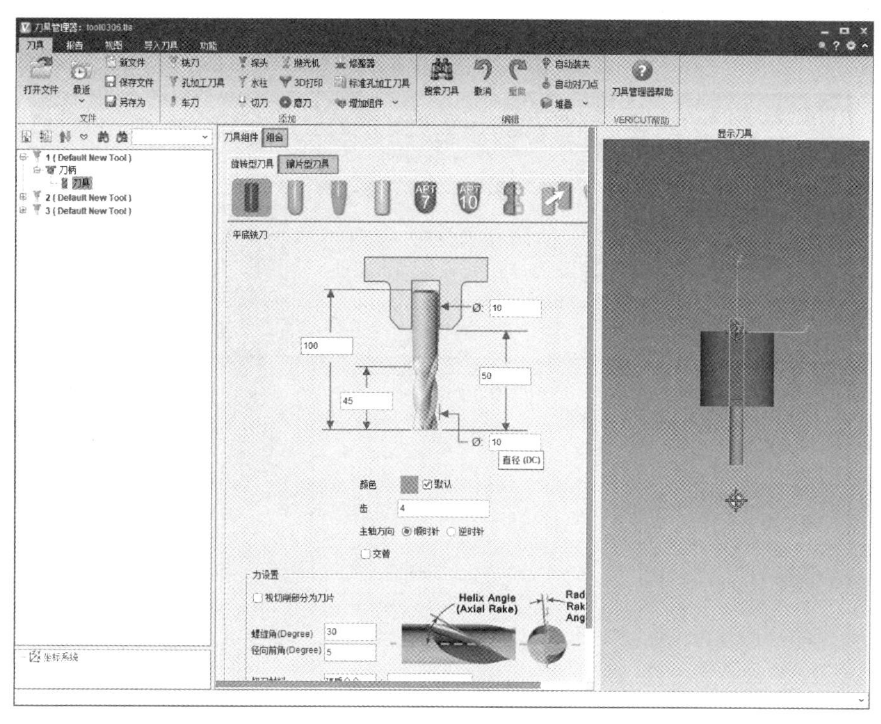

图 3-204　更改刀具参数

称，设置“对刀点 ID”和“刀补”为“1”，完成后单击“自动对刀点”图标即可自动设置对刀点的数值，也可以选择手动设置，单击对刀点后的数值，接着单击右侧显示刀具的顶面即可，最后添加一个刀补完成 ϕ10mm 开粗立铣刀的设置，按<Enter>键确定。

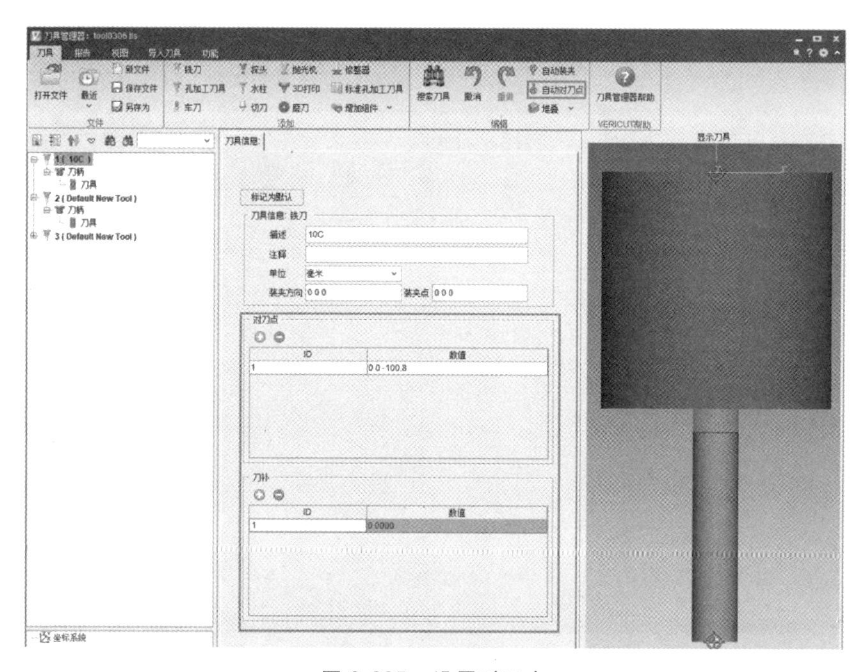

图 3-205　设置对刀点

8）复制刀具并修改刀具名称，设置“对刀点 ID”和“刀补”为“2”，按<Enter>键确定，如图 3-206 所示。

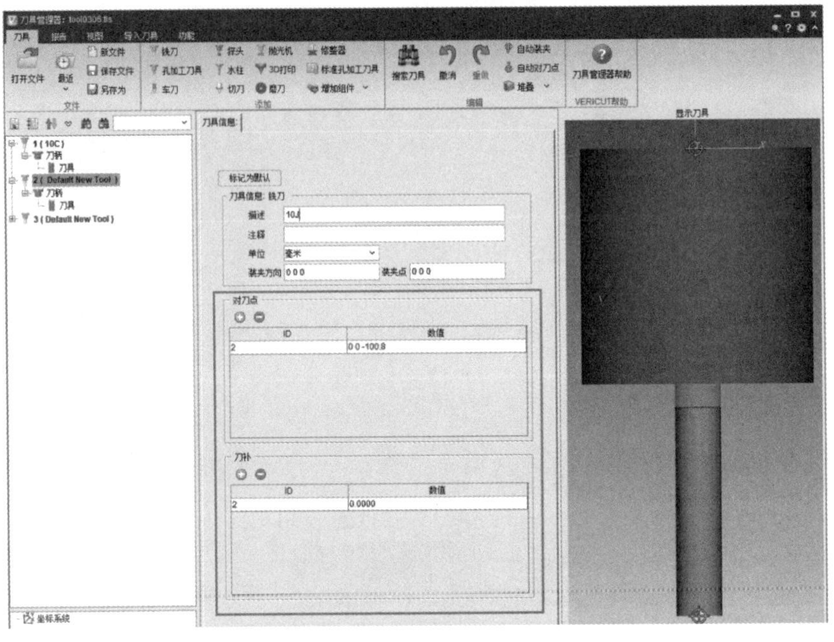

图 3-206　创建刀具信息

9）复制刀具并修改刀具名称，设置“对刀点 ID”和“刀补”为“3”，单击“刀具”选择旋转轮廓面，如图 3-207 所示；添加点、弧，设置旋转面轮廓线，如图 3-208 所示。设置完成后单击“自动对刀点”按钮，保存文件。

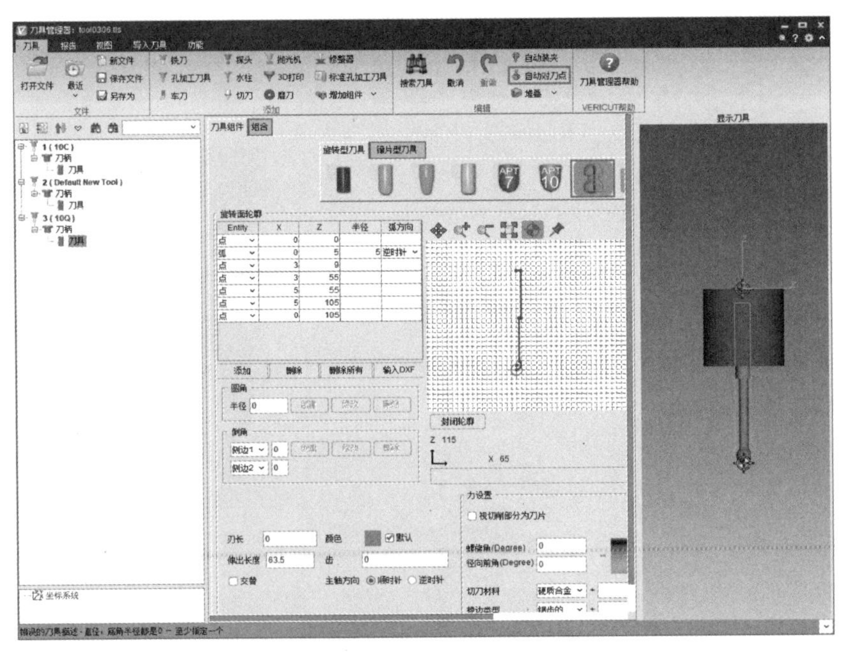

图 3-207　创建球头刀具

10）单击“数控程序”，单击底部的“添加数控程序文件”按钮，在弹出的对话框中添加后处理完的程序，最终程序如图 3-209 所示。

11）单击“播放”按钮，开始仿真加工，检查仿真加工过程，最终得到图 3-210 所示仿真结果。

旋转面轮廓

Entity	X	Z	半径	弧方向
点	0	0		
弧	0	5	5	逆时针
点	3	9		
点	3	55		
点	5	55		
点	5	105		
点	0	105		

图 3-208　旋转面轮廓设置

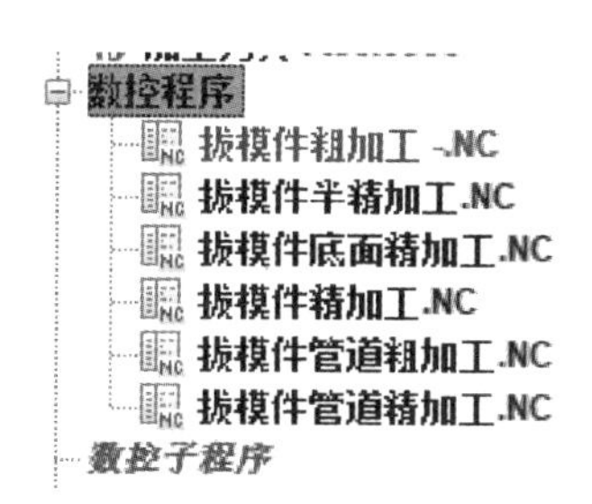

图 3-209　添加数控程序

图 3-210　拔模件仿真结果

活动四　知识点提示

1. 底壁铣

原理：利用底面和壁面的特征进行刀路的计算与生成，在加工范围上主要加工壁面和壁的底面。底壁铣的特性用于底面精加工，既可避免刀路重复，又能设置多重深度参数。

技巧：设置刀具延展量，可避免下刀时发生扎刀现象，如图 3-211 所示。

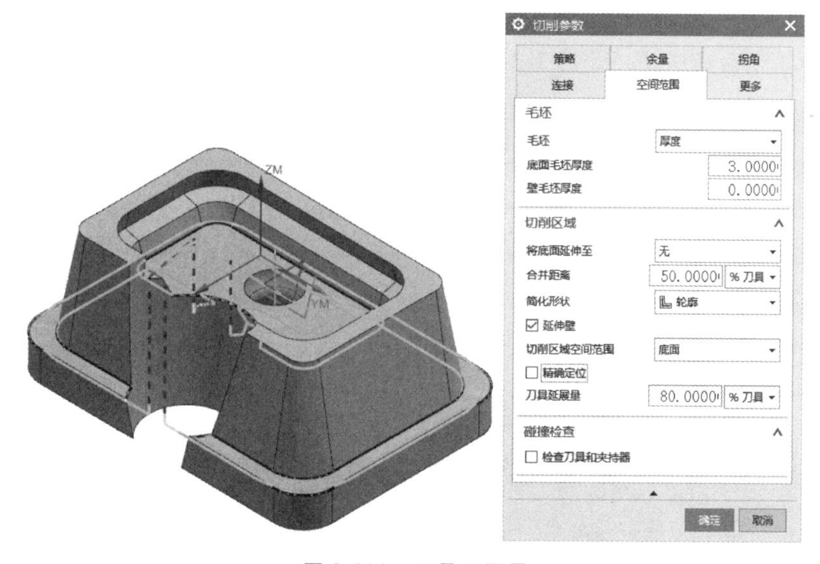

图 3-211　刀具延展量

2. 可变轮廓铣与外形轮廓铣

原理：在五轴机床上铣削带有角度的壁时，利用刀具侧刃对其进行切削，从而得到加工质量较高的表面，对于刀具的侧刃也是一种保护，有着延长刀具寿命的效果。

技巧：通过“多重深度”功能对每层的切削深度进行设置，不同的工序和不一样的切削用量对加工效率、刀具的保护、产品的质量都有很大的提升，如图 3-212 所示。

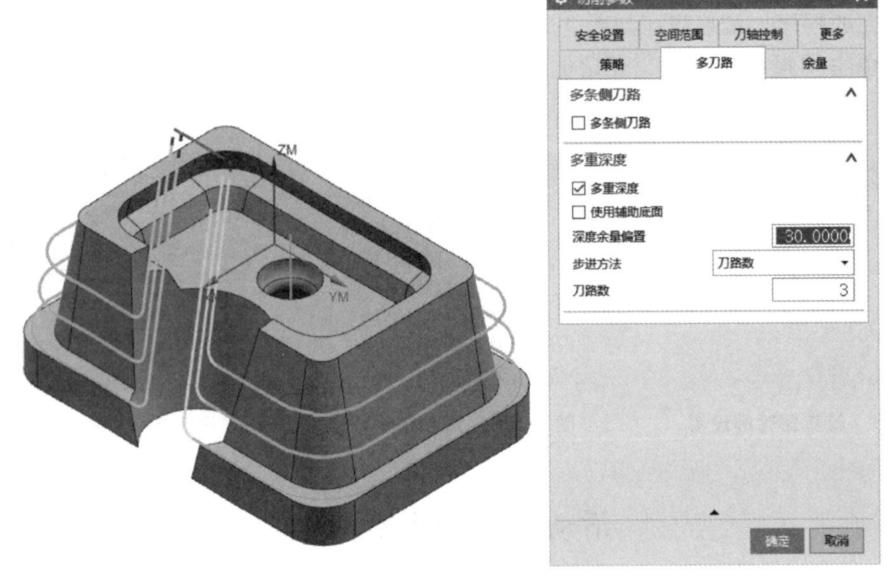

图 3-212　多刀路设置

3. 管道粗/精铣

原理：管道粗加工和管道精加工工序类型可用同一侧开口或者两侧开油管道内壁的粗精加工。利用五轴的摆动避空刀具对复杂的内部管道类曲面进行粗、精加工。

技巧：在选择加工深度时，对于不同的加工要求和条件，通过“范围深度”选项，可以有效设置加工方向的深度，如图 3-213 所示。

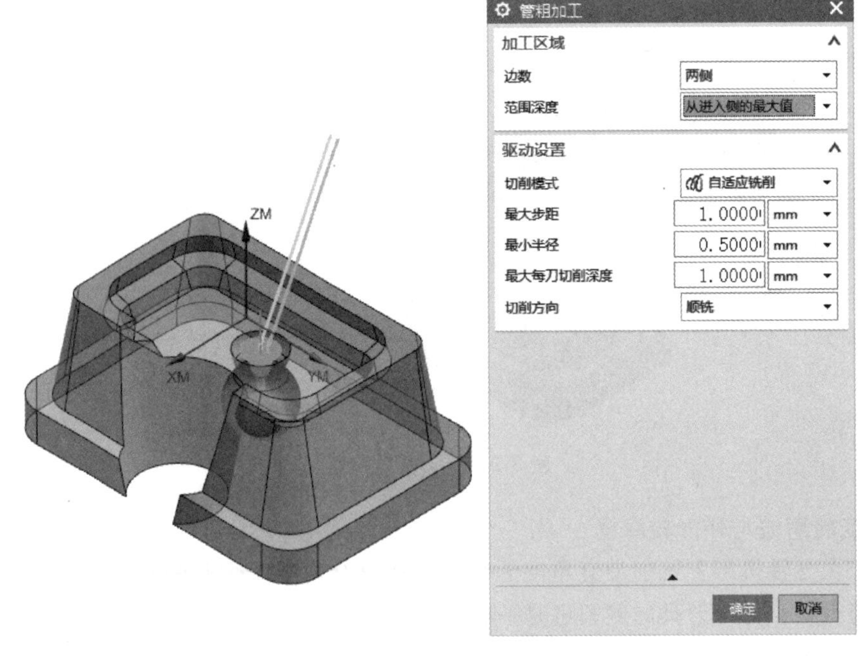

图 3-213　管道粗精加工范围深度设置

活动五　任务评价

请对上述活动过程进行内容评价，见表 3-8。

表 3-8　任务评价表

任务名称		拔模件的加工	评价人员	
序号	评价项目	要　　求	配分	得分
1	零件建模	(1)创建主体	2	
		(2)创建 70mm×40mm 轮廓	2	
		(3)创建 60mm×30mm 轮廓	2	
		(4)创建梯形圆台	3	
		(5)创建表面斜度	5	
		(6)创建回转体	5	
2	工艺分析	(1)零件结构分析	2	
		(2)精度分析	2	
		(3)加工刀具分析	3	
		(4)零件装夹方式分析	3	
3	程序编制	(1)创建毛坯	5	
		(2)进入加工环境,完成加工准备	5	
		(3)创建粗加工程序	5	
		(4)创建半精加工程序	10	
		(5)创建底面、侧面精加工程序	10	
		(6)创建回转体加工程序	10	
4	仿真加工	(1)程序后处理	3	
		(2)导出 STL 格式毛坯	3	
		(3)建立 VERICUT 项目	10	
5	职业素养	团队合作	10	
6	总计		100	

活动六　课后拓展

分析图 3-214 所示零件图并完成其造型及加工编程。

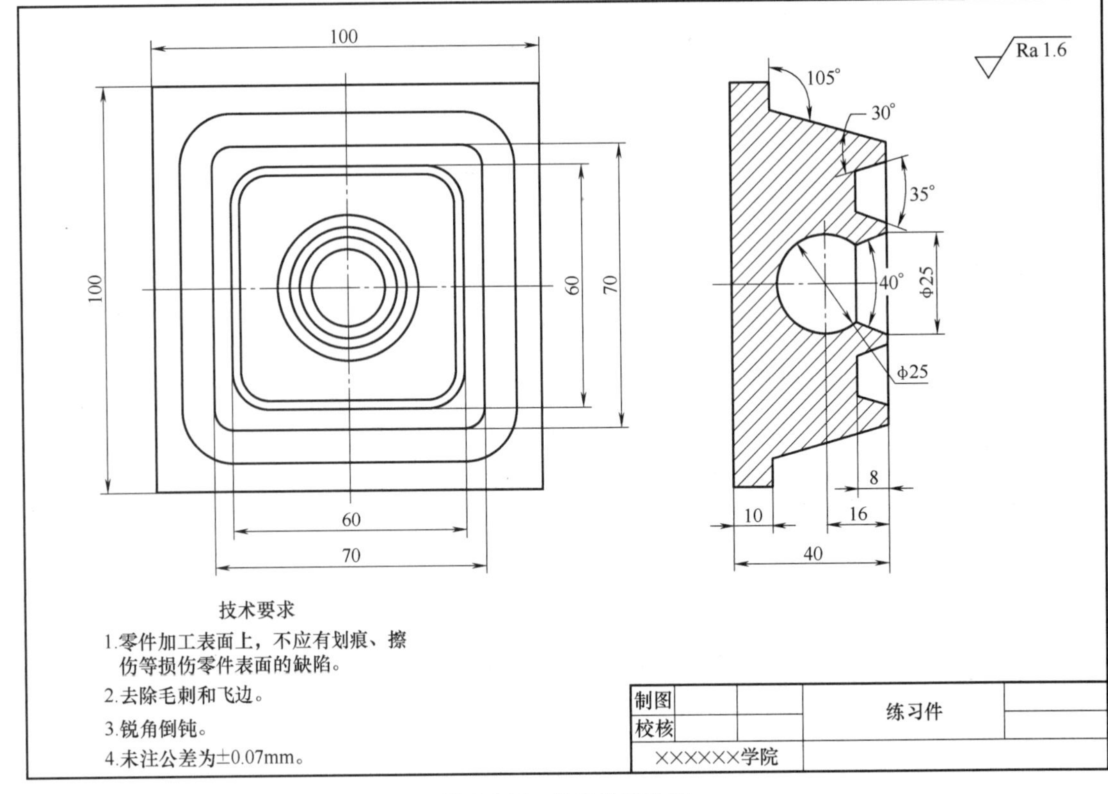

图 3-214 练习件零件图

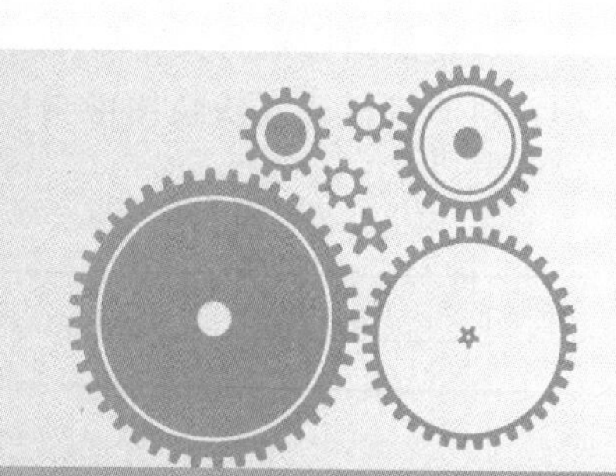

项目三

叶轮的加工

活动一 确立目标

【知识目标】

1. 掌握叶轮建模曲线投射的规律。
2. 熟悉叶轮轮廓、叶片、叶片角等特征结构。
3. 掌握叶轮模块加工工序的参数设置。
4. 掌握 VERICUT 软件中叶轮的仿真加工参数设置方法。

【能力目标】

1. 具备识读叶轮零件图及 3D 造型能力。
2. 能够对叶轮零件进行工艺设计和程序编制。
3. 能够对叶轮零件进行仿真加工。

【素养目标】

1. 培养努力奋斗，不断创新的学习精神。
2. 提高技能报国的意识。

“引雪域高原之水，惠滇中千万之民”的滇中引水工程中就用到了离心泵，该提水泵站单机离心泵容量实现了目前亚洲最大，其中叶轮的加工技术至关重要。只有把核心技术牢牢掌握在自己手中，才能在竞争和发展中掌握主动权。

活动二　领取任务

叶轮是离心泵的关键部件，是供能装置。它是由若干弯曲叶片构成的。叶轮的作用是将原动机的机械能直接传给液体，以提高液体的静压能和动压能。请查阅表 3-9，了解任务详情。

表 3-9 “叶轮”任务书

序号	内容		
1	工作任务:“叶轮”的加工 (1)“叶轮”模型如右图所示 (2)叶轮零件图如图 3-215 所示		
2	毛坯形状		
	毛坯尺寸为 ϕ100mm×40mm		
3	工作要求		
	(1)完成叶轮模型的创建 (2)制定叶轮的加工工艺表 (3)编制叶轮的多轴加工程序 (4)对程序代码进行仿真验证 (5)上机制造		
4	验收标准	符合	不符合
	(1)建模模型体积检测对比		
	(2)工艺(工序步骤)合理		
	(3)NX 工序仿真加工结果正确		
	(4)使用 VERICUT 软件模型加工仿真结果特征正确		
	(5)使用 VERICUT 软件仿真加工结束无任何警告		

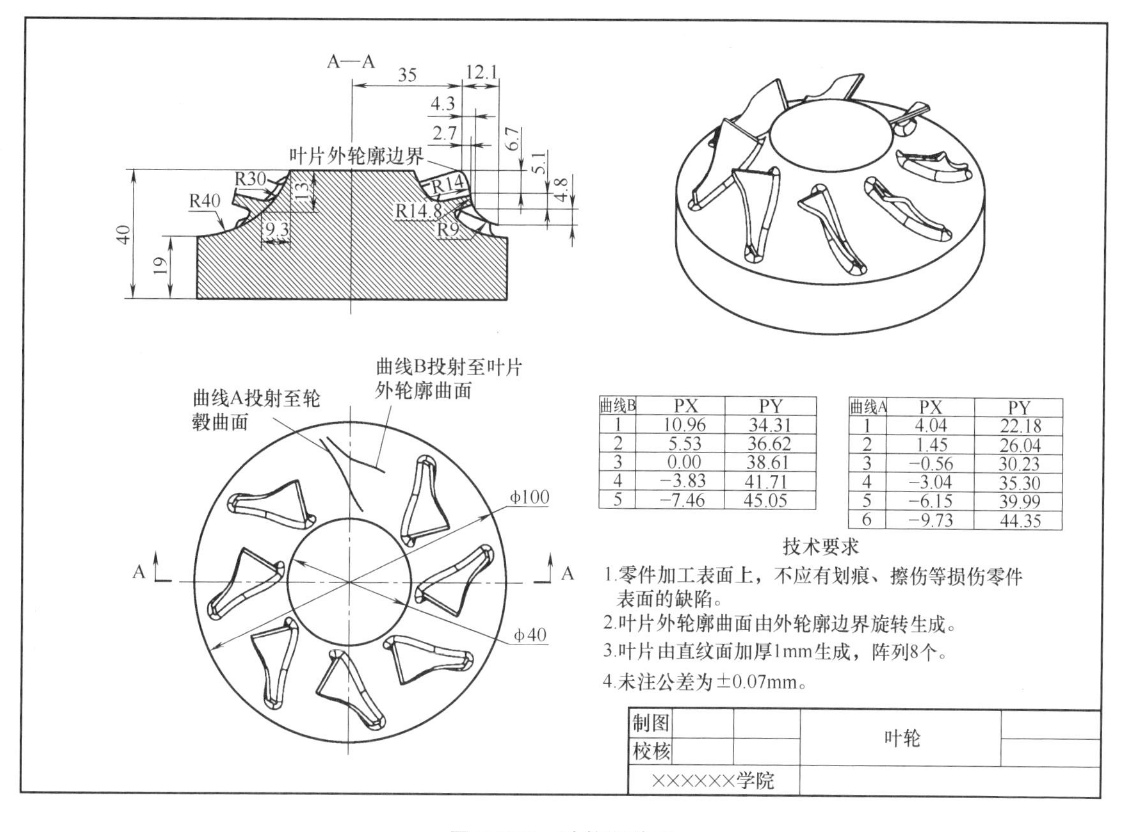

图 3-215　叶轮零件图

活动三　任务实施

流程 1　零件建模

打开 NX 软件，单击“新建”→“模型”选项卡，在选项组“名称”文本框对文件名进行自定义，例如“3-03 叶轮 . prt”。创建叶轮模型的整体，步骤如图 3-216 所示。

步骤 1　创建叶轮主体

1）建模环境下单击“草图”命令图标。

2）在弹出的图 3-217 所示“创建草图”对话框中，设置“草图类型”为“在平面上”，在绘图区单击 XZ 平面，设置“平面方法”为“自动判断”，“参考”为“水平”，“原点方法”为“使用工作部件原点”，单击“确定”按钮进入草图。

3）依据图 3-215 所示零件图绘制图 3-218 所示零件主体轮廓，绘制完成后单击鼠标右键选择“完成草图”命令。

4）单击“旋转”按钮命令图标，选择建立的主体轮廓草图作为驱动对象，“方向”为 Z 轴正方向，“指定点”为草图原点，单击“确定”按钮，如图 3-219 所示，完成建模第一步。

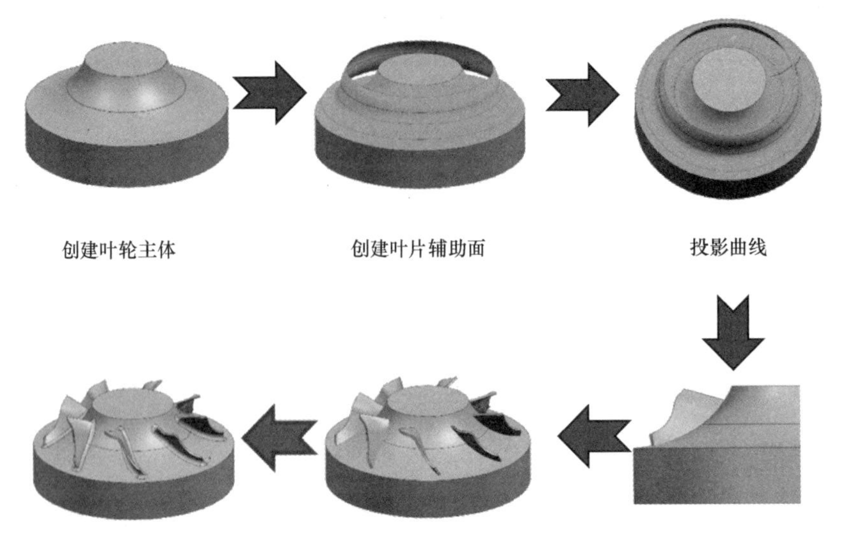

图 3-216　创建叶轮模型的整体思路

图 3-217 “创建草图”对话框

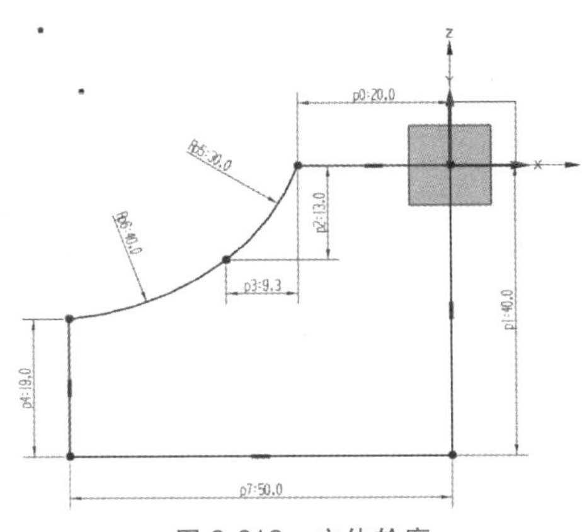

图 3-218　主体轮廓

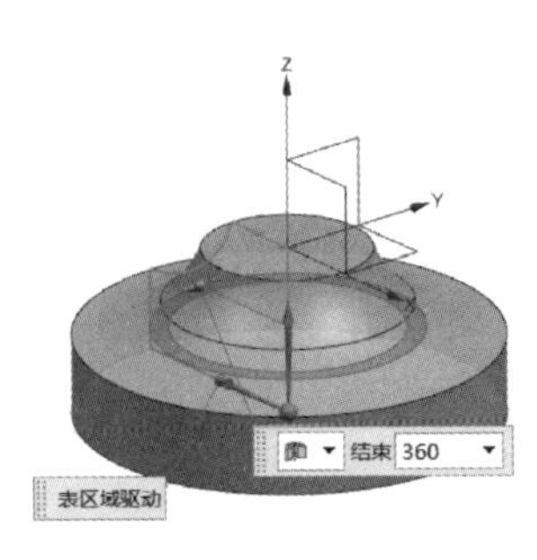

图 3-219　创建主体实体

步骤 2　创建叶片辅助面

1）在建模环境下，单击“草图”命令图标，在弹出的图 3-220 所示“创建草图”对话框中设置“草图类型”为“在平面上”，在绘图区单击 XZ 平面，设置“平面方法”为“自动判断”，“参考”为“水平”，“原点方法”为“使用工作部件原点”，单击“确定”按钮进入草图。

2）依据图 3-215 所示零件图绘制图 3-221 所示叶片外轮廓，绘制完成后单击鼠标右键选择“完成草图”命令。

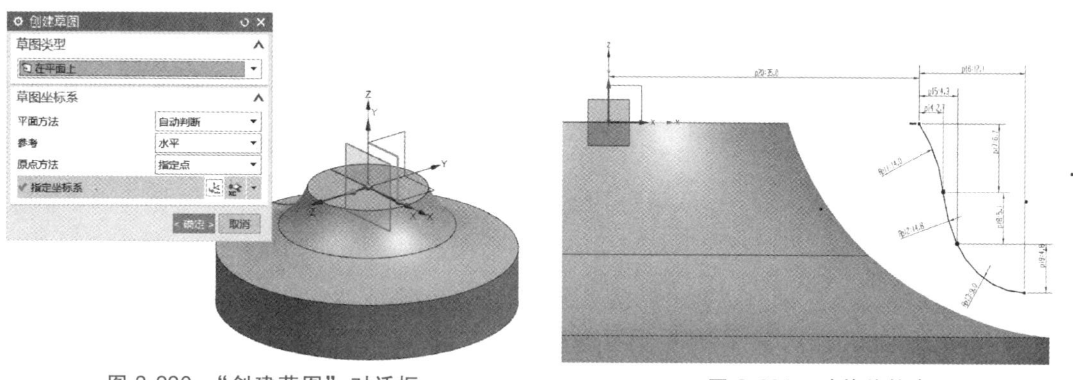

图 3-220　“创建草图”对话框　　图 3-221　叶片外轮廓

3）在快捷菜单栏，单击“旋转”命令图标，选择建立的叶片外轮廓草图作为驱动对象，“方向”为 Z 轴正方向，“指定点”为草图原点，设置“体类型”为“片”，单击“确定”按钮，如图 3-222 所示。

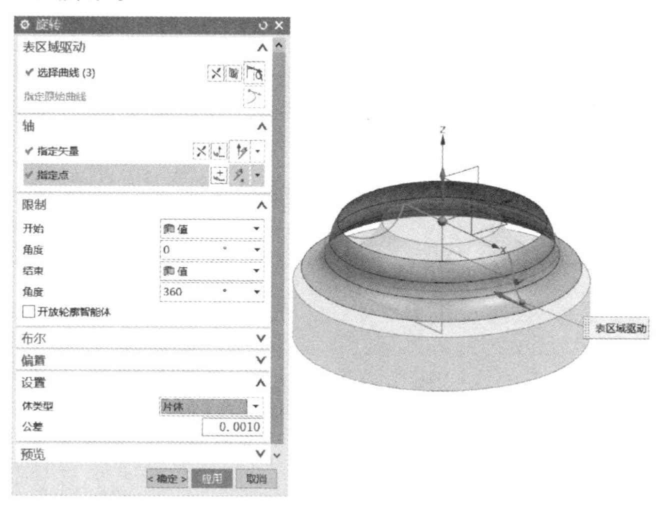

图 3-222　“旋转”命令设置

4）如图 3-223 所示，单击“抽取几何特征”命令图标。

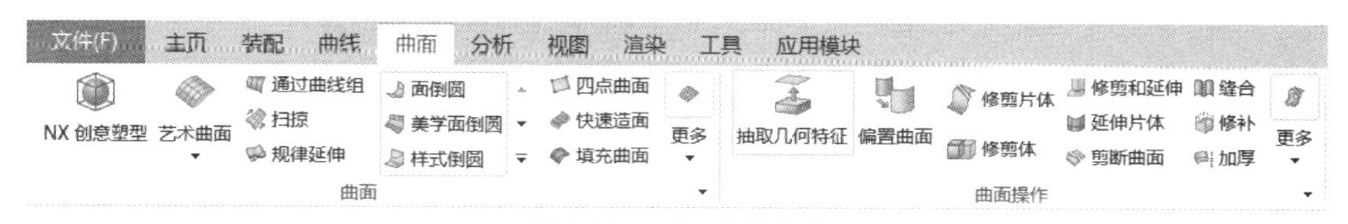

图 3-223　曲面快捷命令

5）如图 3-224 所示，在“抽取几何体”对话框中设置“类型”为“面”，选择主体零件的弧面（叶轮的轮毂面）进行抽取。完成建模第二步。

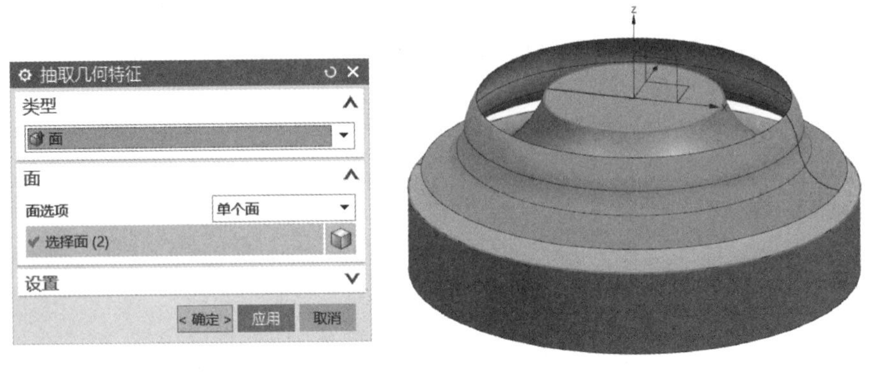

图 3-224　抽取几何特征

步骤 3　投影曲线

1）在曲线环境下，单击“艺术样条”命令图标，如图 3-225 所示。

2）在图 3-226 所示“艺术样条”对话框中，绘制样条曲线，可根据图样提供的曲线坐标点，单击“点”图标，在弹出的对话框（图 3-227）中输入对应的坐标点绘制曲线 A 和曲线 B，绘制完成后单击“确定”按钮，效果如图 3-228 所示。

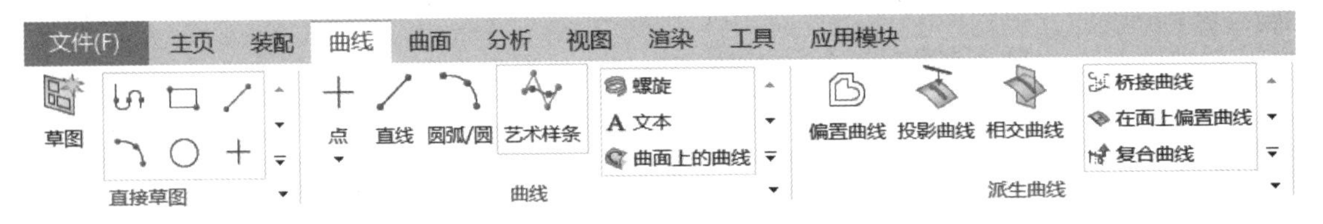

图 3-225　曲线快捷命令

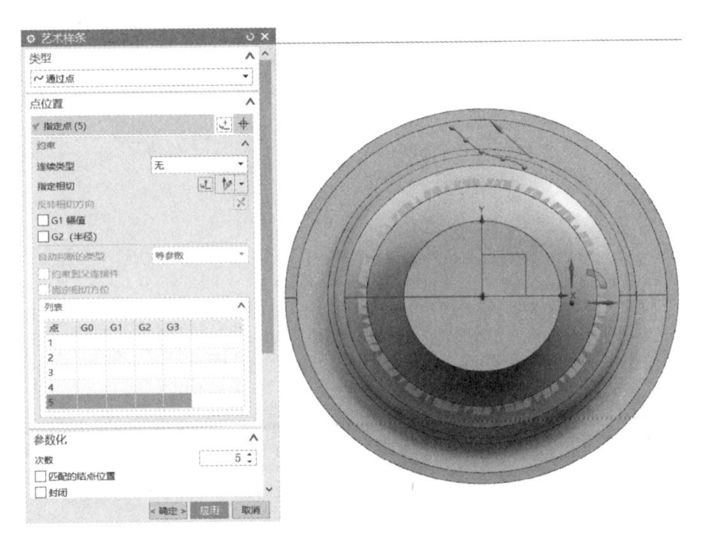

图 3-226　绘制曲线

图 3-227 点构造器

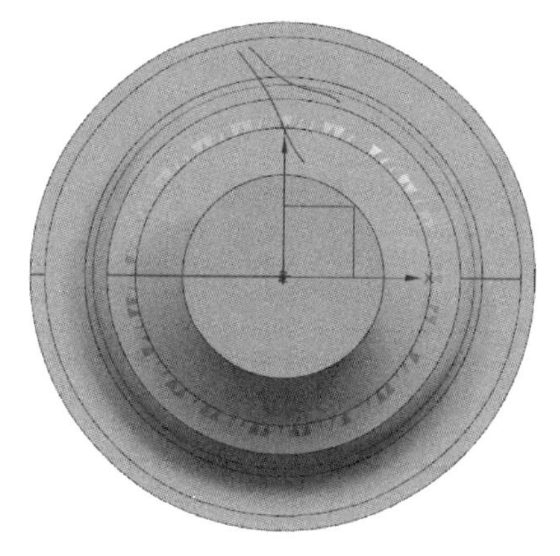

图 3-228 曲线 A 与曲线 B

3）单击“投影曲线”命令图标。在弹出的图 3-229 所示的“投影曲线”对话框中，设置要投影的曲线为曲线 A，投影的对象为叶轮轮毂曲面，“投影方向”为 Z 轴负方向，单击“确定”按钮。采用相同的方法设置曲线 B。

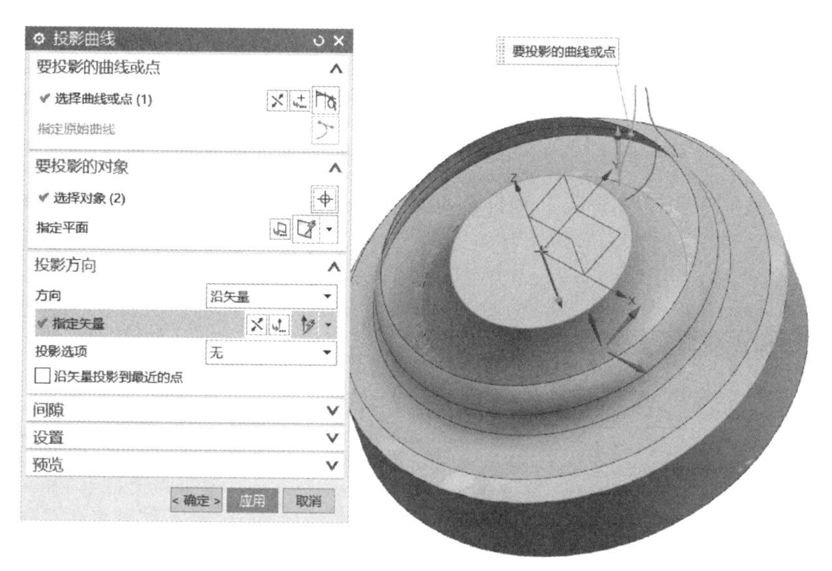

图 3-229 投影曲线

4）最终将曲线 A 投射到叶轮的轮毂面上，将曲线 B 投射在叶片外轮廓曲面上。

步骤 4 生成叶片

1）选择“曲面”→“更多”（图 3-230）→“直纹”命令，如图 3-231 所示。

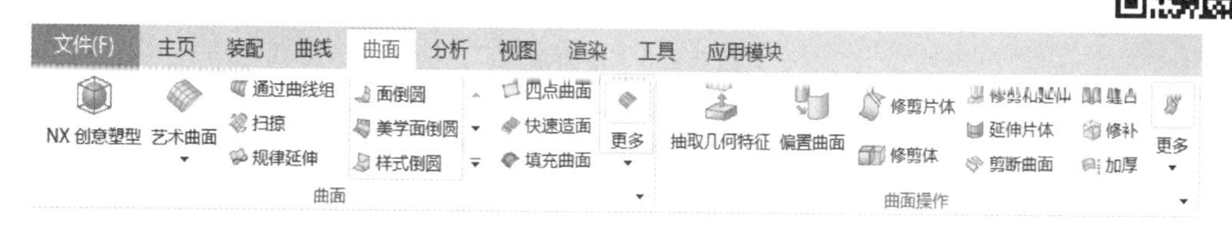

图 3-230 “曲面”快捷命令

2）在弹出的“直纹”对话框中，设置“截面线串1”与“截面线串2”为投射到轮毂面及叶轮外轮廓曲面的曲线A与曲线B，如图3-232所示，选择完成后单击“确定”按钮。

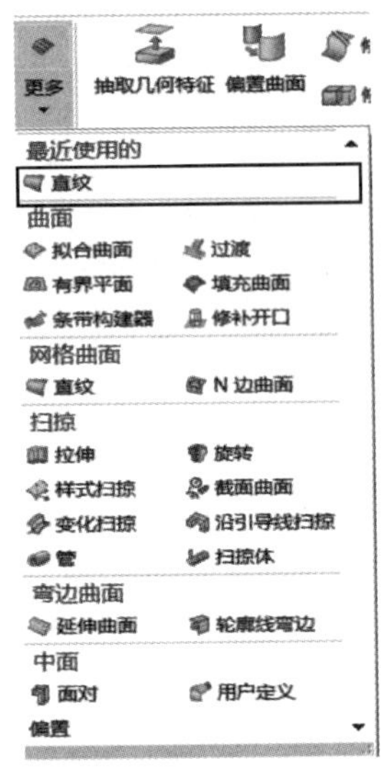

图 3-231　选择“直纹”命令

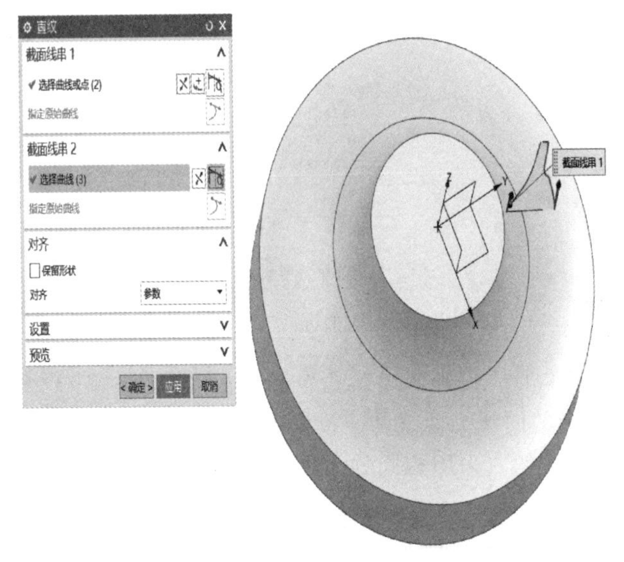

图 3-232　直纹面

3）选择“曲面”→“加厚”命令。

4）在弹出的“加厚”对话框中选择由曲线A曲线B直纹生成的曲面，根据零件图上叶片的厚度为1mm，因此设置厚度为单方向1mm，方向向前，如图3-233所示，选择完成后单击“确定”按钮。

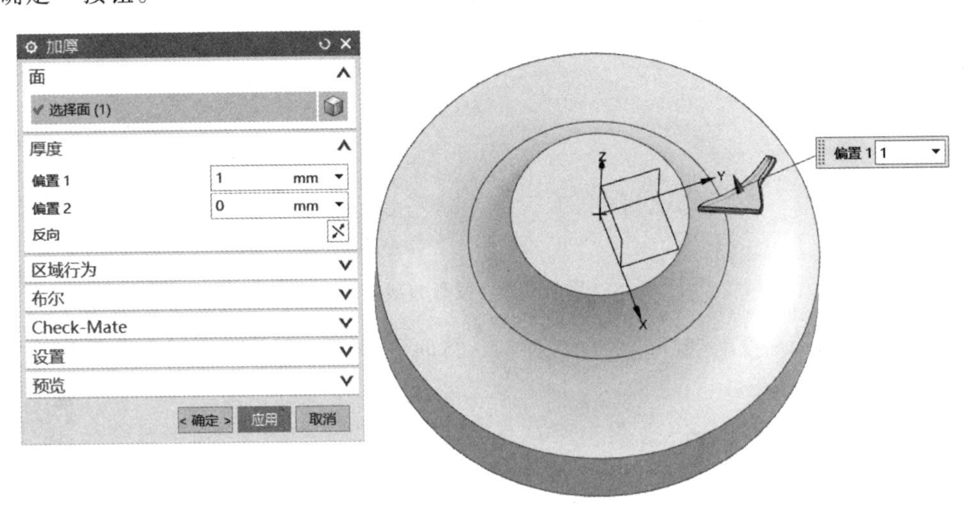

图 3-233　曲面加厚

5）在建模环境下，单击“移动面”命令图标。

6）在弹出的“移动面”对话框中选择叶片底部与轮毂结合的实体面进行延伸，延伸“距离”为“1mm”，如图3-234所示，选择完成后单击“确定”按钮。

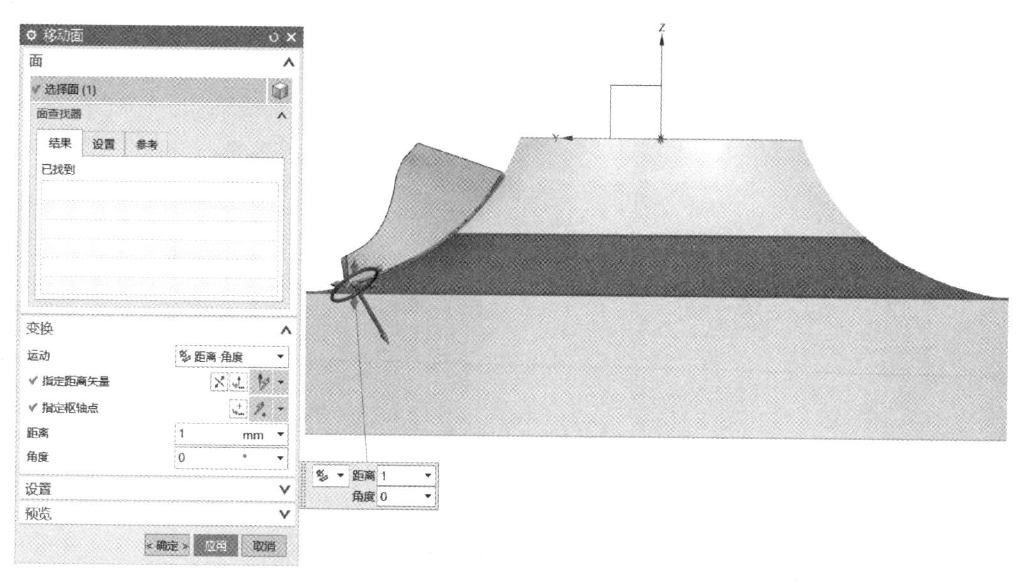

图 3-234　“移动面”对话框

步骤 5　叶片阵列并合并实体

1）在建模环境下单击“阵列几何特征”命令图标，如图 3-235 所示，在弹出的“阵列几何特征”对话框中选择生成的叶片，设置“布局”为“圆形”，“指定方向”为 Z 轴正方向，“指定点”为草图原点，“间距”为“数量和间隔”。根据图样要求叶片个数为 8 个，因此设置“数量”为“8”，“节距角”为“45°”，如图 3-236 所示，选择完成后单击“确定”按钮。

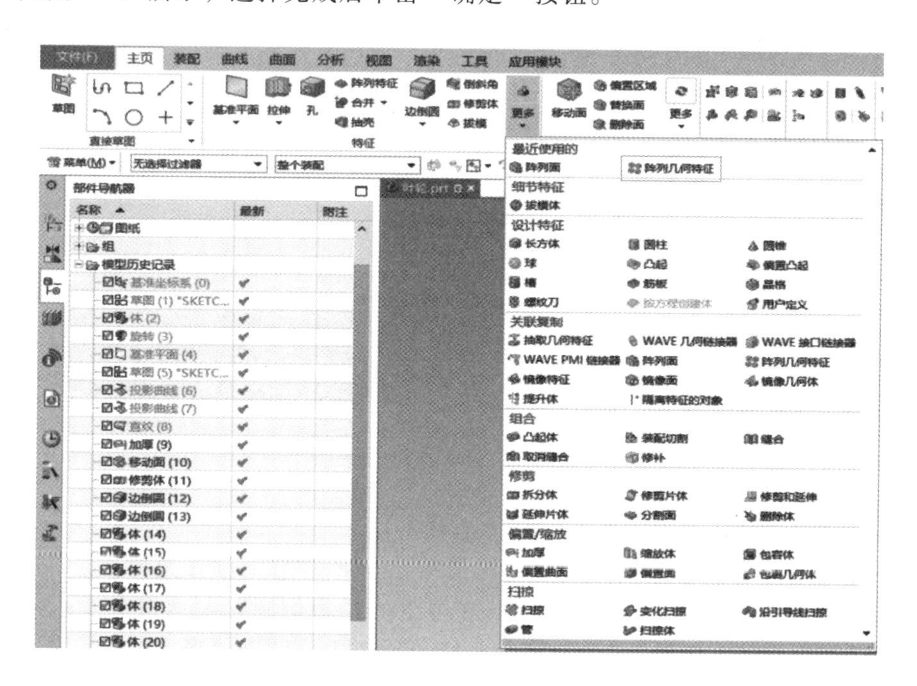

图 3-235　扩展功能

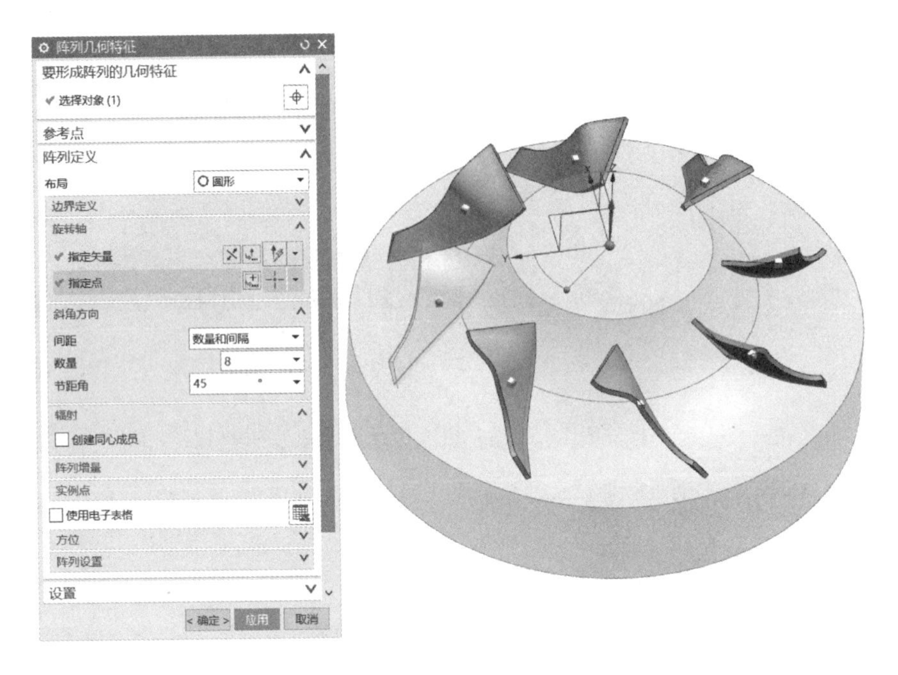

图 3-236 “阵列几何特征”对话框

2）单击“合并”命令图标，在弹出的“合并”对话框中，选择叶轮主体作为目标，选择 8 张叶片作为工具体，如图 3-237 示，选择完成后单击“确定”按钮。

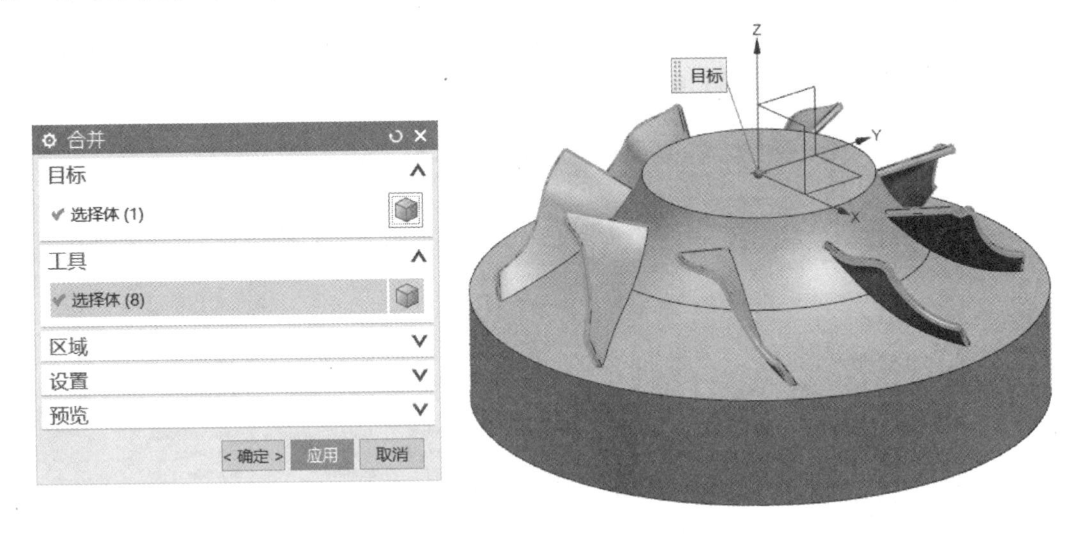

图 3-237 合并几何体

步骤 6 圆弧过渡

1）单击“边倒圆”命令图标。根据图样要求，叶片边上圆弧过渡为 R0.5mm 叶片底部圆弧过渡为 R2mm，因此在弹出的“边倒圆”对话框中，设置“连续性”为“G1 相切”，在绘图区选择叶片四边，设置“形状”为“圆形”，“半径”为“0.5mm”，如图 3-238 所示，选择完成后单击“确定”按钮。设置叶

片底部圆弧过渡，“连续性”为“G1 相切”，在绘图区叶片底部，设置“形状”为“圆形”，“半径”为“2mm”，如图 3-239 所示，选择完成后单击“确定”按钮。

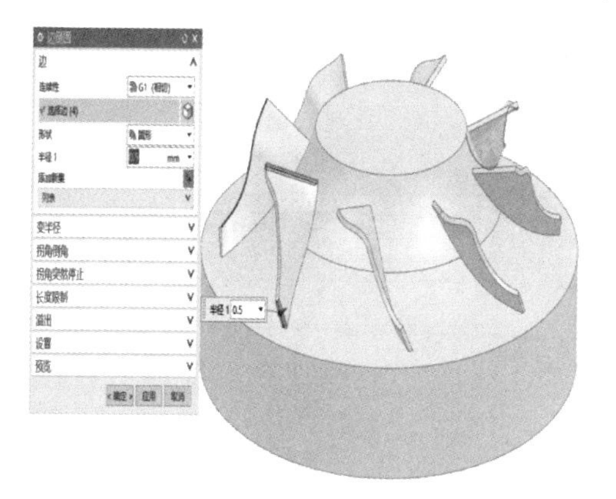

图 3-238　R0.5mm 圆角

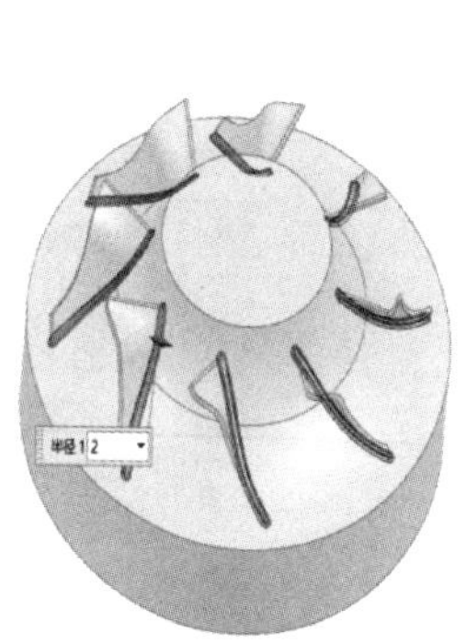

图 3-239　R2mm 圆角

2）单击曲面菜单中的“修剪和延伸”命令图标，如图 3-240 所示。

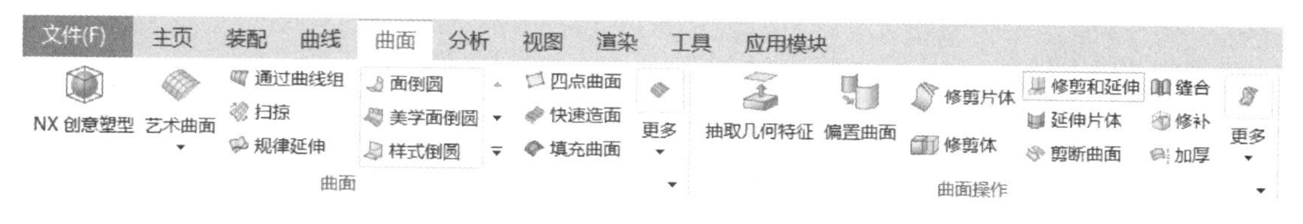

图 3-240　曲面菜单

3）在弹出的“修剪和延伸”对话框中选择叶轮主体作为目标，以此前旋转好的叶片外轮廓片体作为工具对象，如图 3-241 所示，完成修剪。

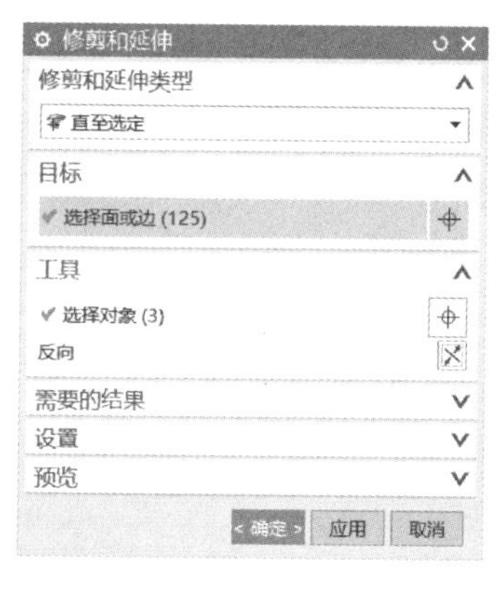

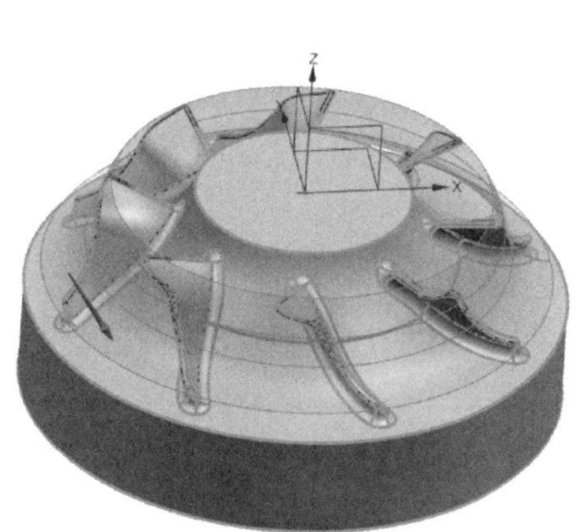

图 3-241　修剪叶片

4）在主菜单中选择“分析”→“更多”→“测量体”命令，如图 3-242 所示。

5）如图 3-243 所示，在“测量体”对话框中，选择“对象”为最终模型，测量得到体积为 209782.2570mm^3。

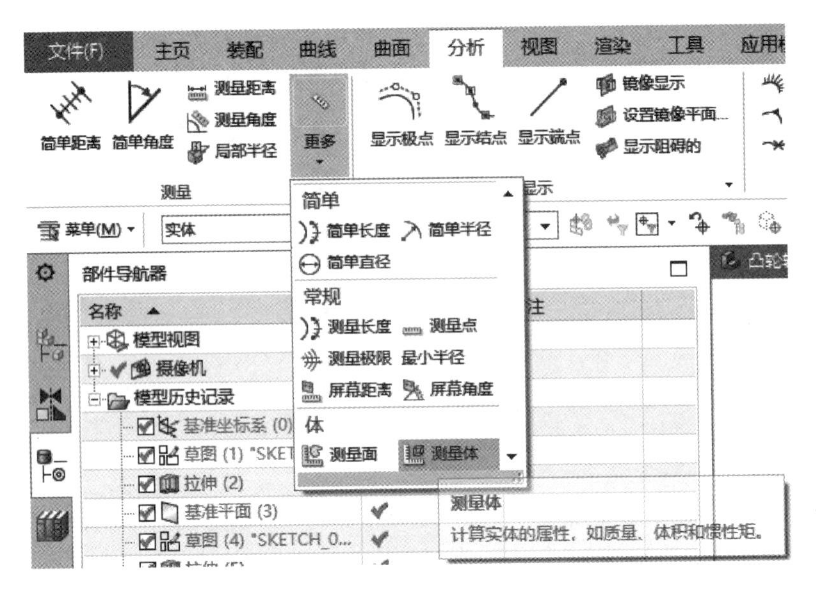

图 3-242 “测量体”命令

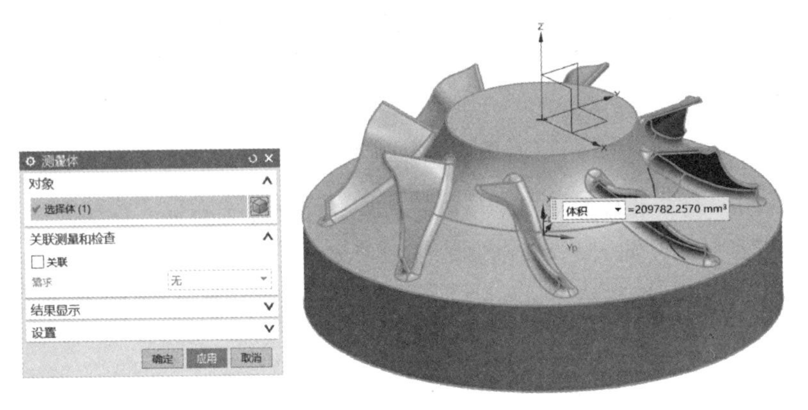

图 3-243 模型体积

流程 2 工艺分析

步骤 1 零件结构分析

分析零件图样，请在下方列出叶轮的特征轮廓。

___

___

___

步骤 2 精度分析

分析零件图样，并在表 3-10 中写出该零件的主要加工尺寸、几何公差要求及表面质量要求。

步骤 3 加工刀具分析

根据零件图样选择合适的数控刀具并填入表 3-11。

表 3-10　叶轮数据

序号	项目	内容	备注
1	主要加工尺寸		
2			
3			
4			
5			
6			
7			
8			
9	几何公差要求		
10	表面质量要求		

表 3-11　刀具表

刀具序号	刀具名称	刀具规格	刀具类型
1			
2			
3			
4			
5			

步骤 4　零件装夹方式分析

分析零件图样并思考为保证底座加工位置精度，应采用什么装夹方法？

____

____

____

流程 3　程序编制

叶轮加工程序编制的整体思路如图 3-244 所示。

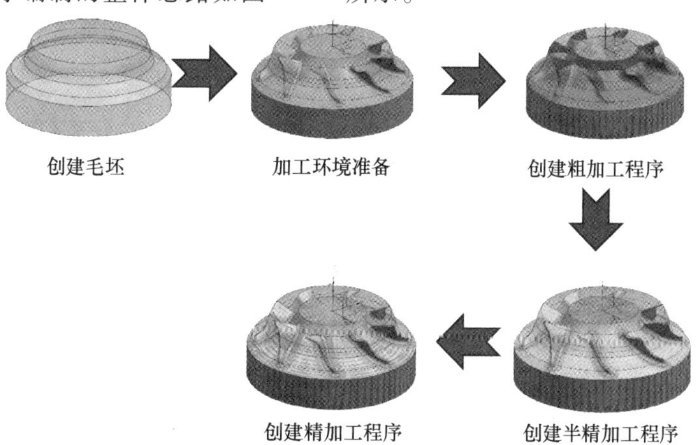

图 3-244　叶轮加工程序编制的整体思路

步骤1 创建毛坯

1）在建模环境中，根据零件图绘制图3-245所示毛坯主体，绘制完成后单击鼠标右键选择“完成草图”命令。

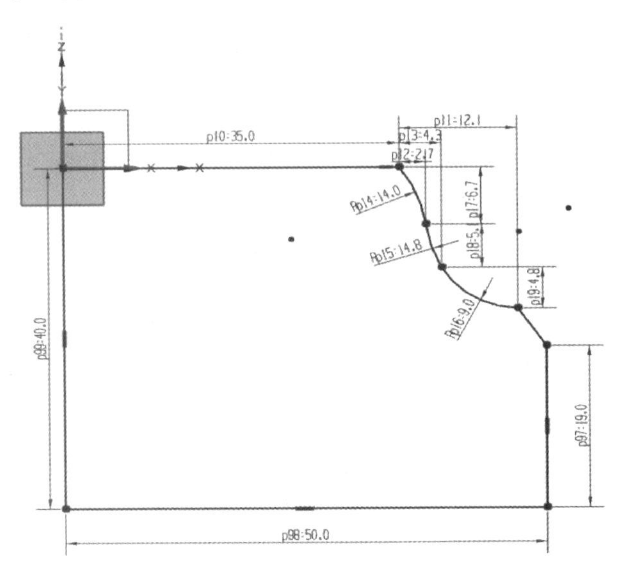

图3-245 绘制毛坯主体

2）如图3-246所示，单击“旋转”命令图标，选择建立的零件主体草图作为驱动对象，“方向”为Z轴正方向，“指定点”为草图原点，单击“确定”按钮，如图3-247所示，完成毛坯建模。

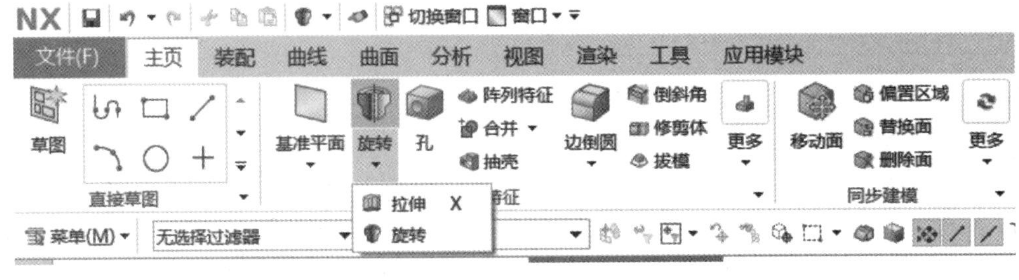

图3-246 “旋转”命令

3）把包容体设置为半透明，可以更清楚地看到叶轮零件的轮廓。单击“编辑对象显示”按钮，在绘图区选择包容体，单击“确定”按钮弹出对话框，拖动透明度滑块即可更改包容体的透明度，一般设置为50即可，然后单击“确定”按钮完成毛坯准备步骤。

步骤2 加工环境准备

1）单击“加工”图标或者使用快捷键<Ctrl+Alt+M>进入加工环境。

2）进入加工环境后弹出图3-248所示对话框，在该对话框中选择默认配置，单击“确定”按钮进行加工参数设置。

3）如图3-249所示，分别使用“创建刀具”“创建几何体”“创建工序”“余量设置”功能。

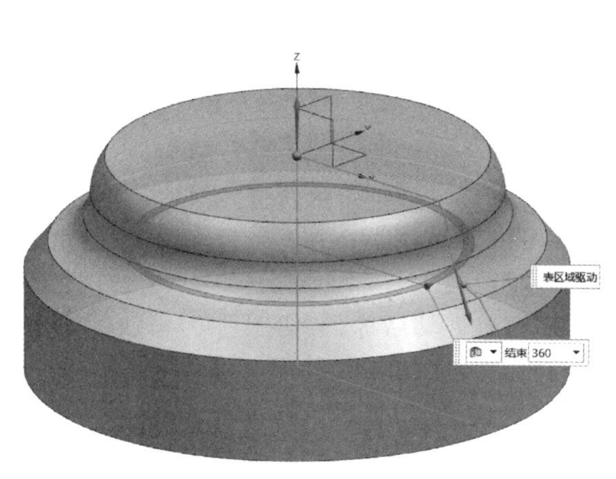

图 3-247　“旋转”对话框

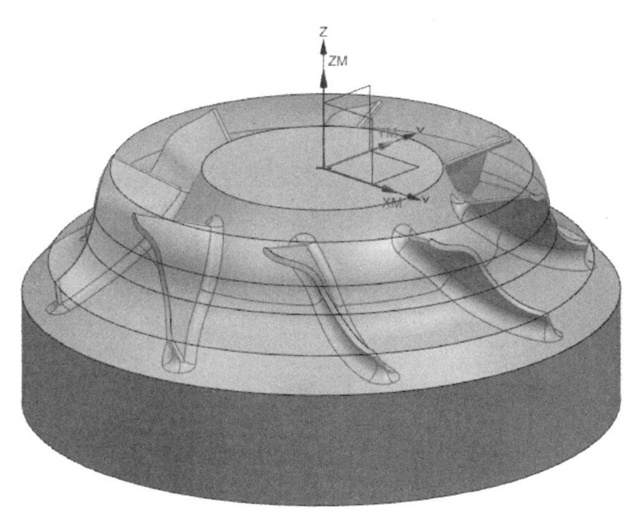

图 3-248　设置加工环境参数

文件(F)　主页　装配　曲线　分析　视图　渲染　工具　应用模块

创建刀具　创建几何体　创建工序　属性　生成刀轨　确认刀轨　机床仿真　后处理　车间文档　更多

刀片　操作　工序

图 3-249　菜单命令

4）单击“创建刀具”命令图标，设置“刀具类型”为默认，“刀具子类型”为“MILL”，设置刀具名称，“刀具”为粗加工使用的 ϕ10mm 立铣刀，单击“确定”按钮弹出铣刀参数设置对话框，设置铣刀“直径”为“10”，“刀刃”为“4”，其余默认，“刀具编号”均设置为“1”，单击“确定”按钮，完成第一把刀具的设置。

5）单击“创建刀具”命令图标，设置“刀具类型”为默认，“刀具子类型”为“BALL_MILL”，设置刀具名称，“刀具”为粗加工使用的 ϕ8mm 球头铣刀，单击“确定”按钮弹出铣刀参数设置对话框，设置球头铣刀“直径”为“8”，其余默认，“刀具编号”均设置为“2”，单击“确定”按钮，完成第二把刀具的设置。

6）单击“创建刀具”命令图标，选择“刀具类型”为默认，“刀具子类型”为“BALL_MILL”，设置刀具名称，“刀具”为精加工使用的 ϕ6mm 锥度为 3°的锥度球头铣刀，单击“确定”按钮弹出铣刀参数设置对话框，设置球头铣刀“直径”为“6”，“锥度”为“3”，其余默认，“刀具编号”均设置为“3”，单击“确定”按钮，完成第三把刀具的设置。

7）单击“创建刀具”命令图标，设置“刀具类型”为默认，“刀具子类型”为“BALL_MILL”，设置刀具名称，“刀具”为精加工使用的 ϕ3mm 球头铣刀，单击“确定”按钮弹出铣刀参数设置对话框，设置球头铣刀“直径”为“3”，其余默认，“刀具编号”均设置为“4”，单击“确定”按钮，完成第四把刀具的设置。

8）单击“创建几何体”命令图标，选择几何视图，双击 MCS 坐标系，进入坐标系对话框，默认选择毛坯上表面中心，单击“确定”按钮，如图 3-250 所示。

图 3-250　创建几何坐标系

9）双击“WORKPIECE”设置部件及毛坯，如图 3-251 所示。单击“确定”按钮，完成设置。

10）在工序导航器空白处单击鼠标右键，在弹出的快捷菜单中选择“加工方法视图”命令，在加工方法列表中双击“MILL_ROUGH”，在弹出的“铣削粗加工”对话框中将“部件余量”设置为“0. 3mm”；双击“MILL_SEMI_FINISH”，在弹出的“铣削半精加工”对话框中将“部件余量”设置为“0. 05mm”，将内、外公差设置为“0. 02mm”；双击“MILL_

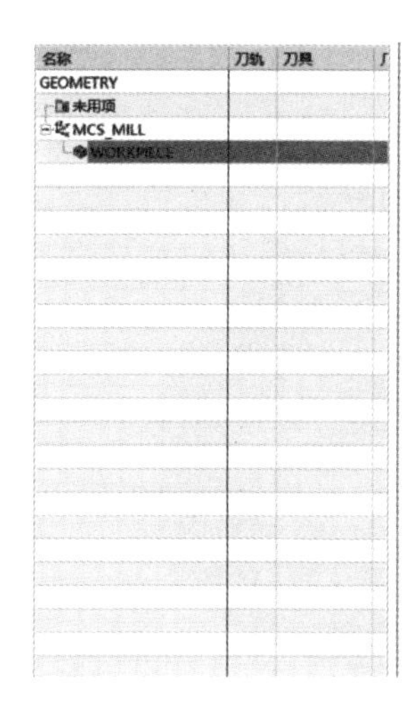

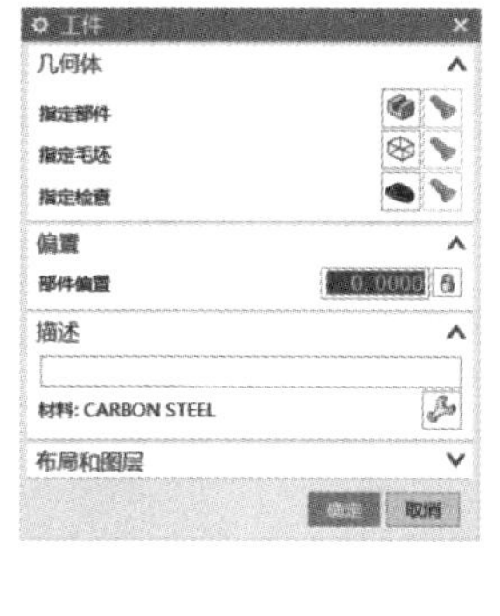

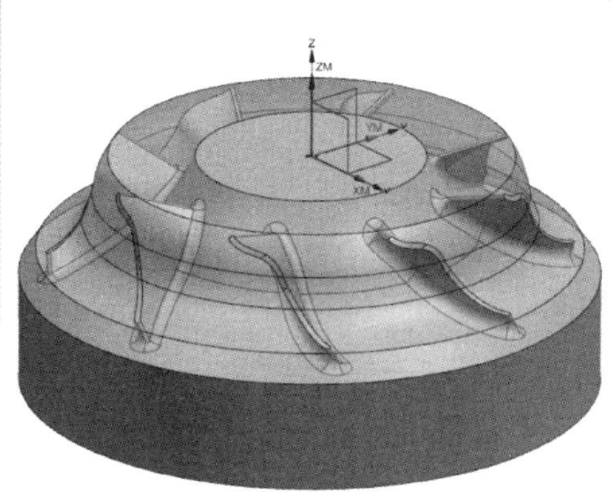

图 3-251　WORKPIECE 设置

FINISH”，在弹出的“铣削精加工”对话框中将“部件余量”设置为“0mm”，将内、外公差设置为“0. 01mm”。

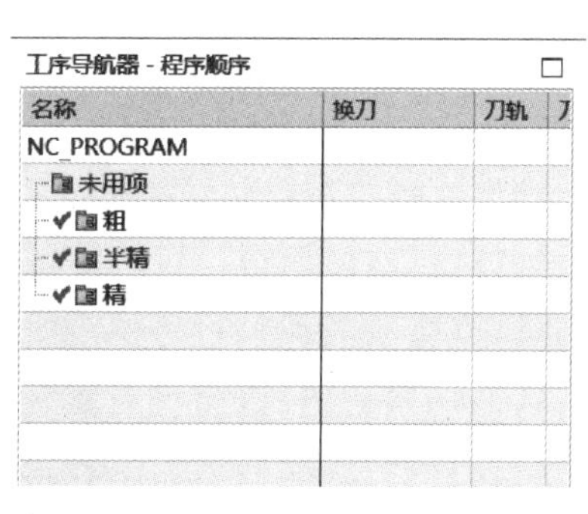

图 3-252　创建程序文件

11）在主菜单中单击“程序顺序视图”按钮，选择“PROGRAM”程序文件，将其重命名为“粗”，并在“NC PROGRAM”文件上单击鼠标右键，在弹出的快捷菜单中选择“插入程序组”，文件夹命名为“半精”。重复上述步骤，插入名称为“精”的文件夹，如图 3-252 所示。

步骤 3　创建粗加工程序

1）在主菜单单击“创建工序”命令图标，在弹出的“创建工序”对话框中设置“类型”为“mill_planar”，“工序子类型”为“型腔铣”，“程序”为“粗”，“刀具”为 ϕ10mm 粗加工立铣刀，“几何体”为“WORKPIECE”，“方法”为“粗加工”，最后自定义程序名称为“10cu”，单击“确定”按钮。

2）进入“型腔铣”对话框，单击“切削层”图标，设置切削层参数，设置“范围深度”为“5mm”，“每层切削深度”为“1mm”，其余默认，如图 3-253 所示。

3）单击“进给率和速度”命令图标，设置“主轴速度和进给率”，完成单击“确定”结束，在主菜单中单击“生成程序”按钮，得到图 3-254 所示粗加工刀路。

4）在主菜单中单击“创建工序”命令图标，在弹出的“创建工序”对话框中，设置“类型”为“mill_multi_blade”，“工序子类型”为“多叶片粗铣”，“程序”为“粗”，“刀具”为 ϕ8mm 粗加工球铣刀，“几何体”为“WORKPIECE”，“方法”为“粗加工”，最后自定义程序名称为“Q8cu”，如图 3-255 所示，单击“确定”按钮。

5）如图 3-256 所示，单击“指定轮毂”命令图标，进入图 3-257 所示“轮毂几何体”对话框，选择叶轮轮毂面，完成后单击“确定”按钮，返回图 3-256 所示对话框。

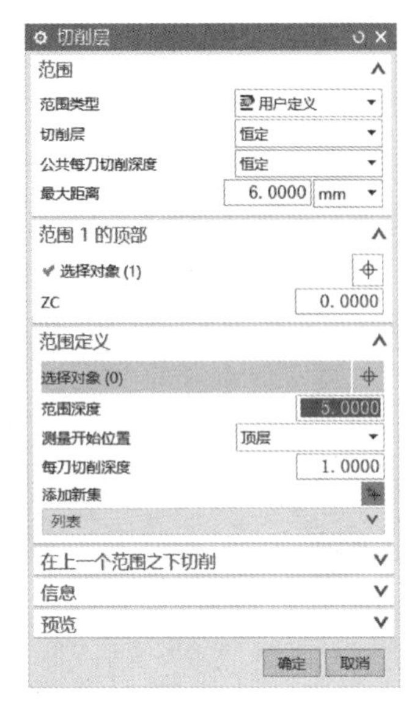

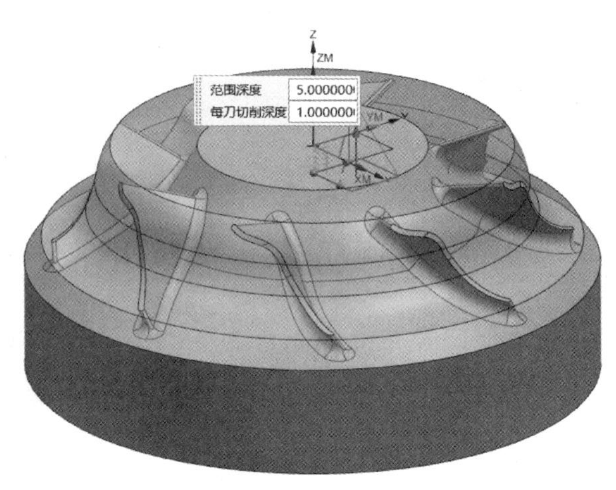

图 3-253　设置切削层参数

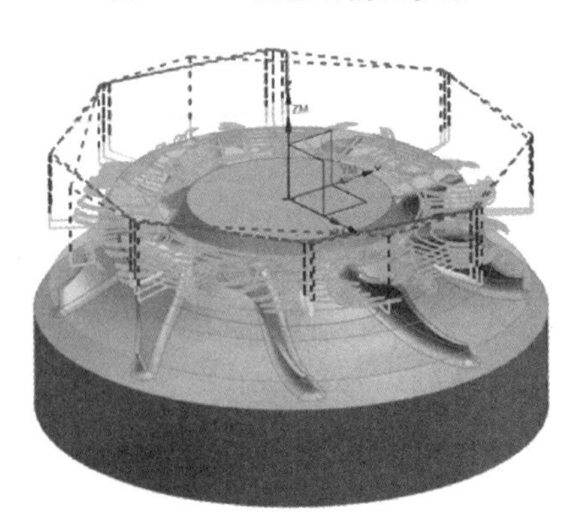

图 3-254　粗加工刀路

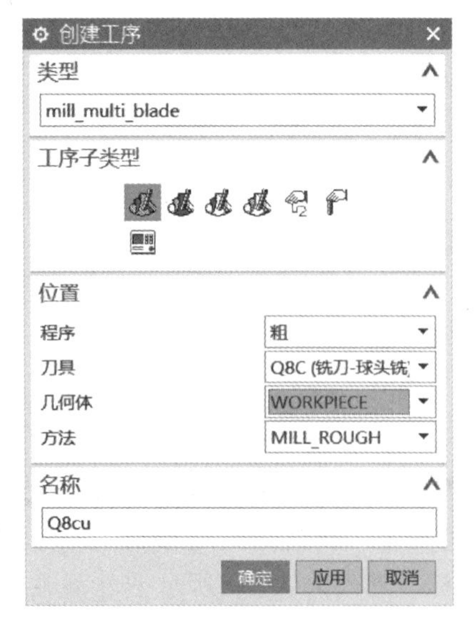

图 3-255　创建多叶片粗铣工序

图 3-256　多叶片粗铣参数

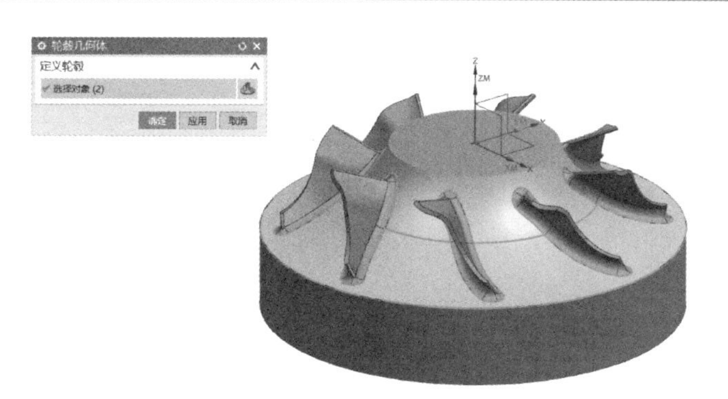

图 3-257　“轮毂几何体”对话框

6）单击“指定包覆”命令图标，进入图 3-258 所示“包覆几何体”对话框，选择包覆曲面，完成后单击“确定”按钮，返回图 3-256 所示对话框。

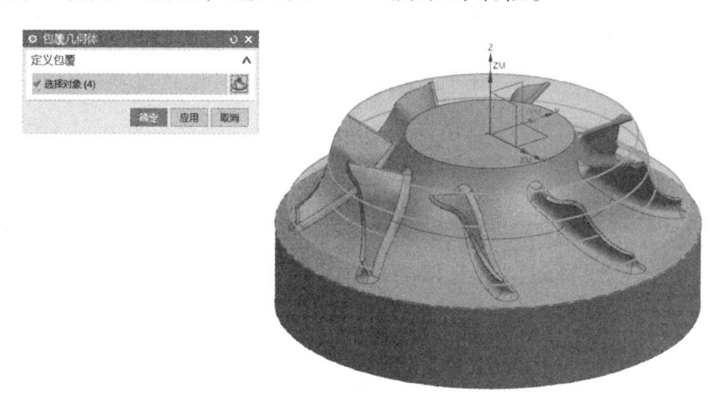

图 3-258　“包覆几何体”对话框

7）单击“指定叶片”命令图标，进入图 3-259 所示“叶片几何体”对话框，选择叶片几何体，完成后单击“确定”按钮，返回图 3-256 所示对话框。

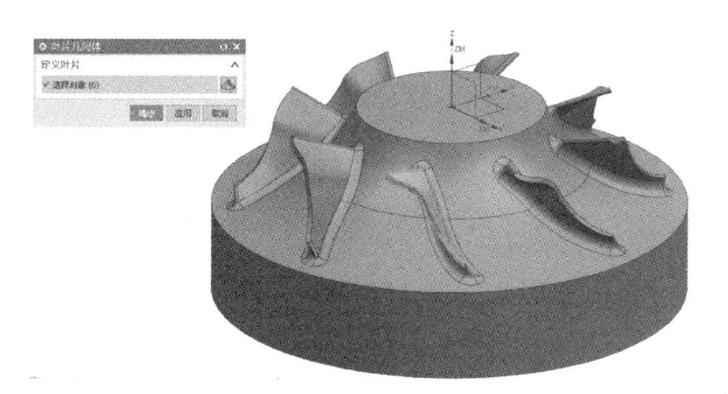

图 3-259　“叶片几何体”对话框

8）单击“指定叶根圆角”图标，进入图 3-260 所示“叶根圆角几何体”对话框，选择叶根圆角几何体，完成后单击“确定”按钮，返回图 3-256 所示对话框。

9）单击“驱动方法”选项组中的“叶片粗加工”命令图标，进入图 3-261 所示对话框，设置“叶片边”为“沿叶片方向”，“切向延伸”为“40%”，单击后缘，设置“边定义”为“指定”，“切向延伸”为“100%”。其余默认，设置完成后单击“确定”按钮，返

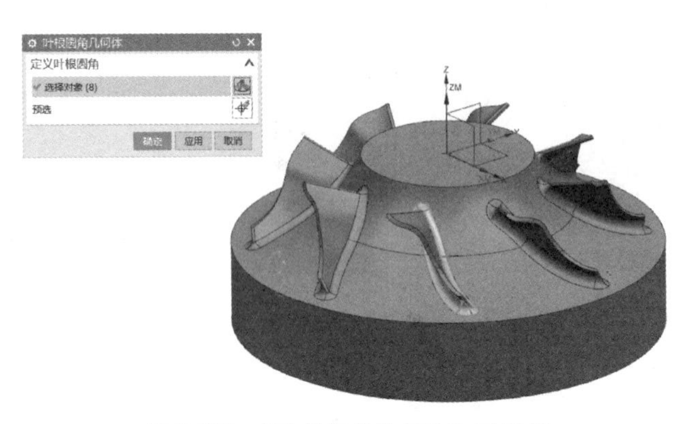

图 3-260 “叶根圆角几何体”对话框

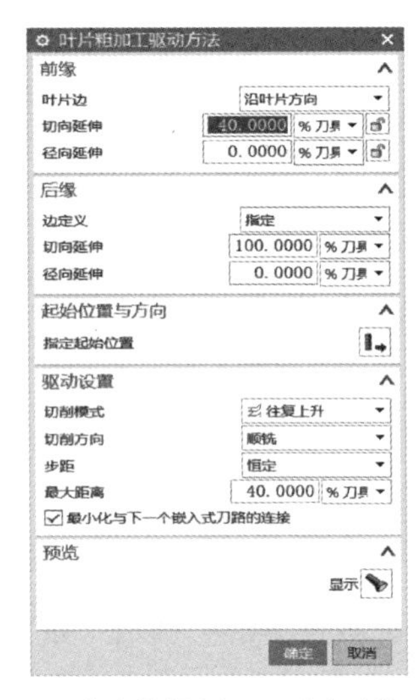

图 3-261 “叶片粗加工驱动方法”对话框

回图 3-256 所示对话框。

10）单击“进给率和速度”命令图标，在对话框中设置“主轴速度和进给率”，单击“确定”按钮结束，其余默认。在主菜单中单击“生成程序”按钮，得到图 3-262 所示粗加工刀路。

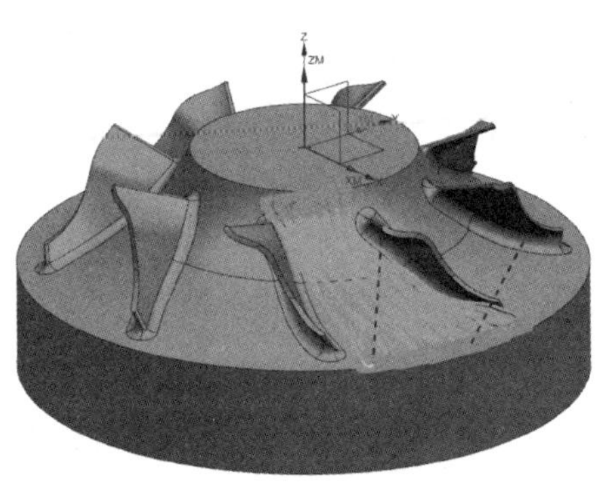

图 3-262 粗加工刀路

11）在粗加工文件中，选择刚刚生成的“Q8cu”程序进行程序阵列。单击鼠标右键，在弹出的快捷菜单中选择“对象”→“变换”命令，如图 3-263 所示，弹出“变换”对话框，如图 3-264 所示，设置“类型”为“绕点旋转”，指定点为 WCS 原点，“角度”为“45°”，选中“复制”单选按钮，“距离/角度分割”为“1”，“非关联副本数”为“7”，设置完成，单击“确定”按钮结束。图 3-265 所示为程序阵列路径。

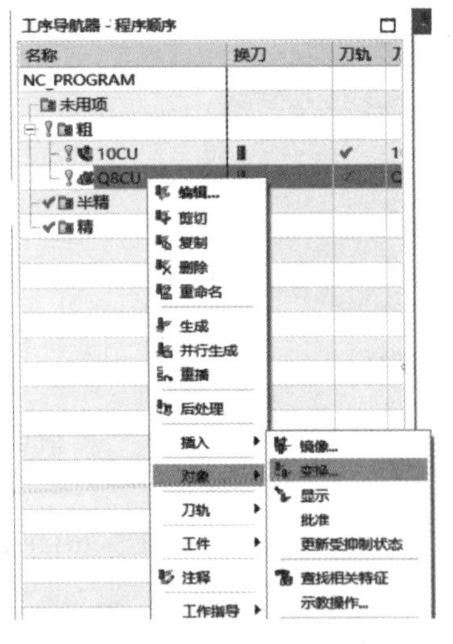

图 3-263 “变换”命令

图 3-264 “变换”对话框

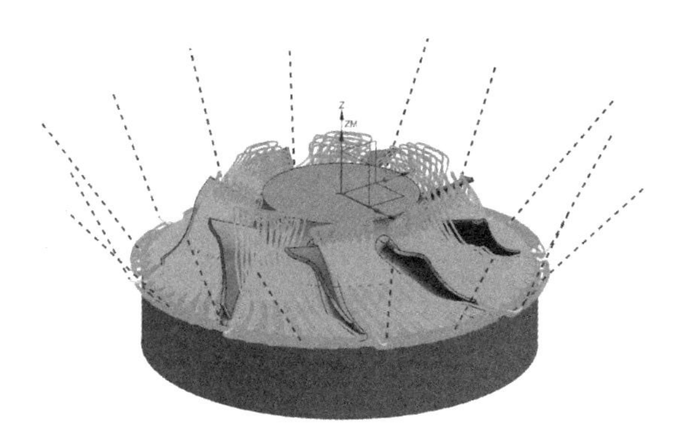

图 3-265　阵列程序路径

步骤 4　创建半精加工程序

1）在主菜单中单击“创建工序”命令图标，在弹出的“创建工序”对话框中设置“类型”为“mill_contour”，“工序子类型”为“曲面区域轮廓铣”，“程序”为“半精”，“刀具”为 ϕ6mm 锥度 3°的精加工球铣刀，“几何体”为“WORKPIECE”，“方法”为“半精加工”，最后自定义程序名称为“BJ-1”，如图 3-266 所示，单击“确定”按钮。

2）如图 3-267 所示，单击“驱动方法”选项组中的“曲面区域”图标，进入“曲面区域驱动方法”对话框，选择驱动几何体，进入“驱动几何体”对话框，如图 3-268 所示，选择几何体，选择完成后单击“确定”按钮，返回“曲面区域驱动方法”对话框，设置“切削模式”为“螺旋”，其余默认，如图 3-269 所示。

图 3-266　创建曲面区域轮廓铣工序

图 3-267　曲面区域轮廓铣参数

3）如图 3-270 所示，设置“投影矢量”为“指定矢量”，指定矢量为 ZM 轴负方向。

4）单击“进给率和速度”命令图标，在对话框中设置“主轴速度和进给率”，单击计算按钮，再单击“确定”按钮结束，在主菜单中单击“生成程序”按钮，得到图 3-271 半精加工刀路。

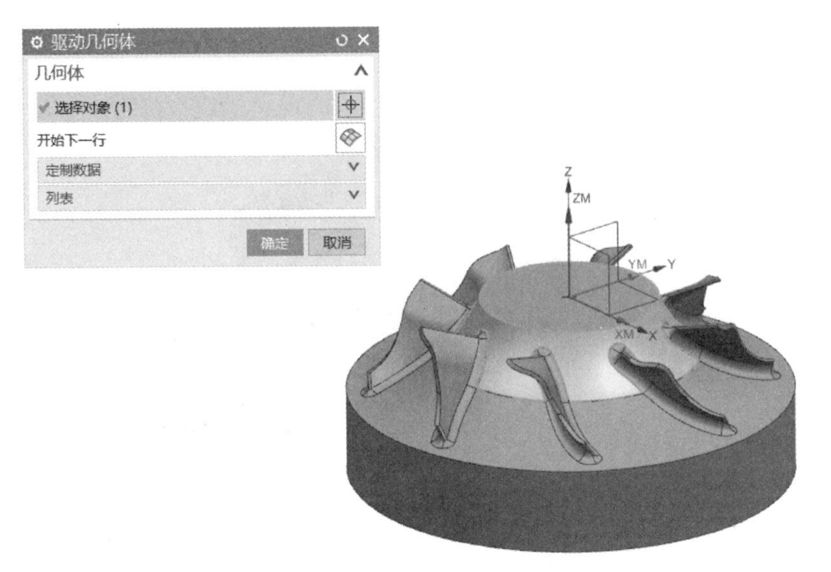

图 3-268 “驱动几何体”对话框

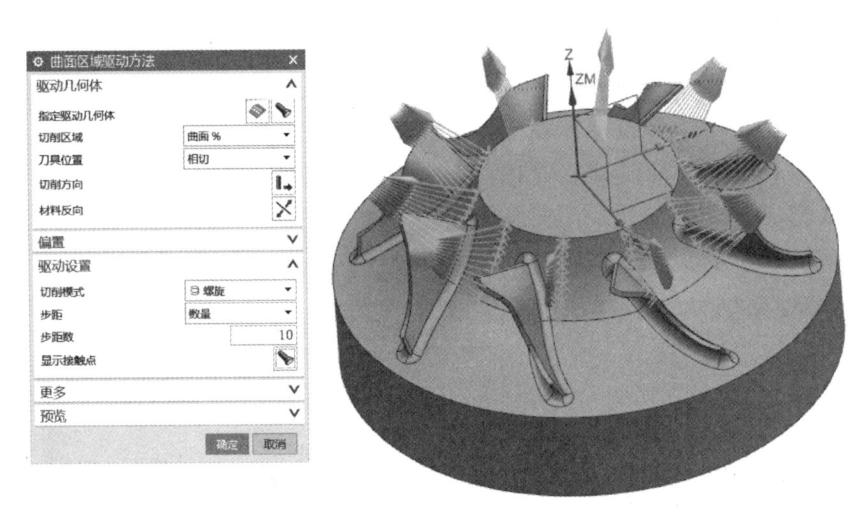

图 3-269 “曲面区域驱动方法”对话框参数设置

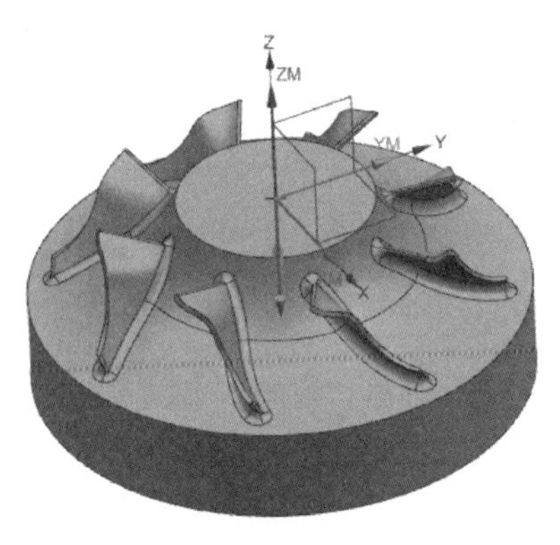

图 3-270 指定矢量

5）在主菜单中单击“创建工序”图标，在弹出的“创建工序”对话框中设置“类型”为“mill_multi_blade”，“工序子类型”为“叶片精铣”，“程序”为“半精”，“刀具”为 ϕ6mm 锥度 3°的精加工球铣刀，“几何体”为“WORKPIECE”，“方法”为“半精加工”，最后自定义程序名称为“BJ-2”，如图 3-272 所示，单击“确定”按钮。

6）如图 3-273 所示，继续完成“指定轮毂”“指定包裹”“指定叶片”“指定叶根圆角”操作，然后单击“确定”按钮，返回图 3-273 所示对话框。

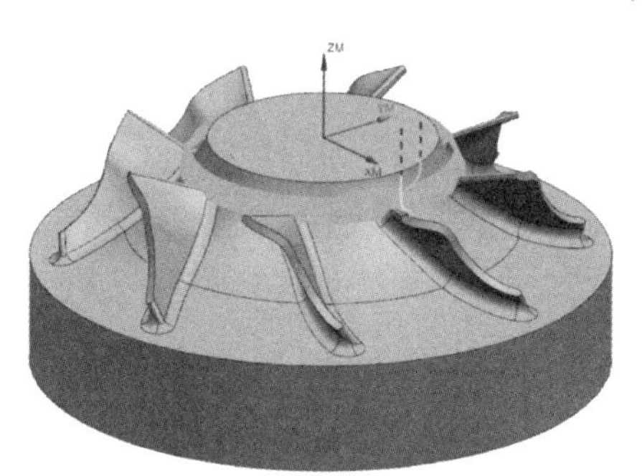

图 3-271　半精加工刀路

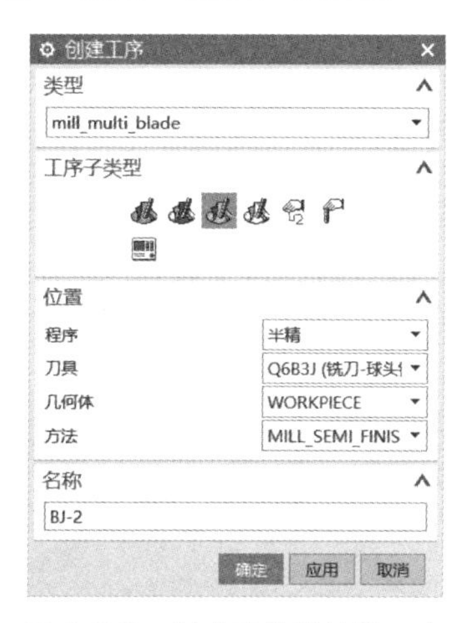

图 3-272　创建叶片半精铣工序

图 3-273　叶片精铣参数设置

7）单击“叶片精铣”图标，进入图 3-274 所示对话框，设置“要切削的面”为“所有面”，“切削模式”为“螺旋”，“起点”为“前缘”，其余默认。设置完成后单击“确定”按钮，返回图 3-273 所示对话框。

8）单击“进给率和速度”图标，在对话框中设置“主轴速度和进给率”，单击计算按钮，单击“确定”按钮结束，其余默认。在主菜单中单击“生成程序”按钮，得到图 3-275 所示叶片半精加工刀路。

图 3-274　“叶片精加工驱动方法”对话框

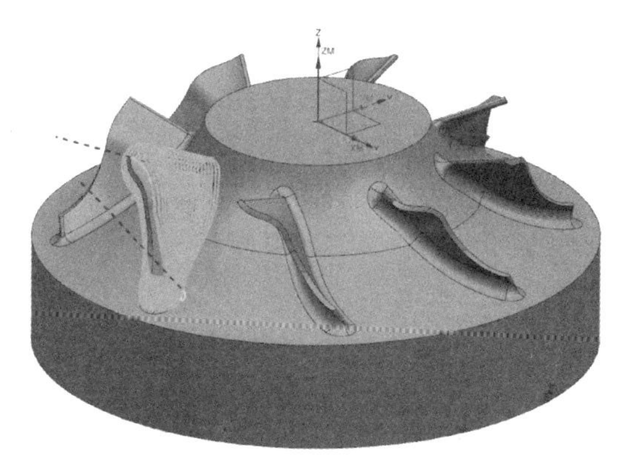

图 3-275　叶片半精加工刀路

9）在半精加工文件中，选择刚刚生成的“BJ-2”程序，进行程序阵列。单击鼠标右键，在弹出的快捷菜单中选择“对象”→“变换”命令，如图 3-276 所示，弹出“变换”对话框，如图 3-277 所示，设置“类型”为“绕点旋转”，指定点为 WCS 原点，“角度”为“45°”，选中“复制”单选按钮，“距离/角度分割”为“1”，“非关联副本数”为“7”，设置完成，单击“确定”按钮结束。图 3-278 所示为程序阵列路径。

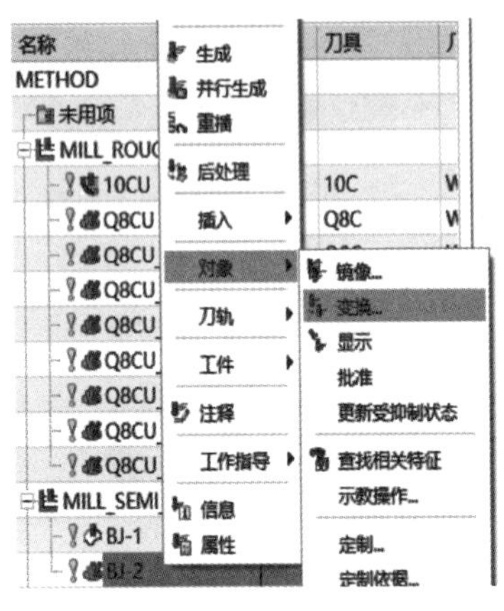

图 3-276 “变换”命令

图 3-277 “变换”对话框

10）在主菜单中单击“创建工序”图标，在弹出的“创建工序”对话框中设置“类型”为“mill_multi_blade”，“工序子类型”为“轮毂精铣”，“程序”为“半精”，“刀具”为 ϕ6mm 锥度 3° 的精加工球铣刀，“几何体”为“WORKPIECE”，“方法”为“半精加工”，最后自定义程序名称为“BJ-3”，如图 3-279 所示，单击“确定”按钮。

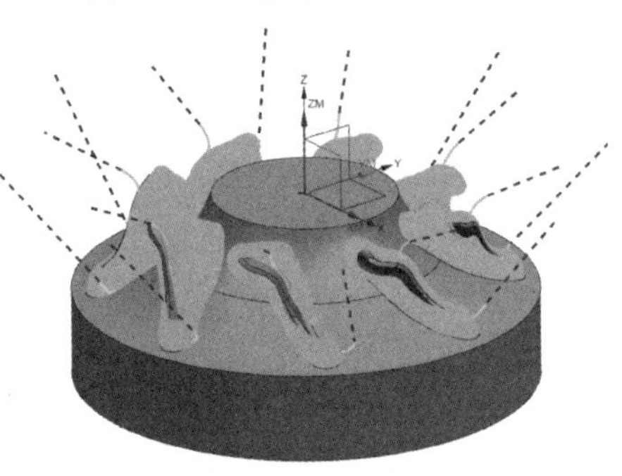

图 3-278 叶片半精加工阵列路径

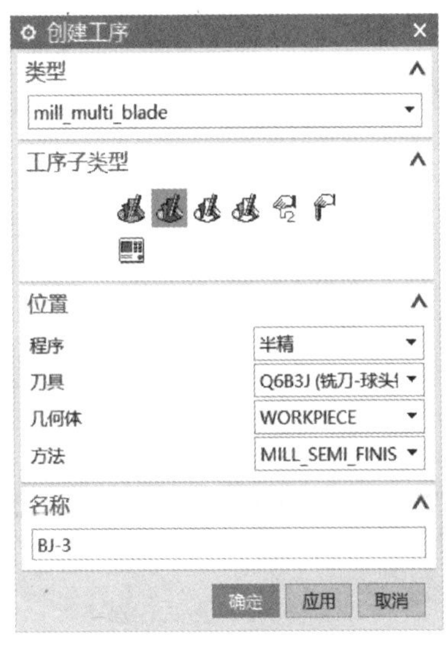

图 3-279 叶片精铣工序

图 3-280 叶片精铣参数

11）如图 3-280 所示，继续完成“指定轮毂”“指定包裹”“指定叶片”“指定叶根圆角”操作，然后单击“确定”按钮。

12）单击图 3-280 所示“轮毂精加工”图标进入图 3-281 所示对话框，设置“切向延伸”为“100%”，“切削模式”为“往复上升”，“切削方向”为“混合”，其余默认。设置完成后单击“确定”按钮，返回图 3-280 所示对话框。

13）单击“进给率和速度”图标，在对话框中设置“主轴速和进给率”，单击计算按钮，单击“确定”按钮结束，其余默认。在主菜单中单击“生成程序”按钮，得到图 3-282 所示轮毂半精加工刀路。

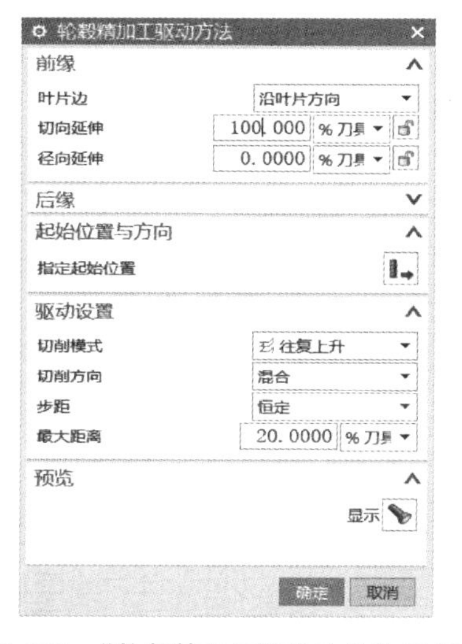

图 3-281　“轮毂精加工驱动方法”对话框

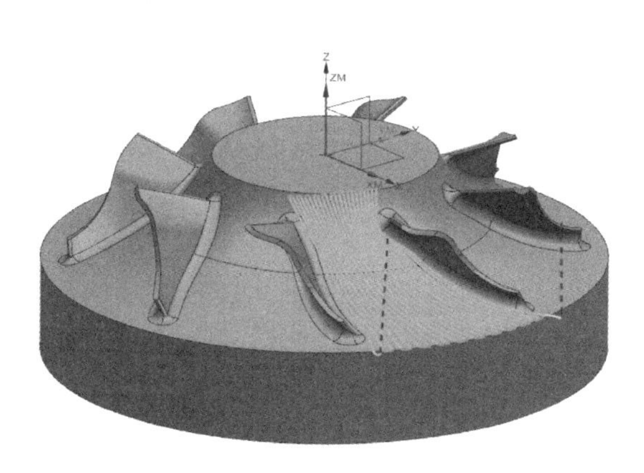

图 3-282　轮毂半精加工刀路

14）在半精加工文件中，选择刚刚生成的“BJ-3”程序进行程序阵列。单击鼠标右键，在弹出的快捷菜单中选择“对象”→“变换”命令，如图 3-283 所示，弹出“变换”对话框，如图 3-284 所示，设置“类型”为“绕点旋转”，指定点为 WCS 原点，“角度”为“45°”，选中“复制”单选按钮，“距离/角度分割”为“1”，“非关联副本数”为“7”，设置完成，单击“确定”按钮结束。图 3-285 所示为程序阵列路径。

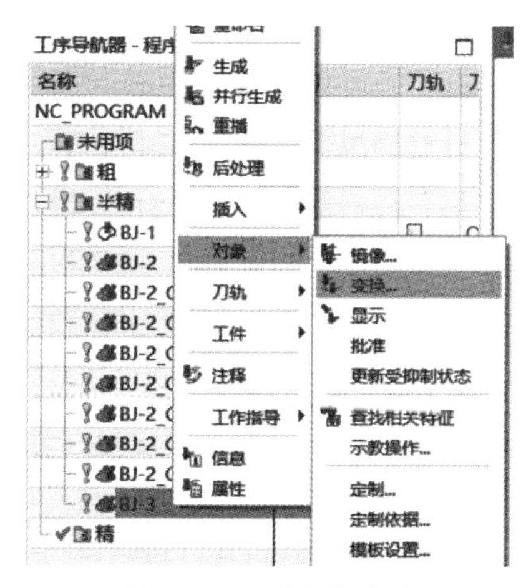

图 3-283　“变换”命令

图 3-284　“变换”对话框

15）在主菜单中单击“创建工序”图标，在弹出的“创建工序”对话框中，设置“类型”为“mill _ multi _ blade”，“工序子类型”为“圆角精铣”，“程序”为“半精”，“刀具”为 ϕ3mm 的精加工球铣刀，“几何体”为“WORKPIECE”，“方法”为“半精加工”，最后自定义程序名称为“BJ-4”，如图 3-286 所示，单击“确定”按钮。

16）如图 3-287 所示，继续完成“指定轮毂”“指定包裹”“指定叶片”“指定叶根圆角”操作。

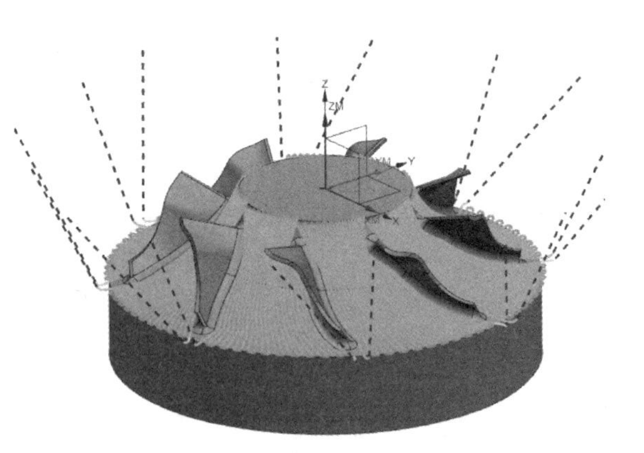

图 3-285　轮毂半精加工阵列路径

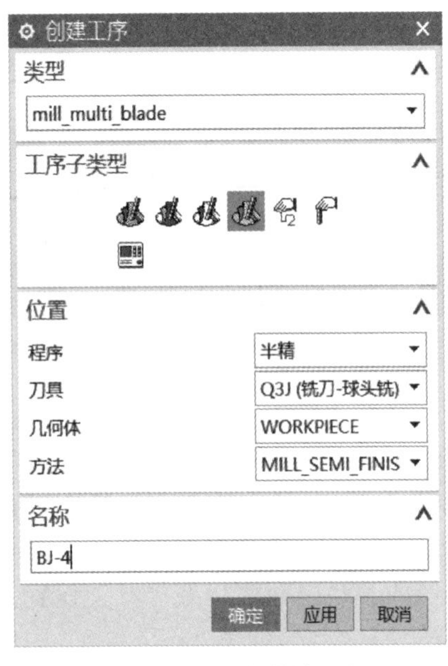

图 3-286　圆角精铣工序

图 3-287　圆角精铣参数

17）单击“圆角精加工”图标进入图 3-288 所示对话框，设置“要切削的面”为“所有面”，“切削模式”为“螺旋”，“起点”为“前缘”，其余默认。设置完成后单击“确定”按钮，返回图 3-287 所示对话框。

18）单击“进给率和速度”按钮，在对话框中设置“主轴速度和进给率”，单击计算按钮，单击“确定”按钮结束，其余默认。在主菜单中单击“生成程序”按钮，得到图 3-289 所示叶片圆角半精加工刀路。

19）在半精加工文件中，选择刚刚生成的“BJ-4”程序进行程序阵列。单击鼠标右键，在弹出的快捷菜单中选择“对象”→“变换”命令，如图 3-290 所示，弹出“变换”对话框，如图 3-291 所示，设置“类型”为“绕点旋转”，指定点为 WCS 原点，“角度”为“45°”，选中“复制”单选按钮，“距离/角度分割”为“1”，“非关联副本数”为“7”，设置完成，单击“确定”按钮结束。图 3-292 所示为程序阵列路径。

图 3-288　“圆角精加工驱动方法”对话框

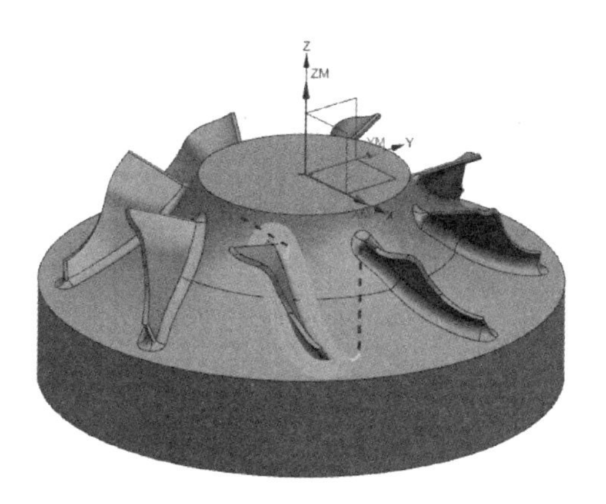

图 3-289　叶片圆角半精加工刀路

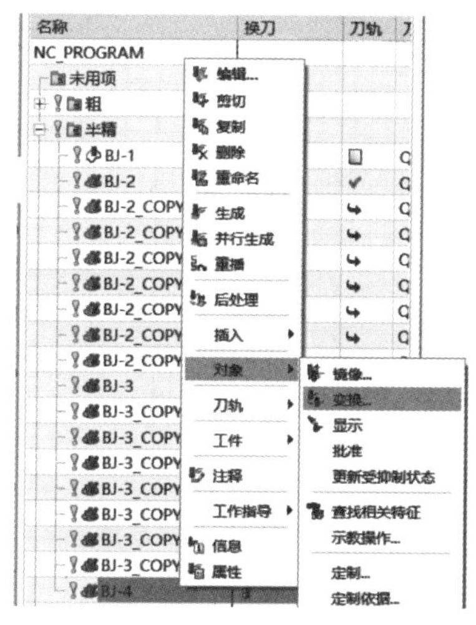

图 3-290　“变换”命令

图 3-291　“变换”对话框

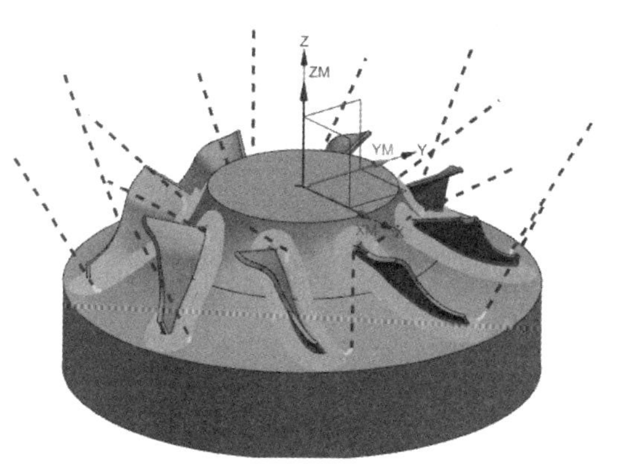

图 3-292　叶轮圆角半精加工阵列路径

步骤 5　创建精加工程序

1）在主页菜单中，打开程序顺序视图中的半精文件，依次选择“BJ-1”“BJ-2”“BJ-3”“BJ-4”程序并复制，如图 3-293 所示。

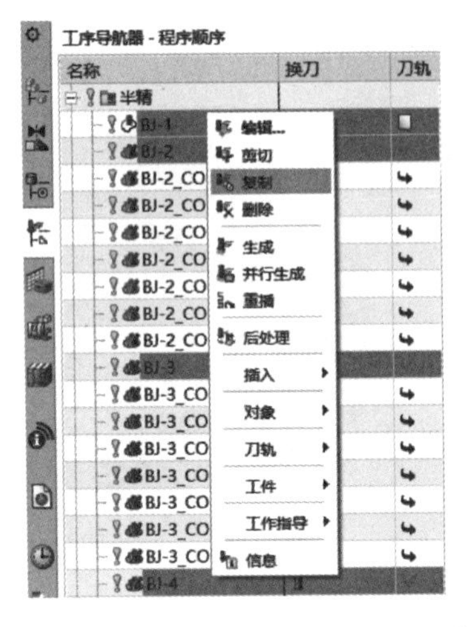

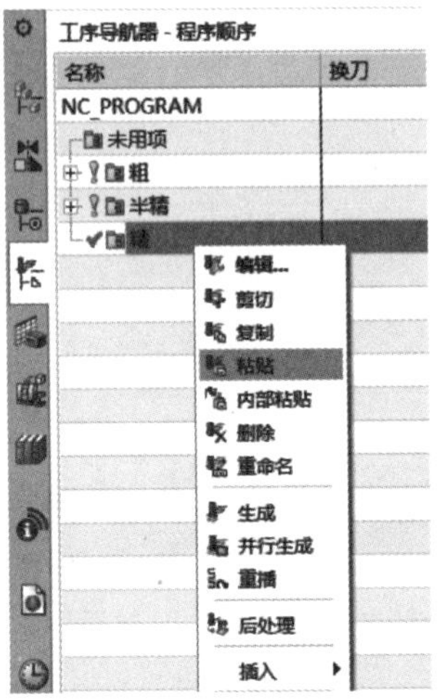

图 3-293　复制程序

2）依次更改“BJ-1”“BJ-2”“BJ-3”“BJ-4”程序名称为“J-1”“J-2”“J-3”“J-4”，如图 3-294 所示。

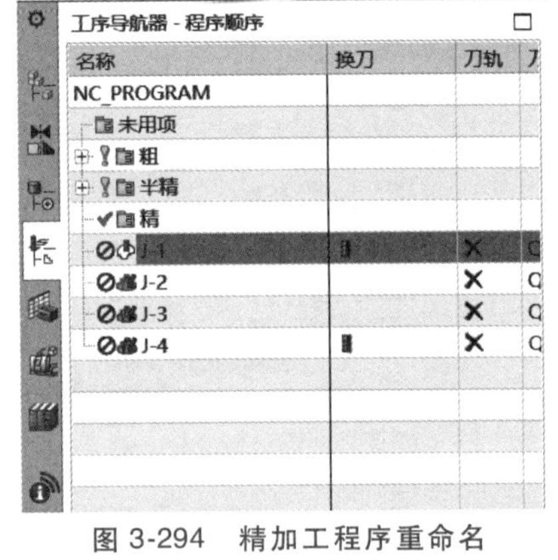

图 3-294　精加工程序重命名

3）依次更改“J-1”“J-2”“J-3”“J-4”程序。双击“J-1”程序，弹出“程序”对话框，设置“驱动方法”为“曲面区域”，打开“曲面区域驱动方法”对话框，如图 3-295 所示，设置“步距数”为“30”，其余不变，单击“确定”按钮，返回图 3-296 所示对话框，设置“方法”为“MILL-FINISH”。

图 3-295　“曲面区域驱动方法”对话框

图 3-296　刀轨设置

4）单击“进给率和速度”图标，在对话框中设置“主轴速度和进给率”，单击计算按钮，单击“确定”按钮结束，其余不变。在主菜单中单击“生成程序”按钮，得到图 3-297 所示叶片圆角精加工刀路。

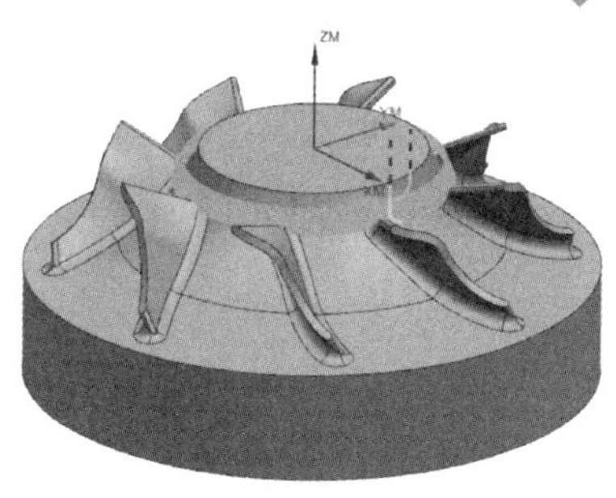

图 3-297　叶片圆角精加工刀路

5）双击“J-2”程序，弹出“程序”对话框，单击“切削层”图标，弹出“切削层”对话框，如图 3-298 所示，设置“距离”为“5%”，其余不变，单击“确定”按钮，返回图 3-299 所示对话框，设置“方法”为“MILL-FINISH”。

图 3-298　修改切削层参数

图 3-299　刀轨设置

6）单击“进给率和速度”图标，在对话框中设置“主轴速度和进给率”，单击右边计算按钮，其余不变，单击“确定”按钮结束。在主菜单中单击“生成程序”按钮，得到图 3-300 所示叶片精加工刀路。

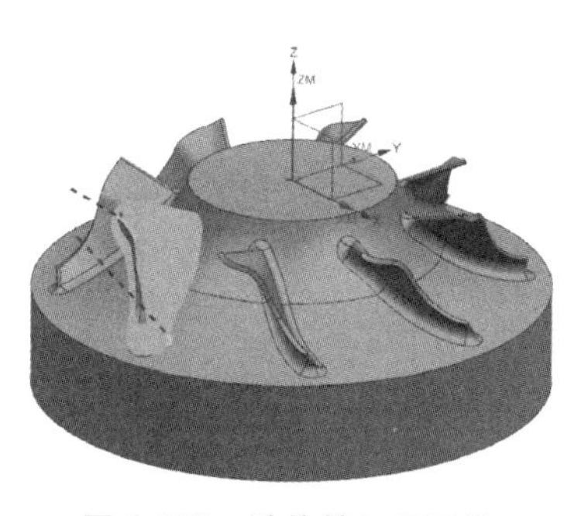

图 3-300　叶片精加工刀路

7）双击“J-3”程序，弹出“程序”对话框，设置“驱动方法”为“轮毂精加工”，打开“轮毂精加工驱动方法”对话框，如图 3-301 所示，设置“最大距离”为“5%”，其余不变，单击“确定”按钮，返回图 3-302 所示对话框，设置“方法”为“MILL-FINISH”。

图 3-301　修改轮毂精加工参数

图 3-302　刀轨设置

8）单击“进给率和速度”图标，在对话框中设置“主轴速度和进给率”，单击计算按钮，单击“确定”按钮结束，其余不变。在主菜单中单击“生成程序”按钮，得到图 3-303 所示叶片精加工刀路。

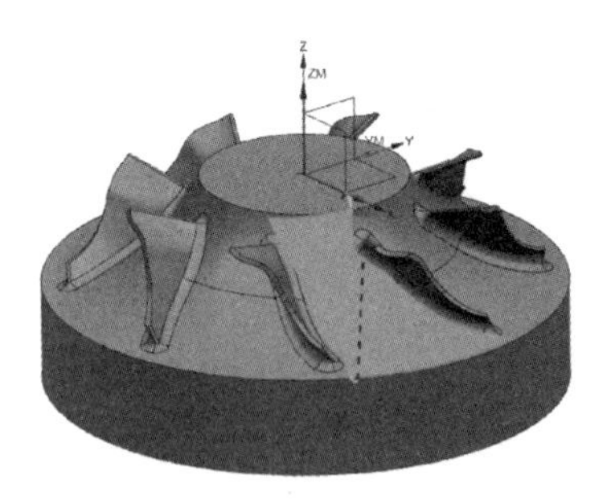

图 3-303　轮毂精加工刀路

9）双击“J-4”程序，弹出“程序”对话框，设置驱动方法为“圆角精铣”，打开“圆角精加工驱动方法”对话框，如图 3-304 所示，设置“最大距离”为“5%”，其余不变，单击“确定”按钮，返回图 3-305 所示对话框，设置“方法”为“MILL-FINISH”。

10）单击“进给率和速度”图标，在对话框中设置“主轴速度和进给率”，单击计算按钮，单击“确定”按钮结束，其余不变。在主菜单中单击“生成程序”按钮，得到图 3-306 所示叶片精加工刀路。

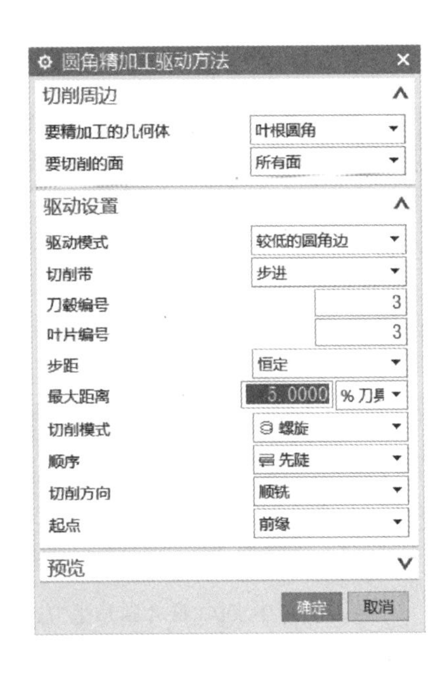

图 3-304　修改圆角精加工参数

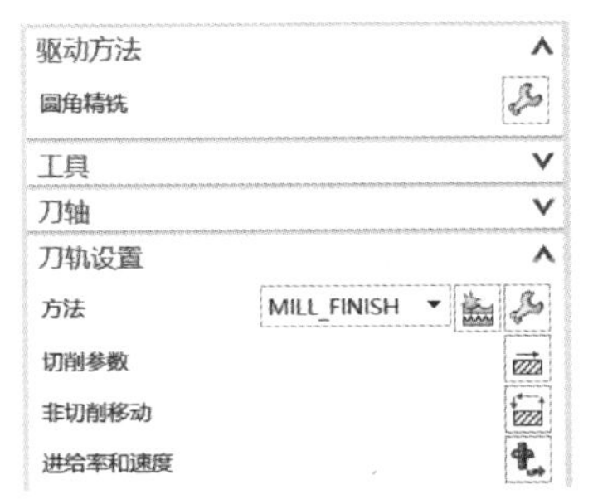

图 3-305　刀轨设置

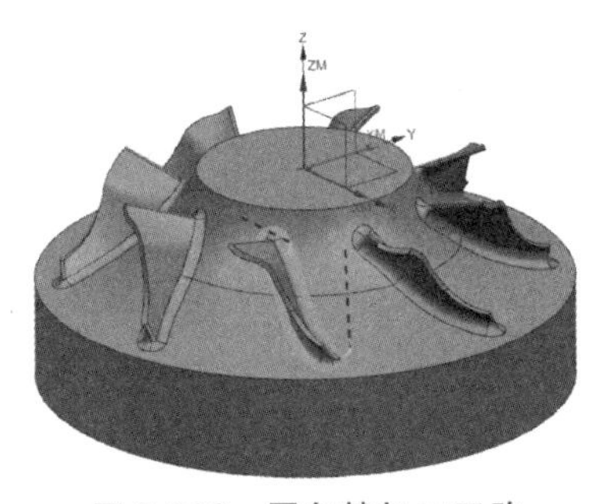

图 3-306　圆角精加工刀路

11）依次将精加工程序“J-2”“J-3”“J-4”进行程序阵列，阵列程序方法与半精加工方法一致。得到图 3-307～图 3-309 所示精加工程序路径阵列结果。

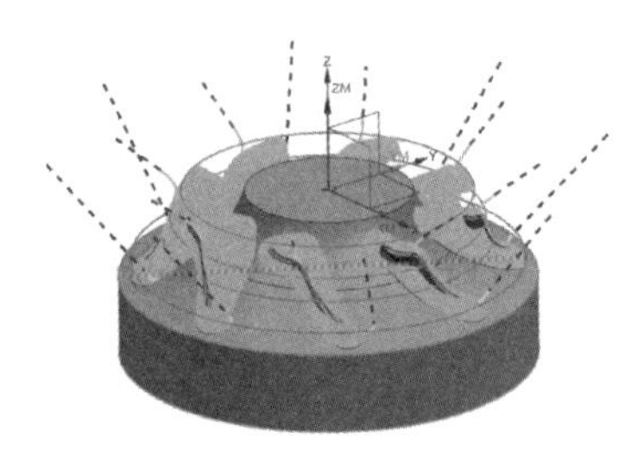

图 3-307　叶片精加工阵列路径

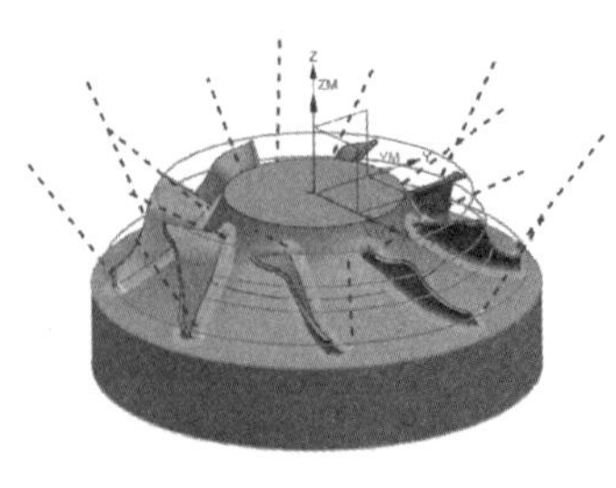

图 3-308　圆角精加工阵列路径

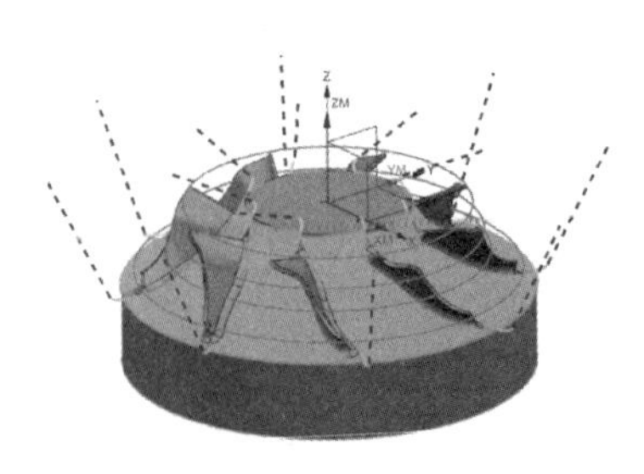

图 3-309　轮毂精加工阵列路径

流程 4　仿真加工

步骤 1　程序后处理

1）在工序导航器中选择所有粗加工程序，单击主菜单中的“后处理”按钮。

2）在弹出的“后处理”对话框中设置，“后处理器”为五轴的后处理模板，自定义输出文件名，单位选择公制，单击“确认”按钮，得到程序。

3）重复上述步骤，选择不同的程序生成程序，得到图 3-310 所示程序序列。

1叶轮粗加工10.NC	2022/3/18 14:40	NC 文件	31 KB
2叶轮粗加工Q8.NC	2022/3/18 14:42	NC 文件	1,942 KB
3叶轮半精Q6B3.NC	2022/3/18 14:43	NC 文件	6,583 KB
4叶轮半精Q3.NC	2022/3/18 14:45	NC 文件	1,235 KB
5叶轮精加工Q6B3.NC	2022/3/18 14:47	NC 文件	17,782 KB
6叶轮精加工Q3.NC	2022/3/18 14:48	NC 文件	1,220 KB

图 3-310　程序序列

步骤 2　导出 STL 格式毛坯

进入建模模块，选择“文件”→“导出”→“STL 格式”命令，弹出图 3-311 所示对话框，单击“确定”按钮，得到 STL 格式的毛坯。

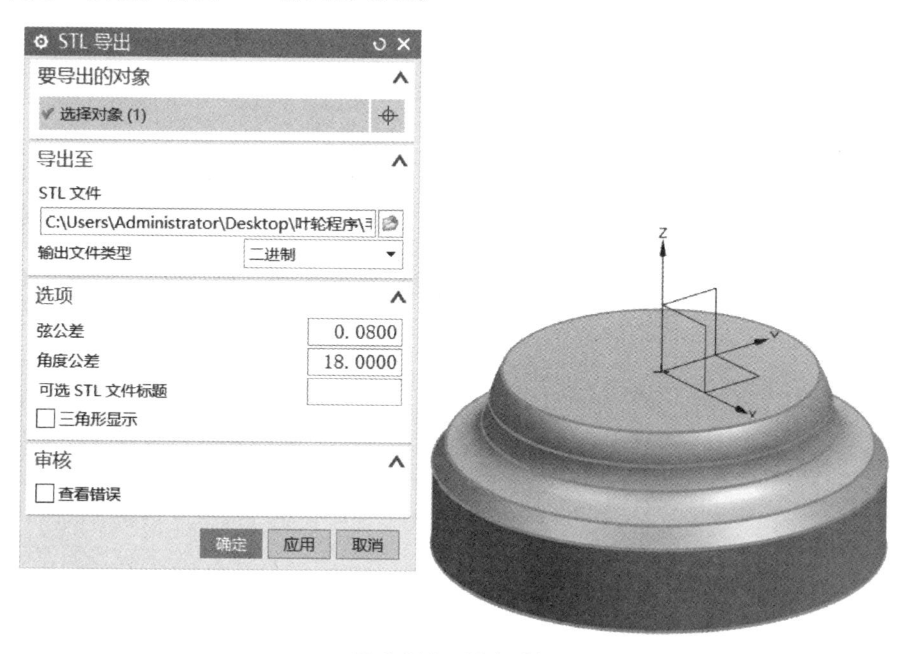

图 3-311　导出毛坯

步骤 3　建立 VERICUT 项目

1）打开 VERICUT 软件五轴机床“项目 X：\ 多轴加工技术-VERICUT-机床模板 \ 五轴机床模板”。

2）另存为“项目 X：\ 五轴叶轮加工-VERICUT-机床模板 \ 叶轮模板 \ 叶轮”。

3）“机床”默认“vc_630_5_axis”，“控制”默认“fan31im”。在“Stock”处添加提前设置好的 STL 格式毛坯，调整毛坯和夹具位置。

4）单击坐标系统中的“Csys1”，在项目树底部调整栏中将坐标原点设置在毛坯的顶面中心位置，如图3-312所示。

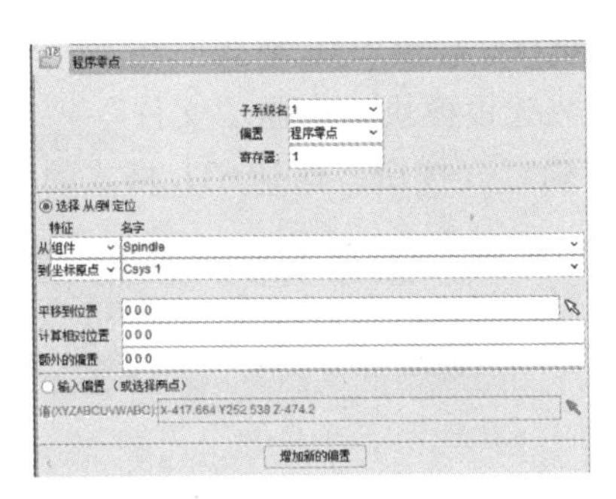

图3-312　Csys坐标系

5）单击坐标系统中的“G-代码偏置”，单击“添加”，弹出图3-313所示对话框，设置“子系统名”为“1”，“程序零点”为“1”，“坐标系”为“Csys1”，单击“添加”按钮，弹出图3-314所示对话框，设置“从组件”“spindle”到坐标原点“Csys1”。

6）双击“加工刀具”图标，弹出图3-315所示对话框，单击“添加”，添加ϕ10mm的立铣刀，“齿数”为“4”，“刀长”为“120mm”，装夹有效刀长为“100mm”，其余默认，按<Enter>键确定。

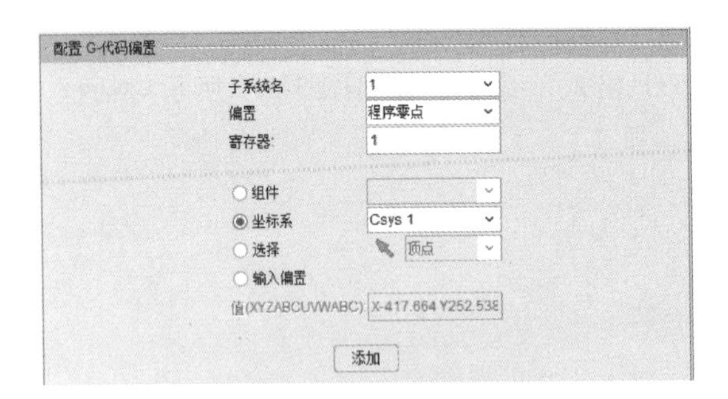

图3-313　添加G-代码偏置

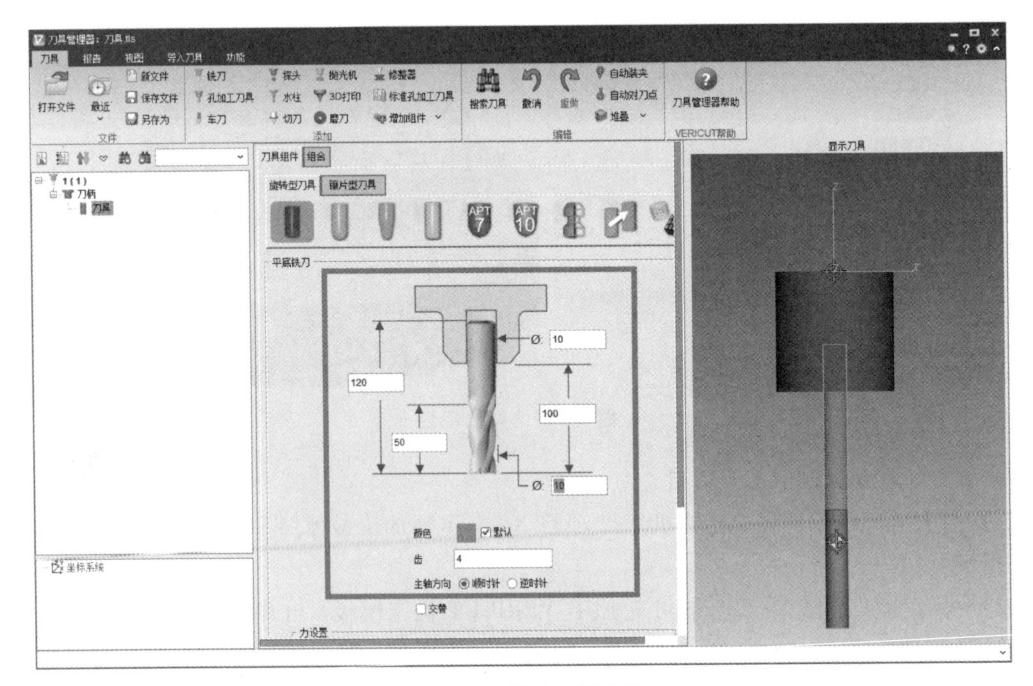

图3-315　更改刀具参数

图3-314　添加G-代码偏置更改坐标原点

7）单击图 3-316 所示红色方框，修改刀具信息，更改描述为“10C”即可修改刀具名称，完成后单击“自动对刀点”命令图标，即可自动设置对刀点的数值，最后添加刀具补偿号为“1”，完成 ϕ10mm 开粗立铣刀的设置，按<Enter>键确定。

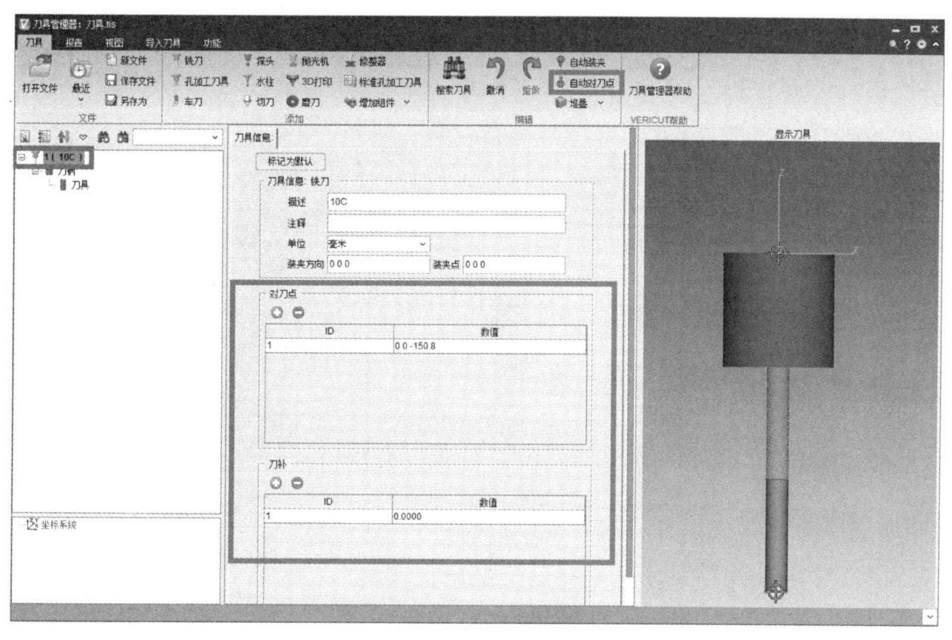

图 3-316　设置对刀点

8）继续单击“添加”，选择球头铣刀，添加 ϕ8mm 的球头铣刀，设置“刀长”为“120mm”，装夹有效刀长为“100mm”，自动设置对刀点，添加刀具补偿号为“2”，其余默认，按<Enter>键确定，如图 3-317 所示。

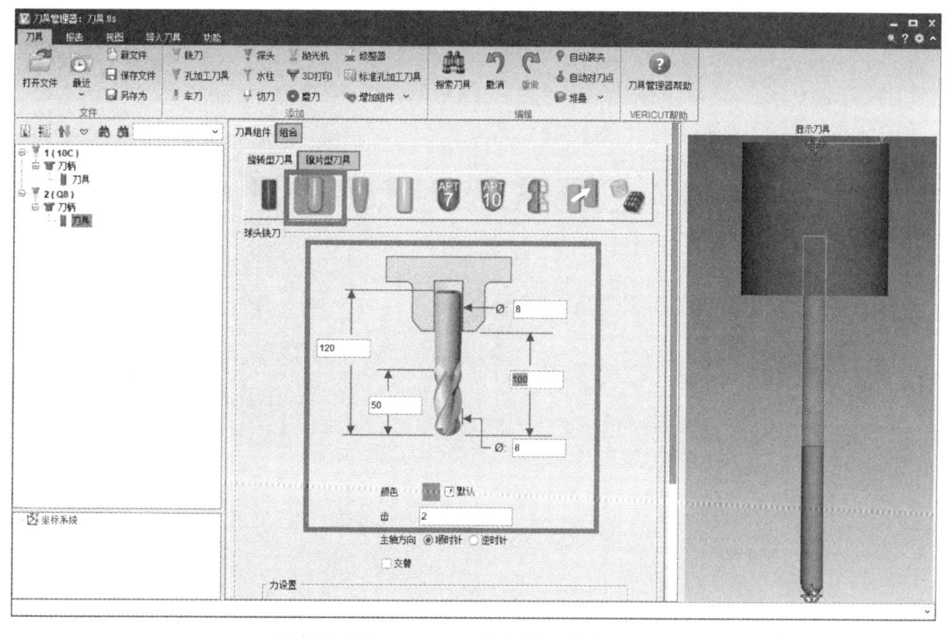

图 3-317　ϕ8mm 球头铣刀参数设置

9）单击“添加”，添加 ϕ6mm、刀头半径为 R1.5mm、刀具锥度为 3°的锥度球头铣刀，设置“刀长”为“120mm”，装夹有效刀长为“100mm”，自动设置对刀点，添加刀具补偿号为“3”，其余默认，按<Enter>键确定，如图 3-318 所示。

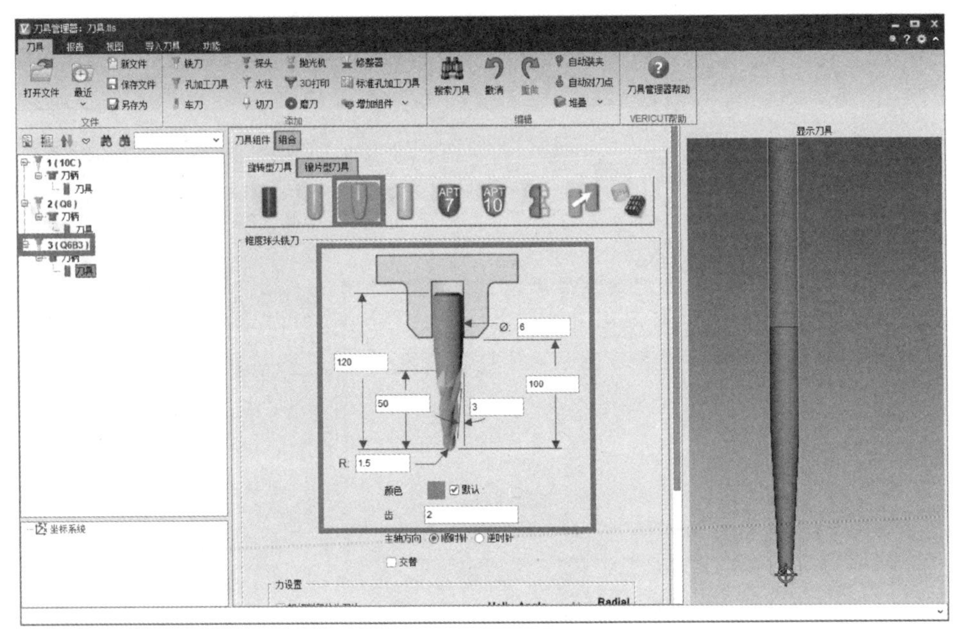

图 3-318　锥度球头铣刀参数设置

10）单击“添加”，添加 ϕ3mm 的球头铣刀，设置“刀长”为“120mm”，装夹有效刀长为“100mm”，自动设置对刀点，添加刀具补偿号为“4”，其余默认，按<Enter>键确定，如图 3-319 所示，最后保存文件，关闭对话框回到 VERICUT 软件主界面。

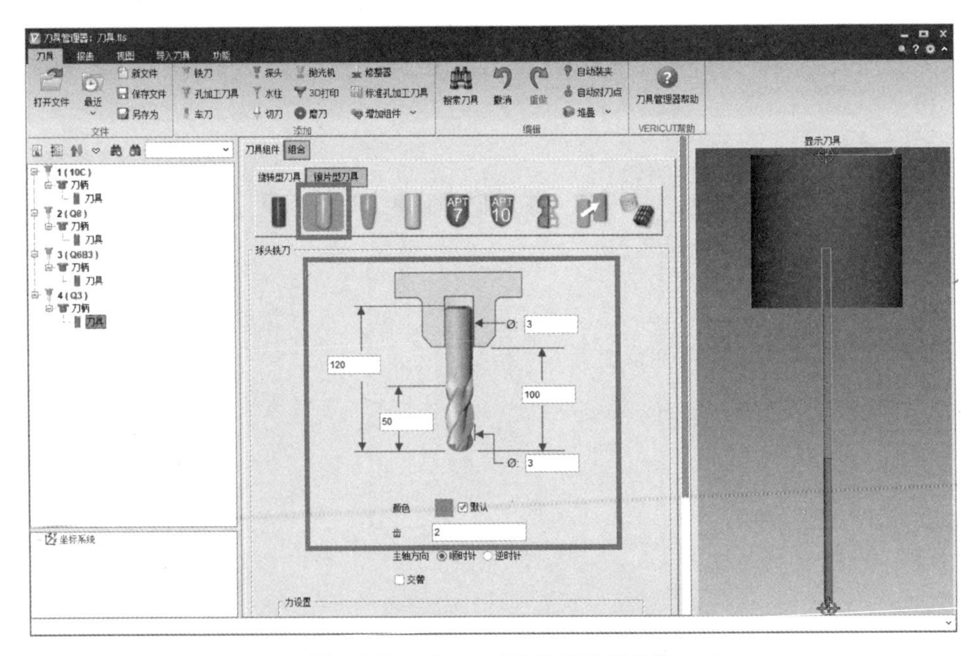

图 3-319　ϕ3mm 球头铣刀设置参数

11）单击“数控程序”，单击底部的“添加数控程序文件”，在弹出的对话框中添加后处理完的程序，最终程序如图3-320所示。

12）单击“播放”按钮，开始仿真加工，检查仿真加工过程，最终得到图3-321所示仿真结果。

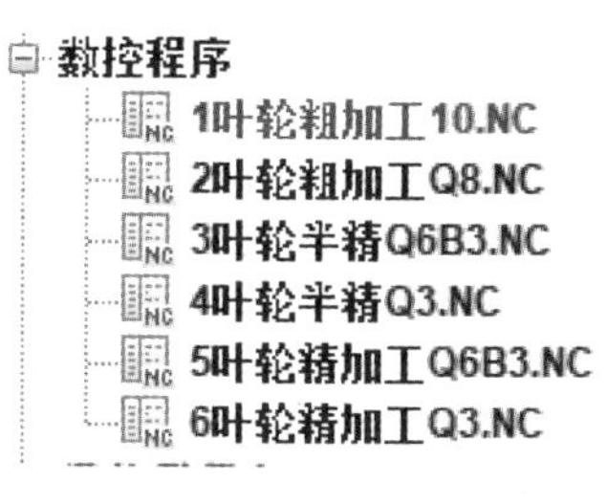

图3-320　添加数控程序

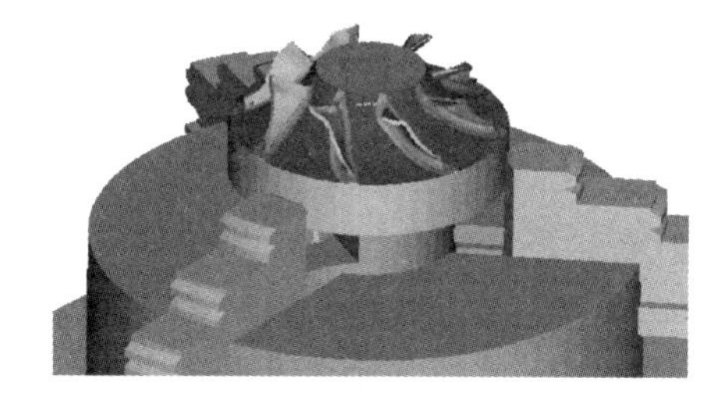

图3-321　叶轮仿真结果

活动四　知识点提示

1. 叶轮模型优化

原理：叶轮模型的造型一般遵循由点成线、线成面、面再成体的原则，在进行叶轮加工时，先对模型进行优化有利于后续工序的操作。

技巧：在创建叶轮复杂曲面时，可以通过创建网格曲面的方法来完成，后续再将曲面生成实体，通过阵列、旋转等功能复制相同的特征，以简化建模的过程。叶轮加工通常都由球刀来完成，一些叶根圆角部分可以在加工时先删除，也不影响最终的加工结果。

2. 叶轮几何体

原理：叶轮几何体的特征主要由复杂的曲面构成，为了适应叶轮模块的加工条件，叶轮几何体的组成被分成了特定的几种曲面类型，比如轮毂、叶片、叶片圆角等。

技巧：在使用叶轮加工工序的时候，也可以先定义这些特征，通过单击鼠标右键，在弹出的快捷菜单中选择“WORKPIECE”→“插入”→“几何体”命令，弹出图3-322所示对话框，在加工准备中就将叶轮的几何体设置好，如图3-323所示，将大大降低每个工序操作的烦琐程度。

图3-322　“创建几何体”对话框

图3-323　“多叶片几何体”对话框

3. 叶轮加工工序

原理：叶轮加工工序是一组专门为叶轮类零件定制的加工方法，如图 3-324 所示，包括“多叶片粗铣”“轮毂精加工”“叶片精铣”“圆角精铣”等专用加工工序，使用这些工序将会由后台根据叶轮的几何体特征，通过个性化的计算方法来生成相应的刀路，与原来的一般加工方法相比，大大简化了编程人员的工作难度。

技巧：在加工叶轮以及带有叶轮特征的零件时，都可以使用叶轮加工工序来编程，不仅简便快捷，而且刀路的质量也非常好，当自带的加工功能不能满足编程需要时，还可以通过“用户自定义铣”功能自行设置加工参数，建立新的加工工序，以满足加工需求。

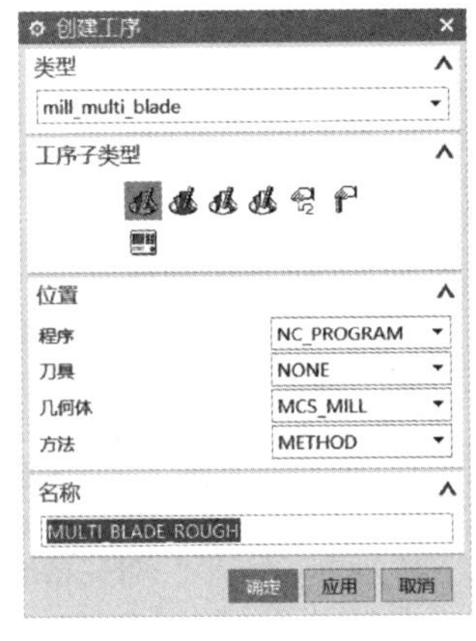

图 3-324 叶轮加工工序

活动五 任务评价

请对上述活动过程进行内容的评价，见表 3-12。

表 3-12 任务评价表

任务名称		叶轮的加工	评价人员	
序号	评价项目	要求	配分	得分
1	零件建模	(1)创建零件主体	2	
		(2)创建叶片辅助面	5	
		(3)投影曲面	5	
		(4)生成叶片	5	
		(5)叶片阵列并合并实体	2	
		(6)圆弧过渡裁剪叶片并测量体	5	
2	工艺分析	(1)零件结构分析	2	
		(2)精度分析	2	
		(3)加工刀具分析	3	
		(4)零件装夹方式分析	3	
3	程序编制	(1)创建毛坯	5	
		(2)加工环境准备	5	
		(3)创建粗加工程序	10	
		(4)创建半精加工程序	10	
		(5)创建精加工程序	10	
4	仿真加工	(1)程序后处理	3	
		(2)导出 STL 格式毛坯	3	
		(3)建立 VERICUT 项目	10	
5	职业素养	团队合作	10	
6	总计		100	

活动六　课后拓展

分析图 3-325 所示零件图并完成其造型及加工编程。

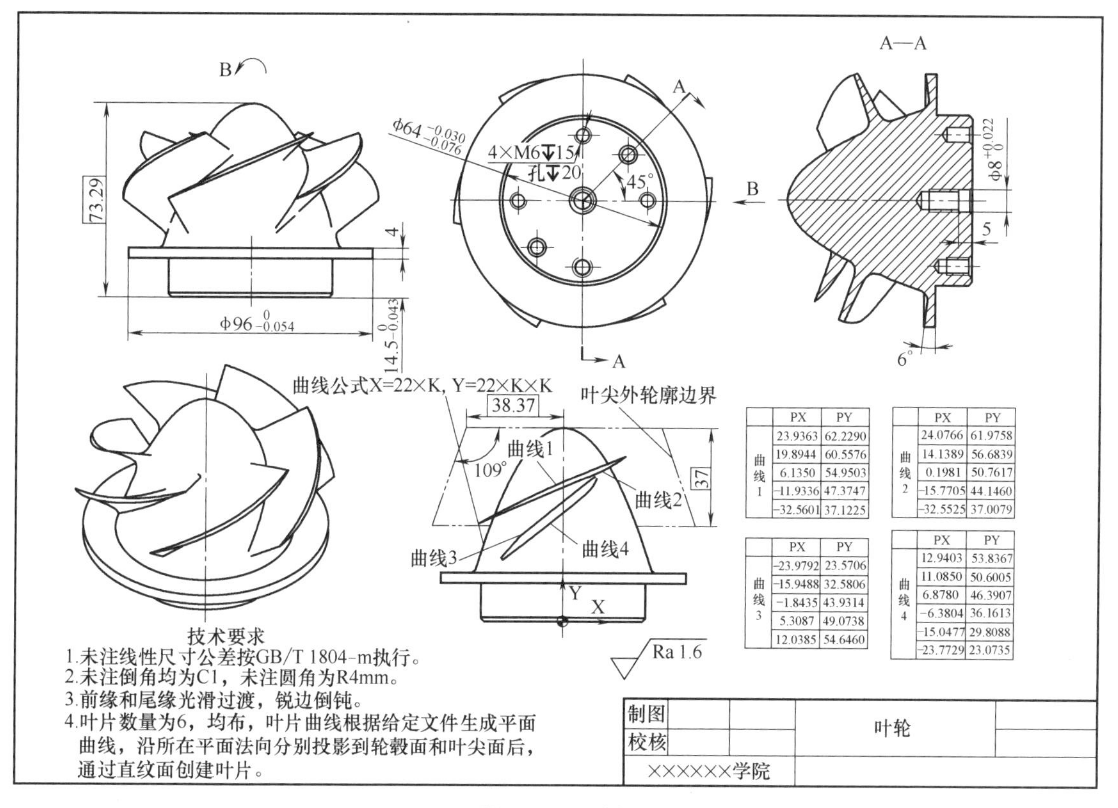

	PX	PY
曲线1	23.9363	62.2290
	19.8944	60.5576
	6.1350	54.9503
	-11.9336	47.3747
	-32.5601	37.1225

	PX	PY
曲线2	24.0766	61.9758
	14.1389	56.6839
	0.1981	50.7617
	-15.7705	44.1460
	-32.5525	37.0079

	PX	PY
曲线3	-23.9792	23.5706
	-15.9488	32.5806
	-1.8435	43.9314
	5.3087	49.0738
	12.0385	54.6460

	PX	PY
曲线4	12.9403	53.8367
	11.0850	50.6005
	6.8780	46.3907
	-6.3804	36.1613
	-15.0477	29.8088
	-23.7729	23.0735

图 3-325　叶轮

参考文献

[1] 胡晓东. 数控铣床操作技能实训教程［M］. 杭州：浙江大学出版社，2016.

[2] 高永祥，郭伟强. 多轴加工技术［M］. 北京：机械工业出版社，2017.

[3] 张浩，易良培. UG NX 12.0 多轴数控编程与加工案例教程［M］. 北京：机械工业出版社，2021.

[4] 朱建民. NX 多轴加工实战宝典［M］. 北京：清华大学出版社，2017.

[5] 北京兆迪科技有限公司. UG NX 12.0 数控加工实例精解［M］. 北京：机械工业出版社，2019.

[6] 张喜江. 多轴数控加工中心编程与加工技术［M］. 北京：化学工业出版社，2016.